DIANGONG JICHU YU DIANQI ZUZHUANG SHIJIAN

U0203094

电工基础与电器组装实践

主审　王应海

主编　丁慎平

副主编　孙丽娜　张淑红

李淑萍　陈明忠

江苏大学出版社
JIANGSU UNIVERSITY PRESS

镇　江

图书在版编目(CIP)数据

电工基础与电器组装实践 / 丁慎平主编. — 镇江：
江苏大学出版社，2014.8(2020.3 重印)
ISBN 978-7-81130-779-5

Ⅰ.①电… Ⅱ.①丁… Ⅲ.①电工学－高等职业教育
－教材②电器－安装－高等职业教育－教材 Ⅳ.①TM1
②TM505

中国版本图书馆 CIP 数据核字(2014)第 188738 号

电工基础与电器组装实践

主　　编/丁慎平
责任编辑/李菊萍
出版发行/江苏大学出版社
地　　址/江苏省镇江市梦溪园巷 30 号(邮编：212003)
电　　话/0511-84446464(传真)
网　　址/http://press.ujs.edu.cn
印　　刷/虎彩印艺股份有限公司
开　　本/787 mm×1 092 mm　1/16
印　　张/18
字　　数/454 千字
版　　次/2014 年 8 月第 1 版　2020 年 3 月第 4 次印刷
书　　号/ISBN 978-7-81130-779-5
定　　价/48.00 元

如有印装质量问题请与本社营销部联系(电话：0511-84440882)

前 言

硕士研究生毕业后从事职业教育已经有 6 年,加上读研之前的企业工作经历,笔者在企业生产和职教一线也算有了超过 10 年的经历和积累。这十几年间经常与一些典型的生产企业,如三星电子(苏州)半导体有限公司、苏州三星电子液晶显示科技有限公司、博世汽车部件(苏州)有限公司、伟肯(中国)电气传动有限公司、苏州硕控自动化设备有限公司等的一线技术人员进行交流,发现很多企业技术人员的电工学的知识体系不完整,基本技能很薄弱,在工作岗位上或无能为力或有"劲"使不上。现实当中,很多经历过高职教育的人本身就是机电专业毕业的,可是家里的灯坏了,自己查不出故障,不会维修;装修房子时双控、三控开关不会接;工作当中弄不清楚电动机为什么要降压启动、要选配多粗的导线,接地、接零、避雷是怎么回事,怎么避免触电,触电后怎么急救,等等。高职教育阶段电工学学了这么多内容,而面对这些最基本的问题却解决不了,问题出在哪里?有一次一个企业的员工触电,另一个同事见状去帮助施救,结果自己也触电了,周围的同事竟然不知道怎么进行触电急救。这件事使我萌生了编写本书的想法,将以前经典教材中的理论篇幅缩减,添加一些比如安全用电、触电急救等更实用的知识,并通过项目实训对相关基础知识进行引领与巩固,让学生在动手实践中开始学习,兼顾理论教学,形成一个扎实、实用的电工学知识与技能体系,以更好地实现电工学学以致用的教学基本目的。

因此,本书在编写之初就明确以高职学生就业后工作岗位对电工学的知识和技能要求为出发点,以必需、够用、实用为原则,以培养中高级技能型人才和高素质劳动者为目标,让学生通过电工学基础知识的学习和训练,能够掌握机电类与控制类岗位所需的基本技能,具备分析解决生产与生活中实际问题的能力和学习后续专业课程的能力,使其综合素质与职业能力得到提高,为职业生涯的发展打下良好基础。

在编写的过程中,笔者参考和吸取了一些高职院校人才培养模式创新的经验和成果,针对"Y世代"高职院校学生的学习兴趣和需求,确定了以项目引领、任务驱动的编写模式。为方便教与学,将传统内容精编为五个项目,每个项目细化为若干子任务,每个任务按 CDIO 模式展开,每个任务的后面安排有实训项目,力求通过项目的学习训练,使学生对知识理解更深入,并迅速将理论知识转变为技术应用能力,使学生技能更全面。为使学习过程更加具有连贯性、针对性和选择性,本书在内容表达形式上更符合高职学生的学习习惯和兴趣方式,表述简练,通俗易懂,图文并茂,以大量图表形象直观地呈现内容,便于学生理解掌握。

本书的编写思路获得了相关企业的赞同和支持,三星电子(苏州)半导体有限公司人才开发部方红兵 G 长、黄鹤科长,苏州硕控自动化设备有限公司赵怀栋总工程师不仅提出了编写意见,而且还参与了本书的编写工作,在此表示衷心感谢。

本书由苏州工业园区职业技术学院丁慎平担任主编,苏州工业职业技术学院张淑红副教授、苏州工业园区职业技术学院孙丽娜老师、苏州工业园区服务外包职业学院李淑萍副教授、南京铁道职业技术学院陈明忠副教授担任副主编。其中,项目一由孙丽娜、方红兵编写,项目二由丁慎平、黄鹤编写,项目三由张淑红编写,项目四由陈明忠编写,项目五由蒋星红、赵怀栋编写,实训部分由李淑萍编写,全书由丁慎平统稿。

本书邀请全国教学名师王应海教授担任主审,他仔细审阅了全稿,提出了许多宝贵的意见和建议。苏州工业园区职业技术学院孙海泉教授、邓玲黎副教授、张好明博士,以及张娜、燕姗姗、耿俭、吴红生同学也为本书的编写提供了很多帮助,在此一并致谢。

本书虽然经过多次修改和完善,其中难免还是有不妥甚至错误之处,请读者通过dspa@qq.com 不吝指正,对此笔者深表谢意。

丁慎平

2014 年 8 月于苏州若水家园

目　录

项目一

电路基础

电路是电工技术的主要研究对象,而电路的研究起点是电路中的元件、参数和模型,因此电路理论是学习电工技术和电子技术的基础。本项目主要介绍电路模型、电路的组成及其物理量、电路的基本定律、电路的计算方法以及各种常用电工仪表与电工工具的使用方法等。

➤ 知识目标

1. 懂得电路的基本概念及电路模型,了解电路中各种物理量的概念,充分理解电流、电压、电动势的参考方向及关联方向的概念。

2. 理解电功率 $P>0$ 和 $P<0$ 的定义并掌握功率的计算;掌握欧姆定律、基尔霍夫定律的内容及应用。

3. 了解电路的各种工作状态,懂得实际电源和理想电源的区别,掌握电压源和电流源间的等效变换。

4. 掌握支路电流法、节点电压法的内容和应用,能熟练运用叠加定理、戴维宁定理、诺顿定理对复杂电路进行计算;掌握整流滤波稳压电路与晶体管延时电路的工作原理。

➤ 技能目标

1. 根据实训要求用 Multisim 软件进行电路设计与仿真。

2. 正确识别与测量电路中的元器件,学会使用各种仪器仪表,并利用这些仪器仪表对电压、电流进行测量以及对基尔霍夫定律、叠加定理、戴维宁定理与诺顿定理进行验证。

3. 掌握整流滤波稳压电路、晶体管延时电路的安装与调试。

任务 1
手电筒电路的连接与测试

 **任务描述**

　　本任务以一个简单的手电筒为例,要求同学们自己用 Mutisim 软件设计手电筒电路,使灯泡亮起来,然后用实物搭建电路。通过任务可让同学们学会常用电工仪表与电工工具的使用,并对电路模型、电路物理量、欧姆定律和电路工作状态等有全面的认识。

　　首先应准备好导线、灯泡、开关、电池、万用表、功率表、钳类工具、螺钉旋具和电工刀等,然后组装电路,并把组装好的开关、电池、导线的连接情况画下来。

讨论与交流:

　　(1)手电筒电路内部可能有什么样的构造?怎么组装才能使灯泡亮起来?

　　(2)在手电筒电路中可能会涉及哪些物理量?怎么测量?

　　(3)利用万用表测量记录表笔正负极发生变化前后的电压和电流并分析。

　　(4)分别测量手电筒电路在开路、短路和正常工作状态下的电压和电流值并分析。

 **任务准备**

一、电路和电路模型

　　"任务描述"中要求画的手电筒电路为实物图,但实物图画起来非常麻烦,为了更加方便、快捷,常用一些符号来表示实物,这样的简易图称为电路图。

　　电路是由电路器件(如晶体管)和电路元件(如电容、电阻等)按一定要求相互连接而成的,它提供了电流流通的路径。有些实际电路十分复杂,如电力的产生、输送和分配是通过发电机、变压器、输电线等完成的,它们形成了一个庞大而复杂的电路。但有些电路则十分简单,如图 1.1.1 所示的手电筒电路。

　　但不管电路的结构是简单或是复杂,必定由电源、负载和中间环节三大部分组成。

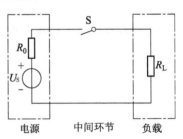

图 1.1.1　手电筒电路

（1）电源是将非电能转换成电能的装置,例如电池将化学能转换成电能,它是推动电流运动的源泉。

（2）负载是将电能转换成非电能的装置,例如白炽灯将电能转换成光能和热能,它是取用电能的装置。

（3）中间环节是把电源与负载连接起来的部分,具有输送、分配、控制电路通断的功能。

为此,电路具有两个主要功能:一是在电路中随着电流的流动实现电能与其他形式能量的转换、传输和分配。例如,发电厂(通过煤粉等燃烧)把热能转换成电能,再通过变压器、输电线送到各用户,各用户再把它们转换成光能、热能和机械能加以使用。二是电路可以实现信号的传递和处理。例如,电视接收天线将含有声音和图像信息的高频电视信号通过高频传输线送到电视机,这些信号经过选择、变换、放大和检波等处理,恢复出原来的声音和图像信息,在扬声器中发出声音,并在显示屏幕上呈现图像。

实际的电路器件在工作时的电磁性质是比较复杂的,而不是单一的。例如,电阻炉在通电工作时能把电能转换成热能,具有电阻的性质,但其电压和电流的存在也会产生磁场,故也具有储存磁场能量,即电感的性质。在分析和计算时如果把电路中所有电磁性质都考虑进去将十分复杂,因此为了表征电路中某一部分的主要电磁性能以便进行定性、定量分析,可将该部分电路抽象成一个电路模型,即用理想的电路元件来代替这部分电路。所谓理想电路元件,是指只突出该部分电路的主要电或磁的性质,而忽略次要的电或磁性质的假想元件。因此可以通过理想电路元件及它们的组合来反映实际电路元件的电磁性质。

例如,电感线圈是由导线绕制而成的,它既有电感量又有电阻值,但往往忽略线圈的电阻性质,而突出它的电磁性质,把它表征为一个储存磁场能量的电感元件。同样,电阻丝是用金属丝一圈一圈绕制而成的,它既有电感量也有电阻值,但在实际分析时往往忽略电阻丝的电感性质,而突出其主要的电阻性质把它表征为一个消耗电能的电阻元件。

理想电路元件简称为电路元件,通常包括电阻元件、电感元件、电容元件以及理想的电压源和电流源。前三种元件均不产生能量,称为无源元件。后两种元件可提供能量,称为有源元件。

二、电路物理量

将手电筒电路进行连接后,电路中存在的物理量主要有电流、电压以及电功率等。电流和电压可以利用万用表测量,也可分别用电流表和电压表测量,电功率可用功率表测量。

（一）电流

带电质点有规律运动的物理现象称为电流。带电质点在电解质中指带正电或负电的正负离子;在金属导体中是指带负电的自由电子。在电场的作用下,正电荷顺电场方向运动,负电荷逆电场方向运动,并规定正电荷移动的方向为电流方向。

电流在数值上等于单位时间内通过导体某一横截面积的电荷量。假设在极短的时

间 dt 内通过导体某一横截面的电荷量为 dq,则通过该截面的电流为

$$i=\frac{dq}{dt} \tag{1.1.1}$$

式(1.1.1)表明电流是随时间变化的。如果电流不随时间变化,即 dq/dt 为常数,则这种电流称为恒定电流,简称直流,可写为

$$i=\frac{Q}{t} \tag{1.1.2}$$

电流是客观存在的物理现象,虽然看不见摸不着,但可以通过电流的各种效应来体现它的客观存在。在日常生活中,开、关灯分别体现了电流的"存在"与"消失"。在国际单位制(SI)中,规定电流的单位是库仑/秒,即安培,简称安(A),电荷的单位是库仑(C),时间的单位是秒(s)。但在电子电路中电流都很小,常以毫安(mA),微安(μA)作为电流的计量单位,而在电力系统中电流都较大,常以千安(kA)作为电流的计量单位。它们之间的换算关系为

$$1\ kA=10^{3}\ A; \quad 1\ A=10^{3}\ mA; \quad 1\ mA=10^{3}\ \mu A$$

在分析电路时不仅要计算电流的大小,还应了解电流的方向。习惯上规定正电荷移动的方向为电流的方向(实际方向)。对于比较复杂的直流电路,往往不能确定电流的实际方向;对于交流电,其电流方向是随时间变化的,更难判断。因此,为方便分析,引入了电流的参考方向这一概念,参考方向可以任意设定,在电路中用箭头表示。且规定,当电流的参考方向与实际方向一致时,电流为正值,即 $i>0$,如图 1.1.2a 所示;当电流的参考方向与实际方向相反时,电流为负值,即 $i<0$,如图 1.1.2b 所示。

图 1.1.2 电流的参考方向与实际方向的关系

有时,也可以用双下标表示。例如 I_{ab} 表示电流从 a 流向 b,I_{ba} 表示电流从 b 流向 a,即 $I_{ab}=-I_{ba}$,注意负号表示与规定的方向相反。

在分析电路时,首先要假定电流的参考方向,并以此为标准去分析计算,最后从结果的正负值来确定电流的实际方向。

(二)电压

电荷在电路中运动,必然受到电场力的作用,也就是说电场力对电荷做了功。为了衡量其做功的能力,引入"电压"这一物理量。电场力把单位正电荷从点 a 移动到点 b 所做的功,称为 ab 两点间的电压,即

$$u=\frac{dW}{dq} \tag{1.1.3}$$

式中:dq 为由点 a 移到点 b 的电荷量,单位为库仑(C);dW 为电场力将正电荷从点 a 移到点 b 所做的功,单位为焦耳(J)。电压的单位为伏特(V),有时也用千伏(kV)、毫伏(mV)、微伏(μV)等,它们之间的换算关系是

$$1\ kV=10^{3}\ V=10^{6}\ mV=10^{9}\ \mu V$$

在直流电路中,式(1.1.3)应写为

$$U = \frac{W}{Q} \tag{1.1.4}$$

电路中任意两点间的电压仅与这两点在电路中的相对位置有关,而与选取的计算路径无关。习惯上规定电压的实际方向由高电位指向低电位。和电流一样,电路中两点间的电压可任意选定一个参考方向,且规定当电压的参考方向与实际方向一致时电压为正值,即 $U > 0$;参考方向与实际方向相反时电压为负值,即 $U < 0$。

电压的参考方向可用箭头表示,也可用正(＋)、负(－)极性表示,如图 1.1.3 所示;还可用双下标表示,如 u_{AB} 表示 A 和 B 之间的电压参考方向由 A 指向 B。

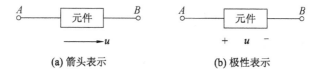

(a) 箭头表示　　　　　(b) 极性表示

图 1.1.3　电压参考方向

对于任意一个元件,其电流或电压的参考方向可以独立的任意指定。如果指定流过元件的电流的参考方向是从标以电压正极性的一端指向负极性的一端,即两者的参考方向一致,则把电流和电压的这种参考方向称为关联参考方向,如图 1.1.4a 所示;当两者不一致时,称为非关联参考方向,如图 1.1.4b 所示。

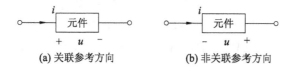

(a) 关联参考方向　　　　(b) 非关联参考方向

图 1.1.4　关联与非关联参考方向

(三) 电位

为了方便电路分析,常指定电路中任一点为参考点 O。电场力把单位正电荷 q 从电路中任意一点 A 移到参考点 O 所做的功,称为 A 点电位,记为 V_A。实际上电路中某点的电位即为该点与参考点之间的电压。

为确定电路中各点的电位,必须在电路中选取一个参考点:

(1) 参考点 O 的选取是任意的,其本身的电位为零,即 $V_O = 0$,高于参考点的电位为正,低于参考点的电位为负。

(2) 参考点选取不同,电路中各点的电位也不同。但参考点一旦选定后电路中各点的电位只能有一个数值。

(3) 只要电路中两点位置确定,不管其参考点如何变更,两点之间的电压只有一个数值。

【**例 1-1**】　如例 1-1 图所示电路中,分别以 O 和 B 为参考点,试求电路中各点的电位。

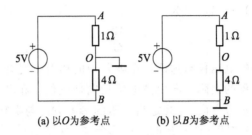

(a) 以 O 为参考点   (b) 以 B 为参考点

例 1-1 图

解 电路中

$$I = \frac{5}{1+4}A = 1 \ A$$

若以点 O 为参考点,则

$$V_O = 0 \ V$$
$$V_A = (1 \times 1)A = 1 \ V$$
$$V_B = -(1 \times 4)A = -4 \ V$$
$$V_{AB} = V_A - V_B = [1-(-4)]A = 5 \ V$$

若以点 B 为参考点,则

$$V_B = 0 \ V$$
$$V_A = [1 \times (1+4)]A = 5 \ V$$
$$V_O = (1 \times 4)V = 4 \ V$$
$$V_{AB} = V_A - V_B = (5-0)V = 5 \ V$$

电位的引入,给电路分析带来了方便,在电子线路中往往不再画出电源而改用电位标出。如图 1.1.5 所示为电路的一般画法与电子线路中的习惯画法。

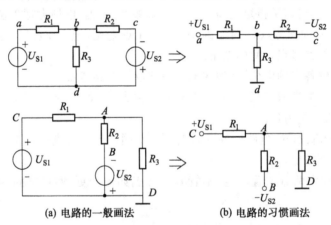

(a) 电路的一般画法   (b) 电路的习惯画法

图 1.1.5 电路的一般画法与电子线路中的习惯画法

(四) 电动势

在电路分析中,也常用到电动势这个物理量。

电源的电动势 E 在数值上等于电源力把单位正电荷从电源的负极经电源内部移到

电源正极所做的功,也就是单位正电荷从电源负极到电源正极所获得的电能。

电动势的基本单位也是伏特(V)。习惯上规定电动势的实际方向是由电源负极(低电位)指向电源正极(高电位)。

在电路分析中,常用电压源的电动势大小来表示端电压的大小。需要注意的是,电压源端电压的实际方向和电动势的实际方向是相反的。

根据电压与电动势的定义可以得出这样一个结论:电场力把单位正电荷从电源的正极移到负极,而电源力则把单位正电荷从电源的负极移到正极,这样,该电荷实际上在电路中完整地绕行了一周,也就是说电路中的电流从电源的正极流出,经外电路,再经电源负极流回电源正极。

(五) 电功率

在电路的分析和计算中,能量和功率是十分重要的物理量。一方面,电路在工作状况下总伴随电能与其他形式能量的相互交换;另一方面,电气设备、电路部件本身都有功率的限制,在使用时要注意其电流值或电压值是否超过额定值。

在电气工程中,电功率简称功率,是衡量单位时间内所消耗电能大小的物理量。

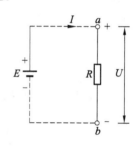

如图 1.1.6 所示电路中,a,b 两点间的电压为 U,流过的电流为 I,根据电压的定义可知,当正电荷 q 在电场力的作用下通过电阻 R 从点 a 移到点 b,电场力所做的功为

$$W = Uq = UIt \qquad (1.1.5)$$

这个功也就是电阻 R 在时间 t 内所吸收的电能。对于

图 1.1.6　电阻吸收功率

电阻来说,吸收的电能全部转换成热能,其大小为 $W_R = UIt = I^2 Rt$。在国际单位制中,电能、热能的单位是焦耳,用字母 J 表示,电阻吸收的功率可定义为"单位时间内能量的转换率",其表达式为

$$P = \frac{W_R}{t} = \frac{UIt}{t} = UI = RI^2 \qquad (1.1.6)$$

在国际单位制中功率的单位是瓦(W),有时还可用 kW,mW,μW 作为单位,它们之间的换算关系为

$$1 \text{ kW} = 10^3 \text{ W} = 10^6 \text{ mW} = 10^9 \text{ } \mu\text{W}$$

在电路分析中,不仅要计算能量和功率的大小,而且还要判别哪些元件是电源,可输出功率;哪些是负载,可吸收功率。具体方法可归纳如下:

(1) 根据电压和电流的实际方向确定某一电路元件是电源还是负载。

① 电源:U 和 I 实际方向相反。

② 负载:U 和 I 实际方向相同。

(2) 根据电压、电流的参考方向和公式 $P = UI$ 确定某一电路元件是电源还是负载。

① 如果某一电路元件上的电压 U 和电流 I 为关联参考方向,则 $P > 0$ 时电路元件吸收功率,为负载;$P < 0$ 时电路元件输出功率,为电源。

② 如果某一电路元件上的电压 U 和电流 I 为非关联参考方向,则 $P > 0$ 时电路元件输出功率,为电源;$P < 0$ 时电路元件吸收功率,为负载。

根据能量守恒定律,电源输出的功率和负载吸收的功率应该是平衡的。

三、欧姆定律

欧姆定律是电路的基本定律之一,用来确定电路中各部分的电压、电流之间的关系,也称为电路的 VCR(Voltage Current Relation)。欧姆定律表明流过线性电阻的电流 I 与电阻两端的电压 U 成正比。当电阻的电压和电流为关联参考方向时,欧姆定律可表示为

$$U = IR \tag{1.1.7}$$

由式(1.1.7)可知,当所加电压一定时,电阻 R 越大,则电流 I 越小。显然,电阻具有对电流起阻碍作用的物理性质。

当电阻的电压和电流为非关联参考方向时,欧姆定律可表示为

$$U = -IR \tag{1.1.8}$$

电阻的单位是欧姆,用符号 Ω 表示,对大电阻,则常以千欧($k\Omega$)、兆欧($M\Omega$)为单位。电阻的大小与金属导体的有效长度(l)、有效截面积(A)及电阻率(ρ)有关,它们之间的关系可表示为

$$R = \rho \frac{l}{A} \tag{1.1.9}$$

电阻的倒数称为电导,用符号 G 表示,其单位是"西门子(S)",即

$$G = \frac{1}{R} \tag{1.1.10}$$

如果某电阻阻值是一个常数,与通过它的电流无关,这样的电阻称为线性电阻,线性电阻上电压、电流的相互关系遵循欧姆定律。如果流过电阻的电流或电阻两端的电压变化时,电阻的阻值也随之改变,则这样的电阻称为非线性电阻。显然,非线性电阻上的电压、电流不遵循欧姆定律。本书如无特殊说明,均指线性电阻,且电阻值永为正值。

【例 1-2】 电路如例 1-2 图所示,请应用欧姆定律求电阻 R。

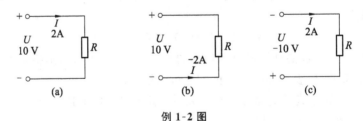

例 1-2 图

解　图 a 中　　　　　　　　$R = U/I = 10/2 = 5\ \Omega$
　　图 b 中　　　　　　$R = U/I = -(10/-2) = 5\ \Omega$
　　图 c 中　　　　　　$R = -(-10/2) = 5\ \Omega$

四、电路工作状态

电路有有载工作、开路与短路三种工作状态。在不同的工作条件下电路会处于不同

的工作状态,也会有不同的特点,充分了解电路不同的工作状态和特点对正确使用各种电气设备是十分有益的。现以图 1.1.7a 所示简单直流电路为例来分析电路的有载工作状态、开路状态和短路状态。

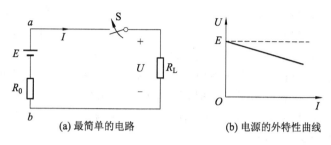

(a) 最简单的电路　　　　　(b) 电源的外特性曲线

图 1.1.7　电源的伏安特性

在图 1.1.7a 所示电路中,E,U 和 R_0 分别为电源的电动势、端电压和内阻,R_L 为负载电阻。

(一) 有载工作状态

将图 1.1.7a 中的开关 S 合上,接通电源和负载,则电路处于有载工作状态,电路中的电流为

$$I = \frac{E}{R_0 + R_L} \tag{1.1.11}$$

当 E 和 R_0 一定时,电流由负载 R_L 的大小决定。端电压为

$$U = E - IR_0 \tag{1.1.12}$$

由上式可知,有载时电源端电压小于电动势,两者之差为电流通过电源内阻所产生的电压降 IR_0,电流越大,则电源端电压下降得越多。表示电源端电压 U 与输出电流 I 之间关系的曲线称为电源的外特性曲线,如图 1.1.7b 所示,其斜率与电源内阻 R_0 有关。电源内阻一般很小,当 $R_0 \ll R_L$ 时,则 $U \approx E$。

式(1.1.12)各项乘以电流 I,则得功率平衡式为

$$UI = EI - I^2 R_0$$

即
$$P = P_E - \Delta P \tag{1.1.13}$$

式中:P_E 为电源产生的功率,$P_E = EI$;ΔP 为电源内阻消耗的功率,$\Delta P = I^2 R_0$;P 为电源输出功率(负载消耗的功率),$P = UI$。

式(1.1.11)、式(1.1.12)和式(1.1.13)分别表示电路处于有载工作状态时电流、电压和功率三方面的特征。

通常用电设备都是并联在电源的两端的,并联的个数越多,电源所提供的电流越大,电源输出的功率也越大。对于一个电源来说,负载电流不能无限地增大,否则将会由于电流过大而将电源烧坏。电源以及用电设备的电压、电流及功率都有规定的最大值,称为电源、用电设备的额定值。

额定值是设计和制造部门对电气产品使用的规定,通常用 U_N,I_N,P_N 表示额定电压、额定电流和额定功率。按照额定值使用电气设备才能保证其安全可靠、经济合理,充分发挥电气设备的效用,同时不至于缩短电气设备的使用寿命。大多数电气设备的使用寿命与绝缘强度有关。当通过电气设备的电流超过额定值较多时,将会由于过热而使绝

缘遭到破坏或因加速绝缘老化而缩短使用寿命;当电压超过额定值过大时,绝缘材料会被击穿。在正常工作条件下,负载电流大于额定值将出现超载情况,同样负载电流远小于额定值将出现欠载情况,使设备能力不能被充分利用,这些情况在工程上都是不允许的。只有当负载电流与额定值相近,趋于满载时,设备的运行才能获得高效率。

用电设备或元件的额定值通常标在铭牌上或使用说明书上。使用前必须仔细核对。

实际使用时,用电设备的电压、电流、功率的实际值并不一定等于额定值。对于白炽灯、电阻炉等设备,只要在额定电压下使用,其电流和功率都能达到额定值。但对于电动机、变压器等设备,在额定电压下工作时,其实际电流和功率不一定与额定值一致,有可能出现欠载或超载的情况,因为它们的实际值和设备机械负荷的大小及电负荷的大小有关,这一点在使用时必须加以注意。

(二) 开路状态

在图 1.1.7a 所示电路中,将开关 S 断开,则电路不通,此时电路处于开路(空载或断路)状态,如图 1.1.8 所示。在这种状态下,电源不接负载,此时外电路对电源来说负载电阻为无穷大(∞),电流为零,电源两端的端电压(开路电压 U_{OC})等于电源的电动势 E,电源不输出电能。

如上所述,电路开路时的特征可表示如下:

$$\left.\begin{array}{l} I=0 \\ U=U_{OC}=E \\ P=0 \end{array}\right\} \tag{1.1.14}$$

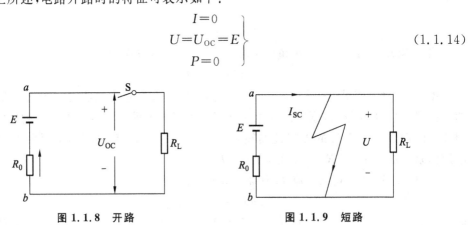

图 1.1.8　开路　　　　　　　　　　图 1.1.9　短路

(三) 短路状态

在图 1.1.7a 所示电路中,当电源的两端 a 和 b 由于某种事故而直接相连时,电源则被短路,如图 1.1.9 所示。电源短路时,外电路的电阻可视为零,电流不再流过负载 R_L。因为在电流的回路中仅有很小的电源内阻 R_0,这时的电流很大,此电流称为短路电流 I_{SC}。此时负载两端的电压为零,电源也不输出功率,电源所产生的电能全部为内阻 R_0 消耗并转换成热能,使得电源的温度迅速上升以致被烧坏。

如上所述,电源短路时的特征可表示如下:

$$\left.\begin{array}{l} U=0 \\ I=I_{SC}=\dfrac{E}{R_0} \\ P_E=\Delta P=I_{SC}^2 R_0, P=0 \end{array}\right\} \tag{1.1.15}$$

短路也可发生在负载端或线路的任何位置。短路通常是一种严重事故,应尽力避免发生。产生短路的原因往往是绝缘损坏或接线不慎,因此经常检查电气设备和电路的绝缘情况是一项很重要的安全措施。为了防止短路事故造成严重后果,通常在电路中接入熔断器或自动断路器,以便发生短路时能迅速将故障电路自动切除。但是,有时由于某种需要,可以将电路中的某一段短路(常称为短接)或进行某种短路实训。

【例 1-3】 例 1-3 图所示电路中,已知 $E=36$ V,$R_1=2$ Ω,$R_2=4$ Ω,试在下列三种情况下,分别求出电压 U_2 和电流 I。

① 该电路正常工作情况下;

② $R_2=\infty$(即 R_2 断开);

③ $R_2=0$(即 R_2 处短接)。

解 ① 电路正常工作情况下

$$I=\frac{E}{R_1+R_2}=\frac{36}{2+4}=6 \text{ A}$$

$$U_2=IR_2=6\times2=12 \text{ V}$$

② 当 $R_2=\infty$ 时,

$$I=0 \text{ A}$$

$$U_2=E=36 \text{ V}$$

(3) $R_2=0$ 时,

$$I=\frac{E}{R_1}=\frac{36}{2}=18 \text{ A}$$

$$U_2=0 \text{ V}$$

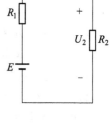

例 1-3 图

五、简单电路计算

在工作和生活中往往会遇到这样或那样的电路,有时还必须了解电路的电流、电压及功率,看它们的实际值是否达到额定值,从而使电路正常工作,这就需要对电路进行正确的分析和计算。本书如果无特殊说明,所讲的都是线性电路。下面就几个简单的电路进行分析和计算。

【例 1-4】 例 1-4 图所示电路可用来测量电源的电动势 E 和内阻 R_0。若开关 S 闭合时电压表的读数为 6.8 V,开关 S 打开时电压表的读数为 7 V,负载电阻 $R_L=10$ Ω,试求电动势 E 和内阻 R_0(设电压表的内阻为无穷大)。

解 设电压、电流的参考方向如图所示,当开关 S 断开时,电路工作在空载状态,电源的端电压等于电动势,即 $E=U=7$ V。当开关 S 闭合时,电路工作在有载工作状态,此时电路中的电流为

$$I=\frac{U}{R}=\frac{6.8}{10}=0.68 \text{ A}$$

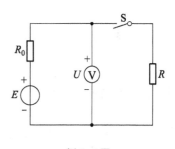

例 1-4 图

故内阻

$$R_0 = \frac{E-U}{I} = \frac{7-6.8}{0.68} = 0.29 \ \Omega$$

【例 1-5】 例 1-5 图所示电路为蓄电池供电或充电的电路模型,其中 R 为限流电阻。

① 试求端电压 U;

② 此支路是供电支路还是用电支路,请求出供电或用电的功率;

③ 求蓄电池发出或吸收的功率;

④ 求电阻所消耗的功率。

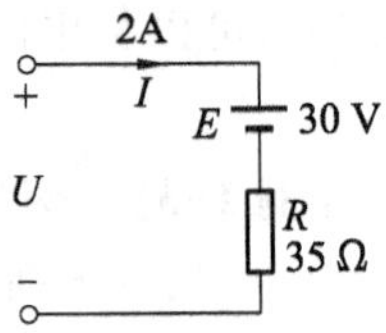

例 1-5 图

解 电路中电压和电流的参考方向如图中所示,设该支路供电或用电的功率为 P,蓄电池发出或吸收的功率为 P_E,电阻所消耗的功率为 P_R。

① 由电路中电压和电流的参考方向可知端电压 U 的值为

$$U = E + RI = 30 + 35 \times 2 = 100 \ V$$

② U,I 为关联参考方向,其电功率为

$$P = UI = 100 \times 2 = 200 \ W$$

P 为正值,可见该支路为用电支路,用电功率为 200 W。

③ 蓄电池正在充电,其吸收的功率为

$$P_E = EI = 30 \times 2 = 60 \ W$$

④ 电阻所消耗的功率为

$$P_R = I^2 R = 2^2 \times 35 = 140 \ W$$

根据以上分析可知,供电支路所提供的电能一部分提供给蓄电池,另一部分被电阻所消耗,整个电路遵守能量守恒定律。

【例 1-6】 某设备的额定电流 $I_N = 0.5$ A,但接在 220 V 的电源上时电流为 1.1 A,问要串联多大阻值的电阻才能将此设备接在 220V 的电源上? 这个电阻的功率至少需要多少瓦?

解 串联电阻后此电路的电流应为设备的额定电流,故电路的总电阻为

$$R = \frac{220}{0.5} = 440 \ \Omega$$

该设备的阻值

$$R_1 = \frac{220}{1.1} = 200 \ \Omega$$

故串联的电阻应为

$$R_2 = 440 - 200 = 240 \ \Omega$$

这个电阻的功率至少需要

$$P = I_N^2 R_2 = 0.5^2 \times 240 = 60 \ W$$

任务实施

1. 实训目的

(1) 熟悉 Multisim 软件的用途与功能。

(2) 熟悉各种模拟电子元器件的符号与作用。

(3) 掌握万用表及电压、电流表、功率表的正确使用方法。

2. 实训说明

在 Multisim 环境下找到干电池(电源)及灯泡等电路元器件,各小组按照图 1.1.10 所示实训电路进行手电筒电路的连接与调试,用 Multisim 中的测量工具测量电流、电压和电功率等电路参数。

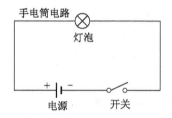

图 1.1.10　手电筒电路

3. 实训步骤及要求

(1) 根据实训电路,在 Multisim 软件中合理选择实训设备器材、仪表及工具,并列入表 1.1.1。

表 1.1.1　实训设备器材清单

序　号	名　称	型号及规格	数　量

(2) 记录干电池和灯泡的额定技术参数:＿＿＿＿＿＿＿＿＿＿＿＿＿＿＿＿。

(3) 在断电状态下,按照实训电路进行连线调试,仔细检查线路,测试并记录电路中的电流、电压和功率,然后计算电路中功率是否平衡。

(4) 分别测量手电筒电路在开路、短路和正常工作状态下的电压和电流值并分析原因。

(5) 实训结束后保存好电路图并做好实训室 5S 工作。

(6) 小组实训总结,完成实训报告。

4. 考核要求与标准

（1）正确选择与使用器材、仪表及工具(15分)；

（2）完成实训电路连线及调试,实训结果符合项目要求(25分)；

（3）实训报告完整正确(40分)；

（4）小组讨论交流、团队协作较好(10分)；

（5）实训室 5S 整理规范(10分)。

巩 固 与 提 高

1. 电路主要由几部分组成？各部分的作用是什么？

2. 电路模型与实际电路之间有什么区别？

3. 什么是电流？电流的方向是什么？

4. 已知 $I_{ab} = -5\,A$,则 I_{ba} 是多少？

5. 在习题 5 图所示电路中：

(1) 试求出电压 U 与电流 I 的关系表达式；

(2) 电压 U 与电流 I 是否为关联参考方向。

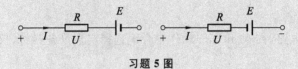

习题 5 图

6. 在习题 6 图所示电路中,试求电位 V_a,V_b 及电压 U_{ab}。

7. 在习题 7 图所示电路中,试求开关 S 断开及合上时点 A 的电位。

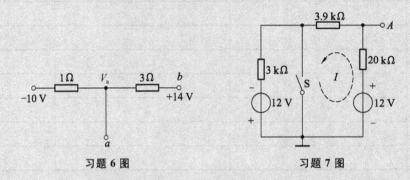

习题 6 图   习题 7 图

8. 习题 8 图 a 所示电路中,$u>0$,$i<0$；图 b 中,$u>0$,$i>0$。试判别元件是电源还是负载。

习题 8 图

任务 2
基尔霍夫定律的验证

任务描述

本任务对简易手电筒电路进行了扩展,要求教师给学生设计一定的实训要求,准备必备的实训物品,让学员根据实训要求自主设计实训电路。通过本任务可使学员更熟练地使用电工仪表和电工工具,并通过实践和理论的结合对基尔霍夫定律有更加深刻的认识。

首先需要准备好三只灯泡、两个开关、一组电池、若干导线、万用表、功率表、钳类工具、螺钉旋具和电工刀等,然后根据要求在 Multisim 软上设计实训电路。

讨论与交流:
(1) 设计的电路中有几个节点,几条支路,几个回路,几个网孔?
(2) 测量每条支路的电流并对这些电流的关系进行分析。
(3) 测量每个元件的电压并对这些电压的关系进行分析。

任务准备

由若干个电路元件按一定连接方式构成电路后,电路中各部分的电压、电流必然受到两类约束:一类是元件特性形成的约束,如线性电阻元件的电压和电流必须满足"$u = Ri$"的关系,这种关系称为元件的组成关系或电压电流关系(VCR);另一类是元件的相互连接给支路电流之间和支路电压之间带来的约束关系,有时称为"拓扑"约束,这类约束由基尔霍夫定律体现。基尔霍夫定律又分为电流定律和电压定律,它是分析电路的重要基础知识。

在学习基尔霍夫定律之前先介绍几个名词。

➤支路:由单个电路元件或若干个电路元件串联构成电路的一个分支,称为支路。一个支路上流经的是同一个电流,图 1.2.1 所示电路中共有 3 条支路(即 $b=3$)。

➤节点:电路中三条或三条以上支路的会聚点称为节点。图 1.2.1 所示电路中共 2 个节点 a 和 b(即 $n=2$)。

➤回路:电路中由支路组成的闭合路径称为回路。图 1.2.1 所示电路中共 3 个回路(即 $l=3$)。

➤网孔:内部无支路的回路称为网孔。图 1.2.1 所示电路中共 2 个网孔(即 $m=2$)。

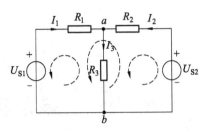

图 1.2.1　基尔霍夫定律电路示例

一、基尔霍夫电流定律（KCL）

基尔霍夫电流定律反映了电路中任一节点在各支路电流之间的约束关系，即反映了电流的连续性。该定律可叙述为：在任何时刻，流进任一节点的电流的代数和恒等于零，即

$$\sum I = 0 \qquad (1.2.1)$$

基尔霍夫电流定律还规定：流入节点的电流为"＋"，流出节点的电流为"－"。对于图 1.2.1 所示电路中的点 a，可写出

$$I_1 + I_2 - I_3 = 0$$

也可改写为

$$I_1 + I_2 = I_3 \qquad (1.2.2)$$

由式（1.2.2）可看出，对于任一节点，流入该节点的电流一定等于流出该节点的电流，即

$$\sum I_入 = \sum I_出$$

应用基尔霍夫电流定律时，应该注意到流入或流出都是针对所假设的电流参考方向而言的。该定律还可推广应用于电路中任一假设的封闭面，即通过电路中任一假设闭合面的各支路电流的代数和恒等于零。该假设闭合面称为广义节点。

【例 1-7】　如例 1-7 图所示电路，$I_1 = -2$ A，$I_2 = 3$ A，求电流 I_3。

解　假设一闭合面如图中虚线所示，则

$$I_1 - I_2 + I_3 = 0$$

所以　$I_3 = I_2 - I_1 = [3 - (-2)]A = 5$ A

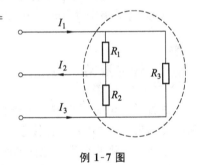

例 1-7 图

二、基尔霍夫电压定律（KVL）

基尔霍夫电压定律反映了电路中任一回路支路电压之间的约束关系。该定律可叙述为：在任何时刻，沿任一闭合回路所有支路电压的代数和恒等于零，即

$$\sum U = 0 \qquad (1.2.3)$$

基尔霍夫电压定律还规定：在列 KVL 方程时，支路电压的参考方向与回路的绕行方向一致时，则该电压前面取"＋"；支路电压参考方向与回路绕行方向相反时，则该电压前面取"－"。

图 1.2.2a 所示为某电路中的一个回路，设其回路绕行方向为顺时针，则有

$$U_1 + U_2 - U_3 - U_4 + U_5 = 0$$

应用基尔霍夫电压定律时应该注意到回路中的绕行方向是任意假定的。电路中两

点间的电压大小与路径无关。如图 1.2.2a 所示电路中,如果按 abc 方向计算 ac 间电压,有 $U_{ac}=U_1+U_2$,如果按 $aedc$ 方向计算,有 $U_{ac}=-U_5+U_4+U_3$,两者结果应相等,故有 $U_1+U_2-U_3-U_4+U_5=0$,与前面的结果完全一致。

KVL 不仅适用于实际回路,若加以推广还可适用于电路中的假想回路。如图 1.2.2a 所示电路中可以假想有 $abca$ 回路,绕行方向仍为顺时针,根据 KVL,则有

$$U_1+U_2+U_{ca}=0$$

由此可得

$$U_{ca}=-U_1-U_2$$

即

$$U_{ac}=-U_{ca}=U_1+U_2$$

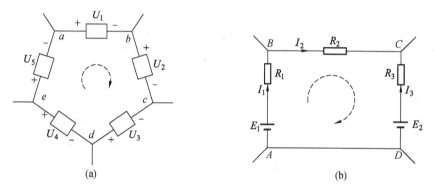

图 1.2.2　KVL 示例

图 1.2.2b 所示是某电路的一部分,各支路电压的参考方向和回路的绕行方向如图所示(顺时针),应用基尔霍夫电压定律可得

$$U_{AB}+U_{BC}+U_{CD}=-E_1+I_1R_1+I_2R_2+E_2-I_3R_3=0$$

将上式进行整理后可得

$$I_1R_1+I_2R_2-I_3R_3=E_1-E_2$$

方程的右边是沿回路绕行方向闭合一周所有电动势的代数和,方程的左边是沿回路绕行方向闭合一周各电阻元件上电压降的代数和,即

$$\sum RI=\sum E \qquad (1.2.4)$$

这是基尔霍夫电压定律的第二种表达形式,并规定:电动势的参考方向与回路绕行方向一致时为"+",反之为"−";电流的参考方向与回路绕行方向一致时,在电阻上产生的电压降为"+",反之为"−"。

1. 实训目的

(1)熟悉实训环境及实训设备器材及 Multisim 软件的使用。

(2)掌握万用表及电压、电流表的正确使用方法及 Multisim 软件中测量工具的运用。

(3)掌握基尔霍夫 KCL 和 KVL 定律。

2．实训说明

首先用 Multisim 软件进行设计仿真，然后再用实物验证，利用三只灯泡（HL_1，HL_2，HL_3）、两个开关（S_1，S_2）、一组电池、若干导线设计电路，要求如下：

（1）当闭合开关 S_1 且断开 S_2 时，HL_1 和 HL_3 亮；

（2）当闭合 S_2 且断开 S_1 时，HL_2 和 HL_3 亮；

（3）当 S_1 和 S_2 都断开时，三只灯泡都不亮；

（4）当 S_1 和 S_2 都闭合时，三只灯泡全亮。

3．实训步骤及要求

（1）根据实训要求，合理选择实训设备器材、仪表及工具，并将实训设备器材清单列入表 1.2.1。

表 1.2.1　基尔霍夫实验设备清单

序　号	名　　称	型号及规格	数　　量

（2）根据要求，合理设计实训电路，使用万用表测量电池电压及各灯泡的电阻值：

$$U_S=\underline{\quad} V; \quad R_1=\underline{\quad} \Omega; \quad R_2=\underline{\quad} \Omega; \quad R_3=\underline{\quad} \Omega$$

（3）应用 KCL 和 KVL 定律，初步分析并计算电路中各支路的电流、电压值。

首先在自己设计的电路图中标注电流和电压参考方向，列出节点的 KCL 电流方程（标出支路电流参考方向）和任一电压回路的 KVL 电压方程（标出回路电压参考方向）。

然后根据各元件实际值，计算电路中各类电压、电流值：

$$U_1'=\underline{\quad} V; \quad U_2'=\underline{\quad} V; \quad U_3'=\underline{\quad} V;$$
$$I_1'=\underline{\quad} A; \quad I_2'=\underline{\quad} A; \quad I_3'=\underline{\quad} A$$

（4）在断电状态下，按照实训电路进行连线调试，仔细检查线路，经指导老师检查确认后方可通电，测试记录电路中各类电流和电压实际值：

$$U_S=\underline{\quad} V; \quad U_1=\underline{\quad} V; \quad U_2=\underline{\quad} V; \quad U_3=\underline{\quad} V;$$
$$I_1=\underline{\quad} A; \quad I_2=\underline{\quad} A; \quad I_3=\underline{\qquad} A$$

（5）小组讨论，验证电路参数的测量数据是否符合基尔霍夫 KCL 和 KVL 定律，如果不符合或误差偏大，则需重新进行实训及测量。

（6）实训结束后关闭设备总电源、整理器材、做好实训室 5S 工作。

（7）小组实训总结，完成实训报告。

4．实训注意事项

（1）实训前应熟悉实训环境和实训台结构，掌握实训设备及各类电工仪表的正确操作方法,严格遵守安全操作规程。

（2）务必在断电状态下进行电路连接及电阻测量。

（3）电路通电测量时,应避免人体接触电路及表棒等导电部位。

（4）测量电流时应将电流表串联在电路中,测量电压时应将电压表并联在被测电路两端。

（5）禁止在通电状态下测量电阻,禁止使用电流挡测量电压。

5. 考核要求与标准

（1）正确选择使用实训设备器材、仪表及工具(15分);

（2）完成实训电路连线及调试,实训结果符合项目要求(25分);

（3）实训报告完整正确(40分);

（4）小组讨论交流、团队协作较好(10分);

（5）实训室5S整理规范(10分)。

巩　固　与　提　高

1. 简要叙述 KCL 和 KVL 定律(在理解的基础上,用自己的语言表达)。

KCL：_____。

KVL：_____。

2. 习题2图所示回路中,已标明各支路电流的参考方向,试用基尔霍夫电压定律写出回路的电压方程。

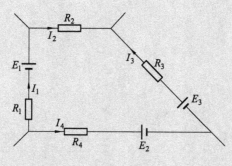

习题2图

3. 习题3图所示电路中,已知 $U_1 = 2\text{ V}$, $U_2 = 10\text{ V}$, $U_4 = 2\text{ V}$, $I_1 = -2\text{ A}$, $I_2 = 1\text{ A}$, $I_3 = 2\text{ A}$,各电压、电流参考方向如图所示,求 I_4, U_3, U_5 及 U_6 的值。

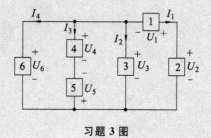

习题3图

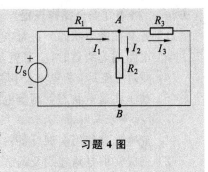

习题 4 图

4. 习题 4 图所示为直流电压源及电阻组成的直流电路，要求应用基尔霍夫电流、电压定律分析电路，正确选择实训设备及器材，并按照电路接线及通电调试，测量电路中各回路的电流和电压参数，从而验证基尔霍夫 KCL 和 KVL 定律的正确性。

注：电压源 U_S 可选择 DC12 V 或 5 V，$R_1 \sim R_3$ 可选择功率 1/2 W 或 1/4 W 电阻（$R_1 = 50\ \Omega$，$R_2 = 100\ \Omega$，$R_3 = 470\ \Omega$）。

任务3
叠加定理、戴维宁定理和诺顿定理的验证

任务描述

本任务主要研究直流线性复杂电路的两种分析方法(支路电流法和节点电压法)和三条重要定理(叠加定理、戴维宁定理和诺顿定理)。教师给学生准备必备的实训物品,学生对叠加定理、戴维宁定理和诺顿定理进行验证。通过本任务可加深学生对这三条定理的认识和理解,进一步熟练使用常用电工仪表与电工工具,对复杂电路的分析有更全面的认识。

首先根据叠加定理、戴维宁定理、诺顿定理实训电路图合理选择电压源、电流源、电阻等相应元器件,然后根据实训电路图正确连接实训电路。

讨论与交流:

(1) 什么是电源?实际电源有哪两种?

(2) 理想电压源和实际电压源有什么区别?理想电流源和实际电流源有什么区别?

(3) 电压源和电流源如何等效变换?

(4) 支路电流法和节点电压法有何应用?

(5) 分别利用叠加定理、戴维宁定理和诺顿定理对复杂电路进行计算。

任务准备

一、电压源与电流源

电源是将其他形式的能量转换为电能的装置。实际电源可以用两种不同的电路模型来表示:一种是以电压的形式向电路供电,称为电压源模型;另一种是以电流的形式向电路供电,称为电流源模型。

(一)电压源

如图 1.3.1a 所示。U_s是电压源的电压,R 是外接负载电阻,电路中电压源 U_s 与电流 I 为非关联参考方向。

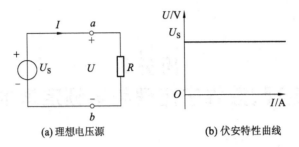

(a) 理想电压源　　　　　　(b) 伏安特性曲线

图 1.3.1　理想电压源及其伏安特性曲线

电压源向外提供了一个恒定的或按某一特定规律随时间变化的端电压(如随时间按正弦规律变化的正弦电压),其大小为 U_s,接上负载 R 以后,电路中便有电流 I,其大小仅取决于负载 R 的大小。但不管负载如何变化,其端电压 $U_s = U$ 始终是恒定的。

电压源的电压电流关系又称伏安特性曲线,是一根平行于电流轴的直线,如图 1.3.1b 所示。而实际电源不具备上述电压源的特性,即当外接电阻 R 变化时,电源提供的端电压会发生变化,所以实际电源的电压源模型可以用一个内阻 R_0 和电压源 U_s 的串联来表示,如图 1.3.2a 所示。

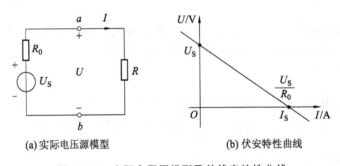

(a)实际电压源模型　　　　　　(b)伏安特性曲线

图 1.3.2　实际电压源模型及其伏安特性曲线

电路中的电流 I 和电压 U 分别为

$$\left.\begin{array}{l} I = \dfrac{U_s}{R_0 + R} \\[2mm] U = U_s - R_0 I \end{array}\right\} \tag{1.3.1}$$

由式(1.3.1)可见,当负载 R 减小时,其输出电流 I 增大,在电源内阻 R_0 上的电压降就增大,而电源的端电压 U 越低,其伏安特性曲线如图 1.3.2b 所示。显然,内阻 R_0 越小,伏安特性曲线越平坦,其输出电压越稳定,越接近电压源的开路电压 U_s。

(二) 电流源

理想电流源如图 1.3.3a 所示,I_s 是电流源的电流,R 是外接负载电阻,电路中电流源 I_s 与电压 U 为非关联参考方向。电流源向外提供了一个恒定的电流 I_s,且电流 I_s 的大小与它的端电压大小无关,端电压大小仅仅取决于外电路负载 R 的数值,即 $U = RI_s$。理想电流源的伏安特性曲线如图 1.3.3b 所示,它是一根垂直于电流轴的直线。

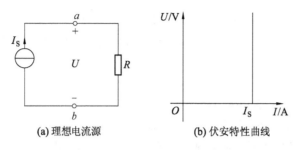

(a) 理想电流源　　　　　(b) 伏安特性曲线

图 1.3.3　理想电流源及其伏安特性曲线

而实际电源的电流源模型可以用一个内阻 R_0 与电流源 I_S 的并联来表示,如图 1.3.4a 所示。实际电源一般不具备电流源的特性,当外接电阻 R 发生变化时,输出电流会有波动。

由图 1.3.4a 可见,输出电流 $I = I_S - \dfrac{U}{R_0}$。显然,输出电流 I 的数值不是恒定的:当负载 R 短路时,输出电压 $U=0$,输出电流 $I=I_S$;当负载 R 开路时,则输出电压 $U=I_S R_0$,输出电流 $I=0$。其伏安特性曲线如图 1.3.4b 所示。

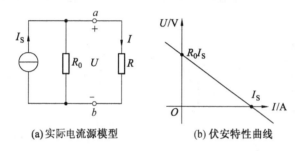

(a) 实际电流源模型　　　　(b) 伏安特性曲线

图 1.3.4　实际电流源模型及其伏安特性曲线

(三) 电压源与电流源的等效变换

由图 1.3.2b 和图 1.3.4b 可以发现,实际电压源和电流源的伏安特性曲线是相同的,在一定的条件下,这两个外特性可以重合。这说明一个实际电源既可以用电压源模型表示,也可以用电流源模型表示。也就是说,电压源模型和电流源模型对同一外部电路而言,相互之间可以等效变换。变换后,输出的电压和输出的电流要保持不变。如图 1.3.5 所示电路中,在 U,I 均保持不变的情况下等效变换的条件为

$$I_S = \frac{U_S}{R_0} \text{ 或 } U_S = R_0 I_S \tag{1.3.2}$$

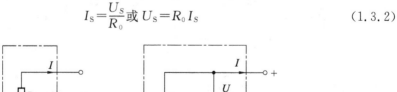
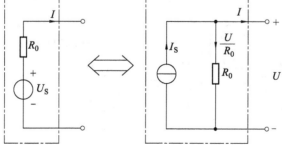

图 1.3.5　电压源模型与电流源模型的等效变化

即 R_0 保持不变,但接法改变。特别要指出的是电压源模型与电流源模型在等效变换时 U_S 与 I_S 的方向必须保持一致,即电流源流出电流的一端与电压源的正极性端相对应。

此外还应注意:

(1) 电压源模型与电流源模型的等效关系只是对相同的外部电路而言,其内部并不等效。在图 1.3.2a 中可见,在开路状态下电压源既不产生功率,内阻也不消耗功率;而在图 1.3.4a 中,开路状态下电流源则产生功率,并且全部为内阻所消耗。

(2) 电压源与电流源之间不能相互等效变换。电压源内阻 $R_0=0$,若能等效变换,则短路电流 $I_S=\dfrac{U_S}{R_0}=\infty$,这是没有意义的。同样,电流源内阻 $R_0=\infty$,若能等效变换则开路电压 $U_S=R_0 I_S=\infty$,这也是没有意义的。

(3) 任何与电压源并联的两端元件不影响电压源电压的大小,在分析电路时可以舍去;任何与电流源串联的两端元件不影响电流源电流的大小,在分析时同样也可以舍去(但在计算由电源提供的总电流、总电压和总功率时,两端元件不能舍去),如图 1.3.6 所示。

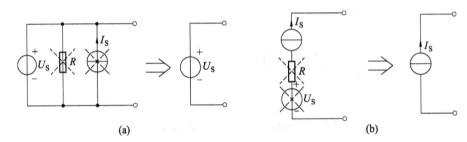

(a)　　　　　　　　　　　　　(b)

图 1.3.6　等效变换

【例 1-8】　求例 1-8 图所示电路中的电流 i。

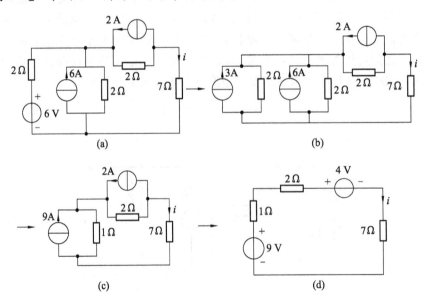

例 1-8 图　电路等效变换

解 图 a 中电路可简化为图 d 的形式,简化过程如图 b,c,d 所示,由简化后的电路求得电流为

$$i = \frac{9-4}{1+2+7} = 0.5 \text{ A}$$

【例 1-9】 如例 1-9 图所示,求负载中的电流 I 及其端电压 U,并分析功率平衡关系。

解 图中 2 A 电流源与 10 V 电压源并联,不影响其两端电压大小,可以舍去,

得 $I = \dfrac{U}{R_L} = \dfrac{10}{2} = 5 \text{ A}$,所以负载 R_L 中的电流为 5 A。

端电压 $\qquad U = R_L I = 2 \times 5 = 10 \text{ V}$

根据 KCL 有 $\qquad\qquad I_S - I_1 - I = 0$

所以 $\qquad\qquad I_1 = I_S - I = 2 - 5 = -3 \text{ A}$

负载电阻的功率

$$P = UI = 10 \times 5 = 50 \text{ W(吸收功率)}$$

电压源的功率

$$P_{U_S} = UI_S = (-3) \times 10 = -30 \text{ W(关联参考方向,} P_{U_S} < 0 \text{,输出功率)}$$

电流源的功率

$$P_{I_S} = UI_1 = 10 \times 2 = 20 \text{ W(非关联参考方向,} P_{I_S} > 0 \text{ 输出功率)}$$

电源输出的功率为

$$P = 30 + 20 = 50 \text{ W}$$

因此,负载吸收的功率为 50 W。

输出功率与吸收功率相等,即功率平衡。

二、支路电流法

计算复杂电路的各种方法中,支路电流法是最基本的。在分析时,它以支路电流作为求解对象,应用基尔霍夫定律分别对节点和网孔列写 KCL 方程和 KVL 方程,联立方程组进行求解。图 1.3.7 所示为一复杂线性电阻电路,假定各电阻和电源电压值已知,要求各支路电流。

该电路共有 3 个节点,5 条支路,3 个网孔,6 个回路。5 条支路电流的参考方向如图所示。

根据 KCL 可对 3 个节点列写 3 个 KCL 方程。

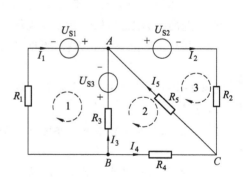

图 1.3.7 复杂电路示例

$$
\begin{array}{ll}
\text{节点 } A & I_1 - I_2 + I_3 + I_5 = 0 \\
\text{节点 } B & -I_1 - I_3 - I_4 = 0 \\
\text{节点 } C & I_2 + I_4 - I_5 = 0
\end{array}\Bigg\} \tag{1.3.3}
$$

从这些方程中可以看出,任何一个方程可由其余两个方程相加减得到,因而它们并不是相互独立的。故可得出结论:对具有 3 个节点的电路只能列写出 2 个独立的 KCL 方程,因此只能有 2 个独立节点,余下的一个称为非独立节点,独立节点的选取是任意的。如图 1.3.7 所示电路中,若选节点 A,B 为独立节点,则式 1.3.3 的前两项即为独立的 KCL 方程。

推而广之,对具有 n 个节点的电路,有且只有 $(n-1)$ 个独立节点,也只能且一定能列写 $(n-1)$ 个独立的 KCL 方程。

为了求解 5 个支路电流,显然两个方程是不行的,还需补充 3 个独立方程,借助于 KVL 就可建立所需的方程。实践证明:对于线性电阻电路,列写的 KVL 独立方程的个数正好等于网孔的个数,因此只要对 3 个网孔列写 KVL 方程即可。

如图 1.3.8 所示,按顺时针方向绕行可得

$$
\begin{array}{ll}
\text{网孔 } 1 & R_1 I_1 - R_3 I_3 = U_{S_1} + U_{S_3} \\
\text{网孔 } 2 & R_3 I_3 - R_5 I_5 - R_4 I_4 = -U_{S_3} \\
\text{网孔 } 3 & R_5 I_5 + R_2 I_2 = -U_{S_2}
\end{array}\Bigg\} \tag{1.3.4}
$$

除这三个方程以外的其他回路 KVL 方程都不是独立的,都可由式(1.3.4)三个方程相加减得到。

取式(1.3.3)中的任意两项与式(1.3.4)联立求解,即可得出 5 个支路电流。

综上所述,对以支路电流为待求量的任何线性电路,运用 KCL 和 KVL 总能列写出足够的独立方程,从而可求出支路电流。

支路电流法的步骤可归纳如下:

(1)在给定电路图中设定各支路电流的参考方向。

(2)选择 $(n-1)$ 个独立节点,列写 $(n-1)$ 个独立 KCL 方程。

(3)选网孔为独立回路,并设其绕行方向,列写出各网孔的 KVL 方程。

(4)联立求解上述独立方程,得出各支路电流。

【例 1-10】 求例 1-10 图所示电路中的各支路电流。

解 ① 假定各支路电流的参考方向如图所示。

② 该电路只有 2 个节点,故只能列写一个 KCL 独立方程,选节点 A 为独立节点,则节点 A 上有

$$I_1 + I_2 - I_3 = 0$$

③ 按顺时针方向列写出 2 个网孔的 KVL 独立方程:

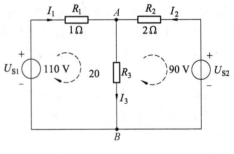

例 1-10 图

$$R_1 I_1 + R_3 I_3 = U_{S1}$$
$$-R_2 I_2 - R_3 I_3 = -U_{S2}$$

④ 联立上面几个方程并代入数据得

$$I_1 + I_2 - I_3 = 0$$
$$I_1 + 20 I_2 = 110$$
$$2 I_2 - 20 I_3 = 90$$

经计算得出 $I_1 = 10$ A, $I_2 = -5$ A, $I_3 = 5$ A。其中 I_2 为负值,说明假定的方向与实际方向相反。

三、节点电压法

以节点电压为求解对象的电路分析方法称为节点电压法。在任意复杂结构的电路中总会有 n 个节点,取其中一个节点作为参考节点,其他各节点与参考点之间的电压称为节点电压。所以,在有 n 个节点的电路中,一定有 $(n-1)$ 个节点电压。

如果在一个电路中有两个节点,那么取其中一个为参考节点,其节点电压只有一个。只有两个节点的电压分析方法是节点电压法中的特例,称之为弥尔曼定理。两个节点的电路可以看作是许多条支路的并联电路。

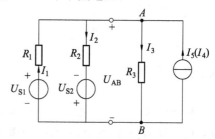

图 1.3.8 节点电压法

图 1.3.8 所示电路中共有 4 条支路及 2 个节点 A,B,取其中的节点 B 为参考节点,节点电压为 U_{AB};各支路电流 I_1,I_2,I_3,I_S 的参考方向如图所示。各支路电流可应用欧姆定律求得

$$\left.\begin{array}{l} U_{AB} = U_{S1} - I_1 R_1 \Rightarrow I_1 = \dfrac{-U_{AB} + U_{S1}}{R_1} \\[2mm] U_{AB} = -U_{S2} + I_2 R_2 \Rightarrow I_2 = \dfrac{U_{AB} + U_{S2}}{R_2} \\[2mm] U_{AB} = I_3 R_3 \Rightarrow I_3 = \dfrac{U_{AB}}{R_3} \\[2mm] I_S = I_4 \Rightarrow I_4 = I_S \end{array}\right\} \tag{1.3.5}$$

对节点 A 应用 KCL,可得

$$I_1 - I_2 - I_3 + I_4 = 0 \tag{1.3.6}$$

将式(1.3.5)代入式(1.3.6)中

$$\frac{-U_{AB} + U_{S1}}{R_1} - \frac{U_{AB} + U_{S2}}{R_2} - \frac{U_{AB}}{R_3} + I_S = 0$$

经整理后得

$$U_{AB} = \frac{\dfrac{U_{S1}}{R_1} - \dfrac{U_{S2}}{R_2} + I_S}{\dfrac{1}{R_1} + \dfrac{1}{R_2} + \dfrac{1}{R_3}} = \frac{\sum \dfrac{U_S}{R} + \sum I_S}{\sum \dfrac{1}{R}} \tag{1.3.7}$$

求得节点电压 U_{AB} 后,再根据欧姆定律,求各支路电流。

式(1.3.7)中,分母恒取正;分子各项中,若电源 U_S 与节点电压极性一致,则取正,若电源 U_S 与节点电压极性相反,则取负。电流源电流 I_S 流入为正,流出为负。

【例 1-11】 如例 1-11 图所示,求 1 Ω 电阻中流过的电流 I。

解 设 O 为参考点,先计算节点电压 U_{AO},然后应用欧姆定律可得 1 Ω 电阻上的电流 I。

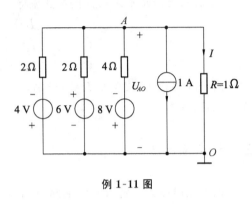

例 1-11 图

节点电压为

$$U_{AO} = \frac{-\dfrac{4}{2} + \dfrac{6}{2} - \dfrac{8}{4} - 1}{\dfrac{1}{2} + \dfrac{1}{2} + \dfrac{1}{4} + 1} = \frac{-2}{\dfrac{9}{4}} = -\frac{8}{9} \text{ V}$$

所以由 $U_{AO} = IR$,

得 $I = \dfrac{U_{AO}}{R} = \dfrac{-\dfrac{8}{9}}{1} = -\dfrac{8}{9}$ A

四、叠加定理

叠加定理是线性电路普遍适用的基本定理,反映了线性电路所具有的基本性质。其内容可表述为:在线性电路中,多个电源(电压源和电流源)共同作用时,在任一条支路上所产生的电压或电流等于这些电源分别单独作用时在该支路上所产生的电压或电流的代数和。

在应用叠加定理时必须注意:

(1) 保持电路结构及元件参数不变。当一个电源单独作用时其他电源应视为零值,即电压源短路,电流源开路,但均应保留其内阻。

(2) 叠加定理只适用于线性电路。

(3) 叠加时,必须要认清各个电源单独作用时在各条支路所产生的电压、电流的分量是否与各条支路上原电压、电流的参考方向一致,一致时各分量取正,反之取负,最后叠加时应为代数和。

(4) 叠加定理只能用来分析电路中的电压和电流,不能用来计算电路中的功率,因为功率与电压或电流之间不是线性关系。

【例 1-12】 如例 1-12 图所示电路,求电路中的电流 I_L。

解 图 a 所示电路中有两个电源,当电流源单独作用时电压源视为短路,如图 b 所示,由此可知

$$I'_L = \frac{5}{5+5} \times 1 = 0.5 \text{ A}$$

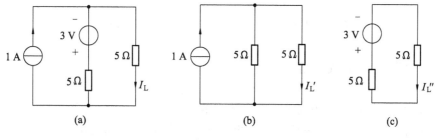

例 1-12 图

当电压源单独作用时,电流源视为开路,如上图 c 所示,由此可知

$$I_L'' = -\frac{3}{5+5} = -0.3 \text{ A}$$

叠加后得
$$I = I_L' + I_L'' = 0.5 - 0.3 = 0.2 \text{ A}$$

【例 1-13】 如例 1-13 图所示,电路中 $R_1 = 5\ \Omega$, $R_2 = 10\ \Omega$, $R_3 = 20\ \Omega$,试用叠加定理求各支路电流。

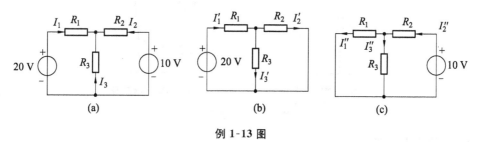

例 1-13 图

解 20 V 电压源单独作用时如上图 b 所示,可知

$$R = R_1 + \frac{R_2 R_3}{R_2 + R_3} = 5 + \frac{10 \times 20}{10 + 20} = 11.67\ \Omega$$

$$I_1' = \frac{20}{11.67} = 1.71 \text{ A}$$

$$I_2' = I_1' \times \frac{R_3}{R_2 + R_3} = 1.71 \times \frac{20}{10 + 20} = 1.14 \text{ A}$$

$$I_3' = I_1' \times \frac{R_2}{R_2 + R_3} = 1.71 \times \frac{10}{10 + 20} = 0.57 \text{ A}$$

当 10 V 电压源单独作用时如上图 c 所示,可知

$$R' = R_2 + \frac{R_1 R_3}{R_1 + R_3} = 10 + \frac{5 \times 20}{5 + 20} = 14\ \Omega$$

$$I_2'' = \frac{10}{14} = 0.71 \text{ A}$$

$$I_1'' = I_2'' \times \frac{R_3}{R_1 + R_3} = 0.71 \times \frac{20}{5 + 20} = 0.57 \text{ A}$$

$$I_3'' = I_2'' \times \frac{R_1}{R_1 + R_3} = 0.71 \times \frac{5}{5 + 20} = 0.142 \text{ A}$$

叠加后的
$$I_1 = I_1' - I_1'' = 1.71 - 0.57 = 1.14 \text{ A}$$

$$I_2 = -I'_2 + I''_2 = -1.14 + 0.71 = -0.43 \text{ A}$$
$$I_3 = -I'_3 - I''_3 = -0.57 - 0.142 = -0.712 \text{ A}$$

五、戴维宁定理与诺顿定理

在分析电路时,往往只需要求解其中某一条支路上的电流与电压。如果使用支路电流法、节点电压法、叠加定理来分析会引出一些不必要的电流或电压,计算工作量增大。若能把电路中这条待求支路以外的其余部分用一个简单的二端网络(电路)与待求支路构成一个简单回路,那这条支路的电流和电压就很容易求解了。

任何具有两个端点与外电路相连接的网络,不管其内部结构如何,都称为二端网络。根据二端网络内部是否含有电源又分为有源二端网络和无源二端网络。图 1.3.9a 所示为无源二端网络,图 1.3.9b 所示为有源二端网络。

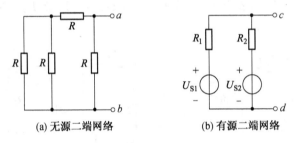

(a) 无源二端网络   (b) 有源二端网络

图 1.3.9   二端网络

(一)戴维宁定理

该定理可表述为:任何一个线性有源二端网络,对其外部电路而言,都可用一个电压源和电阻的串联电路来等效代替。电压源的电压等于线性有源二端网络的开路电压 U_{OC};串联电阻等于把线性有源二端网络中的电源置零后的输入电阻。

这一电压源-串联电阻电路称作戴维宁等效电路,其中串联电阻在电子电路中常称为"输出电阻",记为 R_O。

【例 1-14】   例 1-14 图所示电路中,试用戴维宁定理求通过 $R_L = 20 \ \Omega$ 的电流 I。

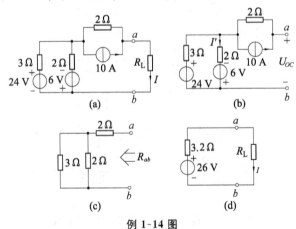

例 1-14 图

解　首先把待求支路 R_L 断开,转换成如图 b 所示线性有源二端网络,计算开路电压 U_{OC}。

$$I' = \frac{24+6}{3+2} = 6 \text{ A}$$

所以

$$U_{OC} = 2 \times 10 + 24 - 3 \times 6 = 26 \text{ V}$$

或

$$U_{OC} = 2 \times 10 - 6 + 2 \times 6 = 26 \text{ V}$$

再把线性有源二端网络化为线性无源二端网络(如图 c 所示),计算 R_{ab},有

$$R_{ab} = 2 + \frac{2 \times 3}{2+3} = 3.2 \text{ Ω}$$

最后组成戴维宁等效电路,并求通过 R_L 中的电流 I,如图 d 所示,有

$$I = \frac{U_{OC}}{R_{ab} + R_L} = \frac{26}{3.2+2} = 5 \text{ A}$$

(二) 诺顿定理

该定理可表述为:任何一个有源二端网络,对其外部电路而言,都可用一个电流源和电阻的并联电路来等效代替。电流源的电流等于线性有源二端网络端钮间的短路电流 I_{SC};并联电阻等于把线性有源二端网络中的电源置零后的输入电阻。

这一电流源-并联电阻电路称作诺顿等效电路。

【例 1-15】　在例 1-15a 图所示电路中,试用诺顿定理求通过 $R_L = 2$ Ω 时的电流 I。

解　首先把图 a 的 ab 两点短路,计算短路电流 I_{SC},这时可用节点电压法。选取 b 为参考点,则根据式(1.3.7)可得

$$U_{cb} = \frac{\dfrac{24}{3} - \dfrac{6}{2} - 10}{\dfrac{1}{3} + \dfrac{1}{2} + \dfrac{1}{2}} = -3.75 \text{ V}$$

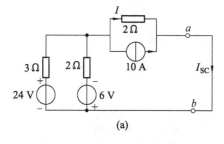
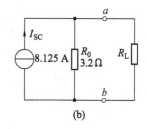

例 1-15 图

其中,2 Ω 电阻中的电流为

$$I = \frac{-3.75}{2} = -1.875 \text{ A}$$

对点 a 应用 KCL,得

$$I_{sc}=10-1.875=8.125 \text{ A}$$

等效电阻求法与戴维宁定理相同,得

$$R_0=3.2 \text{ }\Omega$$

最后组成诺顿等效电路,如图 b 所示,则

$$I=I_{sc}\times\frac{R_0}{R_0+R_L}=8.125\times\frac{3.2}{3.2+2}=5 \text{ A}$$

应用戴维宁定理和诺顿定理时应注意:

(1) 有源二端网络必须是线性的,而外电路可以是线性的也可以是非线性的。

(2) 戴维宁等效电路中电压源的极性要与有源二端网络开路电压 U_{OC} 的极性保持一致。

(3) 诺顿等效电路中电流源的方向要与有源二端网络短路电流 I_{sc} 的方向相反。

任务实施

1. 实训目的

(1) 验证线性电路叠加原理的正确性,加深对线性电路叠加性的认识和理解。

(2) 验证戴维宁定理和诺顿定理的正确性,加深对该定理的理解。

2. 实训说明

图 1.3.10、图 1.3.11、图 1.3.12 分别为叠加定理、戴维宁定理、诺顿定理的电路图,各小组按照实训电路选择合适的元器件,并对以上三条定理进行验证。

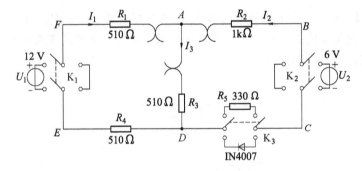

图 1.3.10 叠加定理

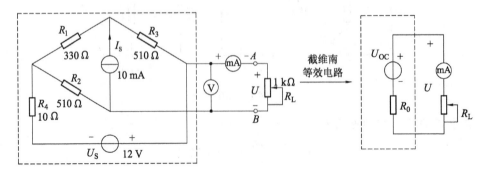

图 1.3.11 戴维宁定理

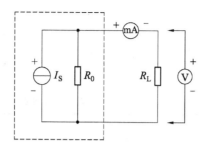

图 1.3.12 诺顿定理

3. 实训步骤及要求

（1）根据实训要求，合理选择实训设备器材、仪表及工具，并将实训设备器材清单填入表 1.3.1。

表 1.3.1 三大定理验证实训设备清单

序 号	名 称	型号及规格	数 量

（2）将图 1.3.10 中的两路稳压源的输出分别调节为 12 V 和 6 V，接入 U_1 和 U_2 处。

（3）分别令 U_1 电源单独作用，U_2 电源单独作用，U_1 和 U_2 共同作用，将数据记入表 1.3.2。

表 1.3.2 叠加定理验证 1

实训内容	U_1	U_2	I_1	I_2	I_3	U_{AB}	U_{CD}	U_{AD}	U_{FA}
U_1 单独作用									
U_2 单独作用									
U_1,U_2 共同作用									

（4）将 R_5 换成二极管 IN4007，数据填入表 1.3.3 中。试问叠加原理的叠加性还成立吗？为什么？

表 1.3.3 叠加定理验证 2

实训内容	U_1	U_2	I_1	I_2	I_3	U_{AB}	U_{CD}	U_{AD}	U_{FA}
U_1 单独作用									
U_2 单独作用									
U_1,U_2 共同作用									

(5) 按电路图 1.3.11 连接实训线路,用开路电压、短路电流测定戴维宁等效电路的 U_{OC},R_0 和诺顿等效电路的 I_{sc},R_0。按图 1.3.11 接入稳压电源 $U_s = 12$ V 和恒流源 $I_s = 10$ mA,不接入 R_L,测出 U_{oc} 和 I_{sc},并计算出 R_0(测 U_{oc} 时,不接入 mA 表),数据记入表 1.3.4。

表 1.3.4　测量等效电路相关参数

U_{OC}/V	
I_{sc}/mA	

(6) 按图 1.3.11 接入 R_L,改变 R_L 阻值,测量有源二端网络的外特性曲线,数据记入表 1.3.5。

表 1.3.5　有源二端网络的外特性

U/V	
I/mA	

(7) 验证戴维宁定理:从电阻箱上取得按步骤(5)所得的等效电阻 R_0 之值,然后令其与直流稳压电源(调到步骤(5)时所测得的开路电压 U_{oc} 的值)相串联。如图 1.3.11 右侧所示,仿照步骤(6)测其外特性,数据记入表 1.3.6。

表 1.3.6　戴维宁定理验证

U/V	
I/mA	

(8) 验证诺顿定理:从电阻箱上取得按步骤(5)所得的等效电阻 R_0 之值,然后令其与直流恒流源(调到步骤(5)时所测得的短路电流 I_{sc} 之值)相并联,如图 1.3.12 所示,仿照步骤(6)测其外特性,数据记入表 1.3.7。

对照表 1.3.5 和表 1.3.7 对诺顿定理进行验证。

表 1.3.7　诺顿定理验证

U/V	
I/mA	

(9) 实训结束后关闭设备总电源、整理器材、做好实训室 5S 工作。

(10) 小组实训总结,完成实训报告。

4.实训注意事项

(1) 注意电压表、电流表接线端的极性。根据电压、电流的实际方向及时、正确地变换仪表接头的极性。

(2) 电源置零时不可将稳压源短路。

(3) 用万用表直接测 R_0 时,网络内的独立源必须先置零,以免损坏万用表。其次,欧姆挡必须经调零后再进行测量。

(4) 改接电路时要先关掉电源。

5. 考核要求与标准

(1) 正确选择使用实训设备器材、仪表及工具(15 分);

(2) 完成实训电路连线及调试,实训结果符合项目要求(25 分);

(3) 实训报告完整正确(40 分);

(4) 小组讨论交流、团队协作较好(10 分);

(5) 实训台及实训室 5S 整理规范(10 分)。

巩 固 与 提 高

1. 求出习题 1 图中各支路的电流。

2. 求习题 2 图所示电路中点 A 的电位。

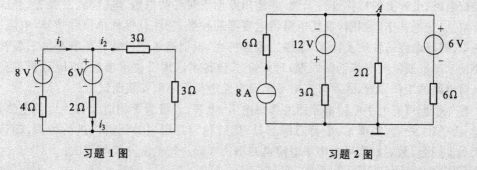

习题 1 图　　　　　　　　　　　习题 2 图

3. 分别用支路电流法和节点电压法分析习题 2 图中各支路电流,并计算 2Ω 电阻吸收的功率。

4. 用叠加定理求习题 4 图所示电路中的电压 U。

5. 在习题 5 图所示的电路中,分别用戴维宁定理和诺顿定理求电流 I_L。

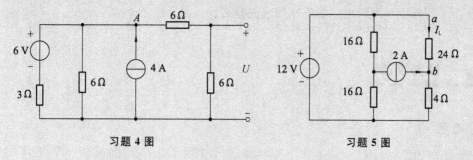

习题 4 图　　　　　　　　　　　习题 5 图

6. 在任务实施的叠加原理实训中,功率是否可以线性叠加?(提示:计算各电阻器所消耗的功率并得出结论。)

任务 4
电路元器件认知

任务描述

本任务以可充电手电筒电路为例,重点对电路中的元器件进行识别与测量,要求学生能按电阻、电容上的标称进行识读,并能用万用表对各类电阻、电容器、二极管、变压器进行测量、鉴别并作出判断;掌握电阻器电容器的种类、特性及标称单位和换算,电阻、电容的串、并联电路的性质及计算;掌握二极管特性,识别晶体三极管并了解晶体三极管的主要技术参数及放大电路工作原理;理解变压器基本原理及技术参数;正确分析可充电手电筒电路的工作原理,并对可充电手电筒电路进行正确的安装调试。

首先根据可充电手电筒电路图准备好电阻、电容、二极管等相应元器件以及电烙铁、焊丝、镊子钳、松香、尖嘴钳、小剪刀等工具;然后利用万用表对元器件进行检测,确认元件无质量问题;最后根据可充电手电筒电路图的布局进行电路安装与调试。

讨论与交流:
(1) 电阻、电容的串、并联电路有何性质?
(2) 电阻、电容器、电感的区别在哪?
(3) 如何判别晶体三极管的管脚?
(4) 可充电手电筒电路的工作原理是什么?

任务准备

一、电阻

(一) 电阻的识别及测量
电阻是电子器件中最为常见的元件,电阻上有电阻值的标注,且有多种标注形式。

1. 电阻的类型和标称

电子电路中最常用的元器件就是电阻,电阻种类很多,有固定电阻和可变电阻,如图1.4.1所示。其中图1.4.1a所示为固定电阻,图1.4.1b所示为可变电阻。可变电阻也称为电位器,它是一种连续可调的电阻器(其滑动臂的接触刷在电阻体上滑动,可以使其输出电压发生改变,所以称为电位器),电位器的调节方式有旋转式和直滑式两种。固定电阻、可变电阻的图形符号、文字符号如图 1.4.1c 所示。

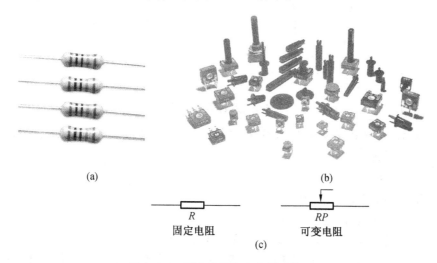

(a)　　　　　　　　　　　　　　(b)

R　　　　　　　　　　RP
固定电阻　　　　　　可变电阻
(c)

图 1.4.1　固定电阻和电位器及符号

电阻的阻值单位为欧姆(Ω)，为了读数方便常用千欧($k\Omega$)、兆欧($M\Omega$)为标称单位。它们之间的换算关系为

$$1\ M\Omega = 10^3\ k\Omega = 10^6\ \Omega$$

电阻标称阻值的方法有两种：电阻值直标法和电阻值色标法。

(1) 电阻值直标法：直接将标称阻值用数字标志在电阻表面的方法称为电阻值直标法。如图 1.4.2 所示，是指该电阻的标称阻值为 120Ω，其中 RJ 为金属膜电阻；把标称阻值的整数部分写在单位符号的前面，小数部分写在单位符号之后的方法称为文字符号法，如 2R7 标称阻值表示其阻值为 2.7 Ω；5k1 标称阻值表示其电阻值为 5.1 kΩ。

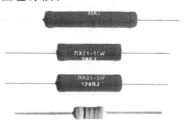

图 1.4.2　电阻值直标法

(2) 电阻值色标法：所谓色标法就是用不同颜色的色环印制在电阻的表面，用于表示电阻的阻值。不同的色环代表不同的阻值，表 1.4.1 所示是电阻色环颜色所对应的数字以及倍率。表 1.4.2 所示是用电阻色环颜色表示允许误差的色表法。

表 1.4.1　色标法各色环表示的数值

颜色	棕	红	橙	黄	绿	蓝	紫	灰	白	黑	金	银
数字	1	2	3	4	5	6	7	8	9	0		
倍率	10^1	10^2	10^3	10^4	10^5	10^6	10^7	10^8	10^9	10^0	10^{-1}	10^{-2}

一般普通电阻色标法有四色环、五色环两种表示法。

① 四色环电阻值标称法：四色环电阻上有四道环，左起第一色环、第二色环组成一个二位数字，第三色环是倍率环，第四色环是允许误差，如图 1.4.3a 所示。普通电阻器一般采用四色环表示法，四色环电阻的阻值读数方法为：

四色环电阻值＝第一、第二色环数值组成的二位数×第三环倍率(10^n)

图 1.4.3 四色环电阻标称法

如图 1.4.3b 所示,左起色环的颜色分别为红、绿、棕、银,参照表 1.4.1、表 1.4.2 得

第一环数字:红——2;

第二环数字:绿——5;

第三环倍率:棕——10;

第四环误差:银——±10%。

该电阻的阻值为 25×10 Ω＝250 Ω,允许误差为±10%。

② 五色环电阻值标称法:对于精密电阻需采用五色环表示法。五条色环左起第一、二、三条为有效数字色环,第四条为倍率环,第五条为允许偏差环,如图 1.4.4a 所示。

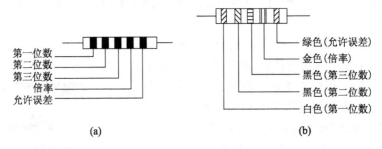

图 1.4.4 五色环电阻标称值

在图 1.4.4b 中,左起色环的颜色分别为白、黑、黑、金、绿,参照表 1.4.1、表 1.4.2 得

第一环数字:白——9;

第二环数字:黑——0;

第三环数字:黑——0;

第四环倍率:金——10^{-1};

第五环误差:绿——±0.5%。

该电阻的阻值为 900×10^{-1} Ω＝90 Ω,允许误差为±0.5%。

2. 电阻允许偏差的识别

在批量生产中,生产电阻的实际值未必都能达到规定的标称阻值,因而将产生误差。符合出厂标准的误差称为允许偏差。

允许偏差通常可分为对称偏差和不对称偏差,大部分电阻都采用对称偏差,其规定为偏差值在±0.5%,±1%,±2%的电阻称为精密电阻,偏差值在±5%,±10%,±20%的电阻称为普通电阻。

允许偏差有直标法、罗马法和色标法 3 种表示方法,如表 1.4.2 所示。

表 1.4.2　电阻允许误差表示方法

直标法	±0.25%	±0.5%	±1%	±2%	±5%	±10%	±20%
罗马法					Ⅰ	Ⅱ	Ⅲ
色标法	蓝	绿	棕	红	金	银	无色

3. 电阻额定功率的识别

额定功率是指电阻在直流或交流电路中,在一定大气压力和温度下,长期连续工作所允许承受的最大功率。

功率较小的电阻一般不在其表面标志额定功率,可根据其外形尺寸,查阅相关手册。功率大于 1 W 的电阻一般在其表面用阿拉伯数字直接进行标注,额定功率单位为瓦(W)。在电路中表示电阻额定功率的图形符号如图 1.4.5 所示。

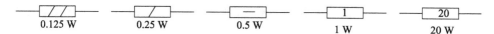

图 1.4.5　电阻额定功率的图形符号

电位器和电阻一样,有标称阻值、允许偏差和额定功率等技术参数。但电位器阻值变化的规律有所不同,一般分为直线式(X)、对数式(Z)和指数式(D)三种。电位器的参数表示方法采用直标法,即将标称阻值、允许偏差、额定功率、类型和阻值变化规律标注在电位器的外壳上(一些小型电位器上只标出标称阻值)。电位器的文字符号为"W"。

4. 电阻的测试

(1)普通电阻的测试

通常电阻都用万用表进行测量,首先根据被测电阻的标称阻值,将万用表的量程开关置于电阻挡的适当位置,如图 1.4.6 所示,然后根据显示的读数,读出电阻的阻值。如图中的读数为 120,在万用表的右上方有"Ω"字样,说明该电阻的阻值为 120 Ω。

(2)电位器的测试

电位器一般由 3 个引脚(两个定片、一个动片),大多数电位器动片在两定片之间(也有个别电位器的动片在一边),要正确判别电位器的 3 个引脚,需用万用表进行测量确定,如图 1.4.7 所示。

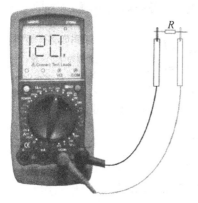

图 1.4.6　万用表测量电阻

图 1.4.7　万用表测试电位器

测量电位器 1 与 3(定片)间阻值应与标称阻值相符,如万用表的指针不动或阻值相差很多,则说明该电位器已损坏。再测量"2"(动片)与两定片中任一端,并缓慢旋转(滑动)电位器,若万用表表头指针从"0"到电位器的标称阻值间平滑、连续变动而无跌落现象则说明此电位器正常。若出现阻值不稳定或变化不连续,则说明电位器接触不良。

注意:
(1) 用万用表测量电阻时,人体的两手不能同时触及两引线,否则会影响测量准确性。
(2) 测量电阻时,要清除电阻引线的表面氧化物,否则测得数值会不稳定,影响测量准确性。
(3) 测量电阻时,要看清测量值与标称值的差值是否在电阻的允许误差内。
(4) 当测得电阻值为"∞"或"0"时,说明电阻已损坏。
(5) 如果使用指针式万用表进行测量,那么尽可能将指针指示在刻度盘 1/3 左右范围内。

(二) 电阻的串联

把两个或两个以上电阻依次连接,组成一条无分支电路,这样的连接方式叫作电阻的串联,如图 1.4.8 所示。

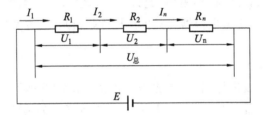

图 1.4.8 电阻的串联电路

电阻串联具有以下性质:
(1) 串联电路中流过每个电阻的电流都相等,即
$$I = I_1 = I_2 = \cdots = I_n$$
式中:脚标 $1,2,\cdots,n$ 分别代表第 1、第 2、…、第 n 个电阻(以下出现的含义相同)。
(2) 串联电路两端的总电阻 $R_总$ 等于(即总电阻)各串联电阻值之和,即
$$R_总 = R_1 + R_2 + \cdots R_n$$
若串联的 n 个电阻值相等(均为 R_0),则上式变为
$$U_1 = U_2 = \cdots = U_n = U/n$$
$$R_总 = nR_0$$
根据欧姆定律 $U = IR$,$U_1 = I_1 R_1$,$U_n = I_n R_n$ 及串联性质(1)可得到
$$\frac{U_1}{U_n} = \frac{R_1}{R_n} \text{ 或 } \frac{U_n}{U} = \frac{R_n}{R}$$

上式表明,在串联电路中,电压的分配与电阻成正比,即阻值越大的电阻分配到的电压越大;反之,则电压越小,这是串联电路性质的重要推论,用途很广。图 1.4.9 所示是一个典型的电阻分压器电路。

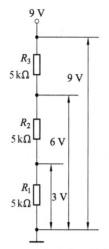

图 1.4.9 电阻分压器电路

若已知串联电路的总电压 U 及电阻 R_1，R_2，则有

$$U_1 = R_1 U/(R_1+R_2), U_2 = R_2 U/(R_1+R_2) \qquad (1.4.1)$$

式(1.4.1)通常被称为串联电路的分压公式。这一公式，给计算串联电路中各电阻的分压带来许多方便。

 应用

在实际工作中，电阻串联有如下应用：

(1) 用几个电阻串联以获得较大的电阻。

(2) 采用几个电阻串联构成分压器，使同一电源能供给几种不同数值的电压。

(3) 当负载的额定电压低于电源电压时，可用串联电阻的方法满足负载接入电源的条件。

(4) 利用串联电阻的办法来限制和调节电路中电流的大小。

(5) 可用串联电阻的方法来扩大电压表量程。

【例 1-16】 如图 1.4.9 所示，3 个电阻串联组成一个电路，电阻值均为 5 kΩ。求每个电阻对地电压分别为多少？

解 按题意，串联电路各点电流相等，根据欧姆定律其电流等于

$$I = U/R_{总} = \frac{U}{R_1+R_2+R_3} = \frac{9}{5\times10^3+5\times10^3+5\times10^3} = 0.6 \text{ mA}$$

$$U_1 = IR_1 = 0.6\times10^{-3}\times5\times10^3 = 3 \text{ V}$$

$$U_2 = IR_2 = 0.6\times10^{-3}\times(5\times10^3+5\times10^3) = 6 \text{ V}$$

$$U_3 = IR_3 = 0.6\times10^{-3}\times(5\times10^3+5\times10^3+5\times10^3) = 9 \text{ V}$$

【例 1-17】 例 1-17 图所示是万用表扩大电压量程的电路，万用表表头的等效内阻 $R_a = 10\ \text{k}\Omega$，满刻度电流（即允许通过的最大电流）$I_a = 50\ \mu\text{A}$，若改装成量程（即测量范围）为 10 V 的电压表，则应串联多大的电阻？

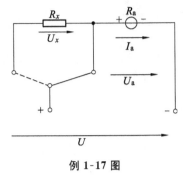

例 1-17 图

解 按题意，当表头满刻度时，表头两端电压 U_a 为

$$U_a = I_a R_a = 50 \times 10^{-6} \times 10 \times 10^3 = 0.5\ \text{V}$$

显然，用这个表头测量大于 0.5 V 的电压必将使表头烧坏，需要串联分压电阻，以扩大测量范围。设量程扩大到 10 V 需要串入的电阻为 R_x，则

$$R_x = U_x / I_a = (U - U_a)/I_a = (10 - 0.5)/50 \times 10^{-6} = 190\ \text{k}\Omega$$

即电压表量程扩大的方法是在表头串联一个大电阻。

（三）电阻的并联

两个或两个以上电阻接在电路中相同的两点之间，承受同一电压，这样的连接方式叫作电阻的并联，如图 1.4.10 所示。

电阻并联具有以下性质：

（1）并联电路中各电阻两端的电压相等，且等于电路两端的电压，即

$$U = U_1 = \cdots = U_n$$

（2）并联电路中的总电流等于各电阻中的电流之和，即

$$I = I_1 + I_2 + \cdots + I_n$$

（3）并联电路的等效电阻（即总电阻）的倒数等于各并联电阻的倒数之和，即

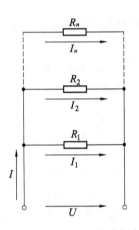

图 1.4.10 电阻的并联电路

$$\frac{1}{R} = \frac{1}{R_1} + \frac{1}{R_2} + \cdots + \frac{1}{R_n}$$

若并联的几个电阻阻值都相等为 R_0，则上式可变为

$$I_1 = I_2 = \cdots = I_n = \frac{I}{n}$$

$$R = \frac{R_0}{n}$$

可见，总电阻一定比任何一个并联电阻的阻值要小。

另外，根据并联电路电压相等的性质可得到

$$I_1 / I_n = R_n / R \ \text{或} \ I_n / I_1 = R_1 / R_n$$

上式表明，在并联电路中电流的分配与电阻成反比，即阻值越大的电阻所分配到的电流越小；反之则电流越大。这是并联电路性质的重要推论，应用较广。

如果已知两个电阻 R_1，R_2 并联，并联电路的总电流为 I，则总电阻为

$$R = \frac{R_1 R_2}{R_1 + R_2}$$

两个电阻中的分流 I_1，I_2 分别为

$$I_1 = R_2 I/(R_1+R_2) \text{ 或 } I_2 = R_1 I/(R_1+R_2) \tag{1.4.2}$$

式(1.4.2)通常被称为两电阻并联时的分流公式。

 应用

在实际工作中，电阻并联有如下应用：

（1）凡是额定工作电压相同的负载都采用并联的工作方式。这样各个负载都是一个可独立控制的回路，任一负载的正常启动或切断都不影响其他负载。例如，工厂中的电动机、电炉以及各种照明灯具均并联工作。

（2）用并联电阻以获得较小的电阻。

（3）用并联电阻的方法来扩大电流表的量程。

【例 1-18】 在例 1-17 图所示的并联电路中，求等效电阻 R_{AB}，总电流 I 及各负载电阻的端电压、各负载电阻中的电流。

解 等效电阻

$$R_{AB} = R_1 R_2/(R_1+R_2) = 6 \times 3/(6+3) = 2 \ \Omega$$

总电流　　　$I = U/R_{AB} = 12/2 = 6 \ A$

各负载端电压　$U_1 = U_2 = U = 12 \ V$

$$I_1 = U_1/R_1 = 12/6 = 2 \ A$$
$$I_2 = I - I_1 = 6 - 2 = 4 \ A$$

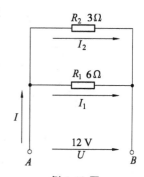

例 1-18 图

【例 1-19】 如例 1-19 图所示，已知微安表的内阻 $R_a = 3750 \ \Omega$，允许流过的最大电流 $I_a = 40 \ \mu A$。现要用此微安表制作一个量程为 500 mA 的电流表，问需并联多大的分流电阻 R_x？

解 因为此微安表允许流过的最大电流为 $40 \ \mu A$，用它测量大于 $40 \ \mu A$ 的电流必将使该电流表烧坏，可采用并联电阻的方法将表的量程扩大到 500 mA，让流过微安表的最大电流等于 $40 \ \mu A$，其余电流从并联电阻中分流。

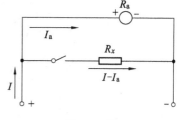

例 1-19 图

$$U_a = I_a R_a = (I - I_a)R_x$$
$$R_x = I_a R_a/(I-I_a) = 40 \times 10^{-6} \times 3\,750/(500 \times 10^{-3} - 40 \times 10^{-6}) = 0.3 \ \Omega$$

因此，需并联 0.3 Ω 的分流电阻。

二、电容

（一）电容的识别与测量

1. 电容器容量和允许偏差的识别

每只电容器都有一定的标称容量和允许偏差，电容器容量的单位有法拉（F）、微法

（μF）、皮法（pF）等。它们的换算关系为

$$1\ \text{F} = 10^6\ \mu\text{F} = 10^{12}\ \text{pF}$$

电容器的标称方法有直标法、文字符号法和数码表示法 3 种。

（1）直标法：直标法是将标称容量等直接标注在电容器上。图 1.4.11 所示是用直标法标注的电介质电容器。直标法一般需标注生产厂牌（商标）及电容器的介质、形状、耐压、容量和正负极引脚。

（2）文字符号法：图 1.4.12 所示的是用文字符号法标注的电容器，图中"3n9"表示容量为 $3.9 \times 10^3 = 3\ 900$ pF。n 前面的数表示容量的整数部分，n 后面的数表示容量的小数部分，标称容量的单位是 10^3 pF。图中的"J"表示容量允许偏差范围。

（3）数码表示法：数码表示法的标注容量和允许偏差的规则同电阻一样，标称容量的单位为 pF，如图 1.4.13a 所示。数码表示法用 3 位数字表示，前 2 位为数字，第 3 位为倍率，图中的"682"表示 $68 \times 10^2 = 6\ 800$ pF，"J"表示允许偏差，25VDC 表示直流工作电压。

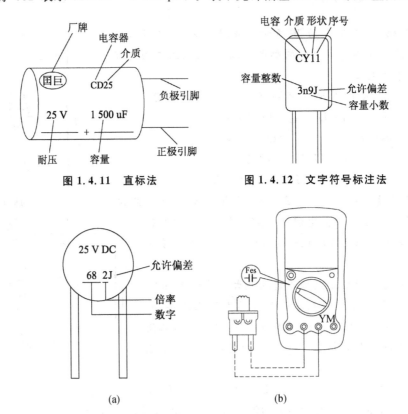

图 1.4.11　直标法　　　　图 1.4.12　文字符号标注法

图 1.4.13　数码表示法

2. 电容器额定直流工作电压的识别

电容器额定直流工作电压是指电容器能够长期可靠工作所承受的最大直流电压，额定直流工作电压又称耐压。耐压一般都直接标注在电容器的外壳上。

3. 电容器的测试

电容器电容量的测试必须用电桥等专用测试设备，而用万用表只能大致判别电容器性能的好坏。用万用表判别的方法如下：将万用表置于电阻挡，用两表笔分别接电容器

的两引脚,万用表指针应先向顺时针方向跳动一下(5 000 pF 以下的小容量电容器基本观察不出跳动),然后指针又退回到"∞"处,对调红黑表笔,再重复测试一次,万用表顺时针方向跳动幅度应更大一些,然后指针再退回到"∞"处,若指针没有退回到"∞"处,此时万用表的阻值读数就是该电容器的漏电电阻,而电容器的漏电电阻越大越好。

用上述方法测试电容时,如出现万用表指针在"0"处,不回摆,表明该电容器已"击穿"造成短路;如万用表指针不动,则表明电容器已断路;如万用表指针停留在某一位置,表明电容器漏电。

若用数字万用表测试电容的连接方法如图 1.4.13b 所示。

测量电容按以下步骤进行:

(1)将功能开关置于"F"量程。

(2)如果被测电容大小未知,应从最大量程开始逐步减少量程挡。

(3)根据被测电容不同,应选择多用转接插头座或带夹短测试线插入"Ω"插孔或"mA"插孔,并保持接触可靠。

(4)从显示器上读取读数。

(5)仪器本身已对电容挡设置了保护,在电容测试过程中,不用考虑电容极性及电容充放电等情况。

(6)测量电容时,将电容插入电容测试座中,不要通过表笔插孔测量。

(7)测量大电容时,稳定读数需要一定时间。

(二)电容器的串联

两个或两个以上的电容器首尾相连的方式叫作电容器的串联,如图 1.4.14 所示。

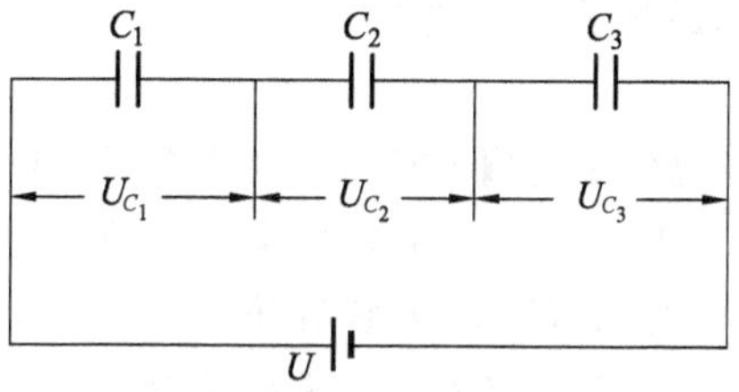

电容器串联具有以下性质:

(1)串联中的每一个电容器所带电荷量相等,并与电容器串联后等效电容器所带的荷量相等,即

图 1.4.14 电容器的串联

$$Q=Q_1=Q_2=Q_3=\cdots=Q_n$$

(2)串联中的每一个电容器上电压之和等于总电压,即

$$U=U_{C_1}+U_{C_2}+\cdots+U_{C_n}$$

(3)电容器串联后的等效电容量为

$$\frac{U}{Q}=\frac{U_1}{Q_1}+\frac{U_2}{Q_2}+\frac{U_3}{Q_3}+\cdots+\frac{U_n}{Q_n}$$

$$\frac{1}{C}=\frac{1}{C_1}+\frac{1}{C_2}+\frac{1}{C_3}+\cdots+\frac{1}{C_n}$$

即串联电容器等效电容量的倒数等于各个电容器的倒数之和。通常,两个电容器串联后其等效电容量的计算公式为

$$C=\frac{C_1 C_2}{C_1+C_2} \qquad (1.4.3)$$

由式(1.4.3)可知:串联电容器的等效电容量比串联电路中的每一个电容器的电容量小,同时也说明串联的电容器越多,总的电容量越小。

电容器串联后,每一个电容器两端的端电压与电容量的大小成反比,即

$$C_1U_1=C_2U_2=C_3U_3=\cdots=C_nU_n \qquad (1.4.4)$$

由式(1.4.4)可知:电容器串联后,电容量越小的电容器其承受的端电压越高,串联电容器的分压公式为

$$U_1=\frac{C_2}{C_1+C_2}U;\qquad U_2=\frac{C_1}{C_1+C_2}U$$

总电压等于各个电容器上电压的代数和,即

$$U=U_{C_1}+U_{C_2}+U_{C_3}+\cdots+U_{C_n}$$

(三) 电容器的并联

两个或两个以上的电容器接在相同的两点之间,这种连接方法叫作电容器的并联,如图 1.4.15 所示。电容器并联具有以下性质:

(1) 并联后的电容器其电容量等于各个电容器的电容量之和,即

$$C=C_1+C_2+C_3+\cdots+C_n$$

(2) 并联后每个电容器上的端电压相等。

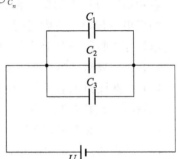

图 1.4.15 电容器的并联

(四) 电容器的混联

既有电容器串联又有电容器并联的电路叫作电容器混联电路。在计算混联电容器等效电容量时,应根据电路的实际情况,利用串联和并联的等效方法逐步化简,逐一求解,最终求得等效电容量。

【例 1-19】 有两个电容器:C_1 标注为 2 μF,500 V;C_2 标注为 3 μF,900 V。

① 求 C_1,C_2 电容器串联后的等效电容量;

② 求 C_1,C_2 电容器并联后的等效电容量;

③ 若电容 C_1,C_2 器串联后两端加 1 000 V 电压,是否会击穿?

解 串联后的等效电容量为

$$C=\frac{C_1C_2}{C_1+C_2}=\frac{2\times3}{2+3}=1.2 \text{ μF}$$

并联后的等效电容量为

$$C=C_1+C_2=5 \text{ μF}$$

C_1,C_2 串联后每个电容器两端电压分别为

$$U_{C_1}=\frac{C_2}{C_1+C_2}U=\frac{3}{2+3}\times1\,000=600 \text{ V}$$

$$U_{C_2}=\frac{C_1}{C_1+C_2}U=\frac{2}{2+3}\times1\,000=400 \text{ V}$$

由于 C_1 电容器的耐压为 500 V,而实际承受电压为 600 V,因而电容器 C_1 首先被击穿,C_1 被击穿后,1 000 V 电压全部加到电容器 C_2 上,而 C_2 的耐压为 900 V,也不能承受,因而电容器 C_2 也将被击穿。

三、电感

线圈是典型的实际电感元件。在忽略导线电阻的条件下,可以认为线圈只具有电感参数。在 N 匝线圈的两端加上电压 u_L,线圈里就会有电流 i 通过,并且集中产生穿过线圈的磁通 Φ,在物理学中将

$$L = \frac{N}{i}\Phi \tag{1.4.5}$$

定义为线圈的自感系数(习惯上也称为电感)。式中:$N\Phi$ 称为磁链,它的单位和磁通一样,都是韦伯(Wb),简称韦。一般来说 L 与线圈的几何尺寸、绕法及线圈中的磁性材料有关。

线圈中的电流 i 和磁通的方向符合右手螺旋定则,如图 1.4.16a 所示。

电感线圈中的电流与磁链间的数量关系可用韦安特性曲线表示。图 1.4.17 画出了两种韦安特性曲线,其中图 1.4.17a 是一条通过原点的直线,具有这种特性的电感元件称为线性电感元件,空心线圈就是线性电感元件。图 1.4.17b 所示的韦安特性曲线不是直线,因而它是非线性电感元件,带有铁芯的线圈就是一种常见的非线性电感元件。本任务只讨论线性电感元件,它的磁链 $N\Phi$ 与电流 i 成正比,电感 L 是一个常量,电感的单位是亨利(H)。

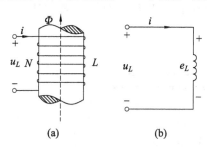

图 1.4.16 电感线圈及交流电感线路

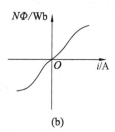

图 1.4.17 韦安特性曲线

当电感 L 中的电流 i 发生变化时,由它建立的磁通也会变化。根据电磁感应定律,磁通随时间变化,就产生自感电动势 e_L,而且 e_L 总是起着阻碍电流 i 变化的作用。也就是说,当电流 i 增大时,感应电动势 e_L 与电流 i 的方向相反,起阻碍电流增大的作用;而当电流 i 减少时,感应电动势 e_L 与电流 i 的方向一致,则有阻碍电流减小的作用。按图 1.4.16b 所规定的 u_L,e_L 和 i 的参考方向,自感电动势可写成

$$e_L = -N\frac{\mathrm{d}\Phi}{\mathrm{d}t}$$

将式(1.4.5)代入上式得

$$e_L = -L\frac{\mathrm{d}i}{\mathrm{d}t}$$

根据基尔霍夫电压定律,对图 1.4.16b 电路列电压方程得

$$u_L = -e_L$$

由此得到

$$u_L = L\frac{\mathrm{d}i}{\mathrm{d}t} \tag{1.4.6}$$

式(1.4.6)说明在线性电感元件两端的电压 u_L 与流过它的电流 i 的变化率成正比,

比例系数就是电感 L。

在直流电路中,通过电感的电流是恒定不变的,因此 $\dfrac{di}{dt}=0$,自感电动势 e_L 为零,相应地电感两端电压 u_L 也为零,所以电感在恒定的电流作用下,相当于短路。

在交流电路中,因为电流 i 随时间 t 变化,所以 $u_L=L\dfrac{di}{dt}\neq 0$,当交流电流通过电感时,必须在电感两端加电压,电感 L 对交流电流 i 具有一定的阻力。因此,电感元件在交流电路中有限制电流的作用。

电流通过电感时没有发热现象,但有能量交换。当通过电感的电流增加时,磁场增强,磁场储能增加,这部分能量必然靠外电源供给;反之,当电流减小时,磁场在原来的基础上削弱,磁场储能也要减小,多余的磁场能量送还给外电源。所以说,电感元件没有消耗电能,电感中的磁场能与电源电能之间的交换是可逆的,电感元件是一种储能元件。

四、二极管

图 1.4.18 所示是晶体二极管的实物图和图形符号。二极管有整流二极管、稳压二极管、发光二极管等多种。为了便于区别,国家制定了二极管的型号命名方法,如表 1.4.3 所示。

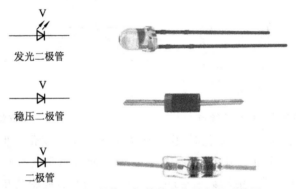

图 1.4.18　晶体二极管的实物图和图形符号

表 1.4.3　二极管型号命名方法

第一部分		第二部分		第三部分		第四部分	
符号	意义	符号	意义	符号	意义	符号	意义
2	二极管	A	N 型锗材料	P	普通管	数字	器件序号
		B	P 型锗材料	W	稳压管		
		C	N 型硅材料	Z	整流管		
		D	P 型硅材料	L	整流堆		

1. 二极管特性

（1）正向特性:二极管的正向、反向特性组成了二极管的伏安特性,如图 1.4.19 所示。横坐标表示加在二极管两端的电压,纵坐标表示流过二极管的电流。当二极管两端所加正向电压(二极管正极接高电位,负极接低电位)大于导通的临界电压(开启电压 U_{on})后,二极管处于导通状态。此时,二极管处于正向偏置状态,简称正偏。硅管的导通电压降为 0.7 V 左右,锗管的导通电压降为 0.3 V 左右。

(2) 反向特性:当二极管两端加反向电压(二极管正极接低电位,负极接高电位)时,二极管处于反向偏置状态,简称反偏。此时,二极管不能导通(截止)。当反向电压的数值增大到反向击穿电压(U_{BR})时,反向电流将急剧增大而损坏二极管。由此可见,二极管具有单向导电性。

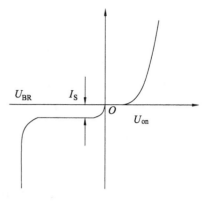

图 1.4.19　二极管的伏安特性

2. 二极管的主要技术参数

(1) 最大整流电流 I_F。I_F 是指二极管长期运行时允许通过的最大正向平均电流,当电流超过该值时,二极管会发热损坏。

(2) 最高反向工作电压 U_R。U_R 是指二极管正常工作时所能承受的最大反向电压,当电压超过该值时,二极管有可能因反向击穿而损坏。通常 U_R 为反向击穿电压 U_{BR} 的一半。

(3) 反向电流 I_R。I_R 是指二极管未击穿时的反向电流。I_R 越小,二极管的性能越好。

(4) 最高工作频率 f_M。f_M 是指二极管工作的上限频率。

活 动 设 计

　　用指针式万用表对一批二极管进行测试,将二极管的型号与测试结果填入下表(一批二极管中有好的、也有坏的)。

二极管型号	正向电阻	反向电阻	判断测试结果

五、晶体三极管

　　晶体三极管(简称三极管)可以看作内部含有两个 PN 结,外部具有三个电极的半导体器件。三极管种类较多,外形各不相同,有金属外壳封装的,也有塑料封装的。图 1.4.20a 所示的是晶体三极管的实物图,图 1.4.20b 所示的是晶体三极管的图形符号和文字符号。

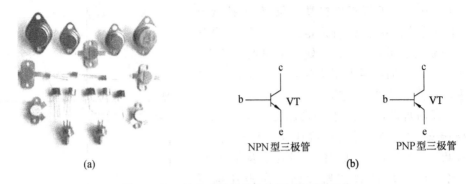

NPN型三极管   PNP型三极管

(a)   (b)

图 1.4.20   晶体三极管的实物图、图形和符号

1. 晶体三极管电极的识别

晶体三极管的三个电极(基极 b、发射极 e、集电极 c)可以通过外观来判别。如图 1.4.21 所示为塑封晶体三极管,在三极管正面从左到右管脚排列为 c,b 和 e。有些金属外壳的三极管,其管脚分布有一定的规律,从底面看管脚,三根引脚呈等腰三角形分布,圆周上有一个定位点,靠定位点的引脚为发射极 e,顶点为基极 b,剩下的为集电极 c,如图 1.4.22 所示。三极管三个电极的识别可查阅有关手册,也可以通过万用表测量来判别。

图 1.4.21   塑料封装的三极管

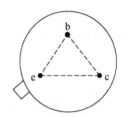

图 1.4.22   三极管管脚分布

2. 判断三极管的管脚

用万用表可判断三极管三个管脚的分布位置。

(1) 用指针式万用表判断管脚(用测量电阻 R×100 或 R×1k 挡):

① PNP 型三极管:红表棒接 b 极,黑表棒分别接 e,c 极,万用表指针右偏,阻值应为几百或几千欧(导通);黑表棒接 b 极,红表棒分别接 e,c 极,万用表指针不动(截止)。

② NPN 型三极管:红表棒接 b 极,黑表棒分别接 e,c 极,万用表指针不动(截止);黑表棒接 b 极,红表棒分别接 e,c 极,万用表指针右偏,阻值应为几百或几千欧(导通)。

(2) 用数字式万用表判断管脚(用测量"二极管"挡):

① PNP 型三极管:黑表棒接 b 极,红表棒分别接 e,c 极,万用表数字显示 0.5~0.6 V 导通电压值;红表棒接 b 极,黑表棒分别接 e,c 极,万用表数字显示 1(截止)。

② NPN 型三极管:黑表棒接 b 极,红表棒分别接 e,c 极,万用表数字显示 1(截止);红表棒接 b 极,黑表棒分别接 e,c 极,万用表数字显示 0.5~0.6 V 导通电压值。

3. 晶体三极管型号的识别

国产晶体三极管的型号命名原则与二极管相同,主要有前三部分组成,第一部分用数字表示器件的电极数目,即"3"表示三极管;第二部分用拼音字母表示器件材料、导电类型,其中"A"表示锗材料 PNP 型,"B"表示锗材料 NPN 型,"C"表示硅材料 PNP 型,"D"表示硅材料 NPN 型;第三部分用汉语拼音字母表示器件类型,其中"X"表示低频小功率管,"G"表示高频小功率管,"D"表示低频大功率管,"A"表示高频大功率管。

4. 三极管的判别

三极管主要有断路、短路(击穿)和性能不良等现象。断路、短路故障可以通过测量三极管三个电极的正、反向电压来判别,而三极管的性能好坏需通过"晶体管特性图示仪"进行测试。

5. 晶体三极管的电流放大作用

图 1.4.23 所示的是共射单管放大电路,u_i 为输入电压信号,它接入基极-发射极回路,称为输入回路。放大后的信号在集电极-发射极回路,称为输出回路。由于发射极是两个回路的公共端,故称该电路为共射放大电路。

(1) 三极管电流放大的外部条件:为使三极管能正常放大电流信号,除满足三极管内部工艺要求外,还必须满足一定的外部条件,即应满足 U_{BE} 正偏且 U_{BC} 反偏的条件,三个电极电位的关系为 $U_C > U_B > U_E$。

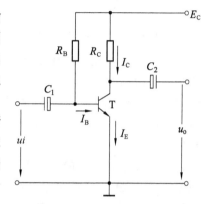

图 1.4.23 共射单管放大电路

(2) 三极管电流分配关系:三极管三极电流 I_B,I_E,I_C 之间的关系为 $I_E = I_C + I_B$,即流过发射极的电流等于流过集电极电流和基极电流之和。

(3) 三极管共射电流放大系数:① 三极管共射直流电流放大系数 $\bar{\beta} = \dfrac{I_C}{I_B}$;② 三极管共射交流电流放大系数 $\beta = \dfrac{\Delta I_C}{\Delta I_B}$。

6. 三极管共射特性曲线

(1) 输入特性曲线

输入特性曲线描述了集电极与发射极间的电压 U_{CE} 一定时,基极电流 I_B 与 U_{BE} 之间的函数关系。三极管共射输入特性曲线如图 1.4.24 所示。由输入特性曲线可知,当 U_{BE} 较小时,$I_B = 0$,当 U_{BE} 大于开启电压 U_{on} 后,I_B 随 U_{BE} 的增加而明显增大,当三极管导通正常工作时,硅管的 U_{BE} 稳定在 0.7 V 左右,锗管的 U_{BE} 稳定在 0.3 V 左右。

(2) 输出特性曲线

输出特性曲线描述了基极电流 I_B 一定时,集电极电流 I_C 与 U_{BE} 之间的函数关系。图 1.4.25 所示的是三极管共射输出特性曲线图。对于每一个确定的 I_B,都有一条确定的输出特性曲线,所以有若干个 I_B,就有若干条输出特性曲线,将它们放在一起就形成了一组曲线。线性好的三极管其各曲线的形状基本相似。从输出特性曲线图中可以看出,输出可以分为截止、放大、饱和三个工作区域。

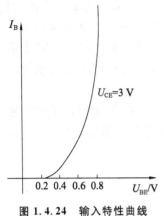

图 1.4.24　输入特性曲线

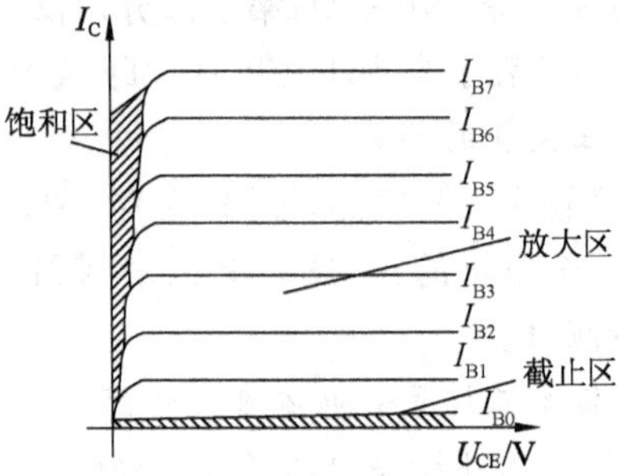

图 1.4.25　输出特性曲线

　　（1）截止区：截止区的特征是 $U_{BE} < U_{on}$（开启电压）或 U_{BC} 反偏，此时 $I_B = 0$，集电极电流 I_C 也近似为零。

　　（2）放大区：放大区的特征是 $U_{BE} > U_{on}$ 且 U_{BC} 反偏，集电极电流 I_C 几乎决定于基极电流 I_B，即 $I_C = \bar{\beta} I_B$，而与 U_{CE} 无关。I_C 的变化远大于 I_B 的变化，表现出三极管的电流放大作用。

　　（3）饱和区：饱和区的特征是 U_{BE} 和 U_{BC} 都处于正偏状态，此时集电极电流 I_C 不受基极电流 I_B 的控制，三极管失去电流放大作用。

　　7．三极管的主要技术参数

　　（1）共发射极直流放大系数 $h_{FE}(\bar{\beta})$：$h_{FE}(\bar{\beta})$ 是指将三极管接成共发射极电路，在静态（无信号输入）时，集电极电流 I_C 与基极电流 I_B 的比值。在一定的条件下，它近似等于交流放大系数。

　　（2）集电极-发射极反向击穿电压 U_{CEO}：U_{CEO} 是指三极管基极开路，允许加在集电极和发射极之间的最高电压。

　　8．晶体管参数测量

　　测量晶体管按以下步骤进行：

　　（1）将功能/量程开关置于欧姆挡。

　　（2）将多用转接插座按"mA"端子和"VΩ"端子插入，如图 1.4.26 所示，保持接触可靠。

　　（3）正确判断待测晶体管的极性（PNP 或 NPN 型），将相应的基极（b）、发射极（e）、集电极（c）对应插入，显示器上即显示出被测晶体管近似值。

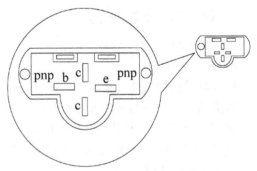

图 1.4.26　多用转接插头座

六、变压器

　　变压器的主要作用之一是变换交流电压，它由一次侧线圈（原边）、二次侧线圈（副边)、铁芯等组成,利用两个电感线圈的互感现象进行工作。变压器种类很多,按用途分有电源变压器、隔离变压器、调压器、脉冲变压器等。本任务所用变压器为电源变压器,采用输入电源为单相交流 220 V/50 Hz,二次侧输出电压为 12 V,功率为 5 W 的变压器,这类变压器统称为降压变压器(如二次侧输出电压大于一次侧输入电压,称为升压变压器)。图 1.4.27a 所示为变压器实物图,图 1.4.27b 所示为变压器的图形符号和文字符号,其标称为"AC50Hz220V/12V5W",即为降压变压器。

(1)变压器的变压比(匝数比)。变压器的变压比是指变压器一次侧电压与二次侧电压之比或一次侧线圈与二次侧线圈匝数之比。即

$$n=\frac{u_1}{u_2}=\frac{N_1}{N_2}$$

(2)额定功率:额定功率是指在规定频率和电压下,变压器长期工作而不超过规定温度的最大输出功率。

(3)变压器的测试:变压器一次侧线圈与二次侧线圈的测试方法与电感线圈相同,而一次侧、二次侧之间的绝缘电阻越大越好。电源变压器的一般检测用万用表即可,检查可分静态、动态两步进行。

① 静态检测:主要测量一次侧、二次侧线圈的电阻值,若是降压变压器,一次侧线圈的阻值大于二次侧线圈的阻值。以 36 W 变压器为例,一次侧线圈的阻值约为几百欧姆,二次侧线圈的阻值约为几欧姆。

② 动态检测:主要检测变压器的二次侧线圈输出电压与变压器的标称电压是否相符。

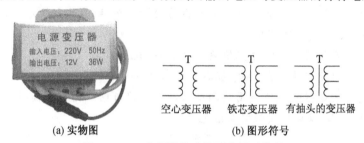

(a) 实物图　　　　　　　　　　(b) 图形符号

图 1.4.27　变压器的实物图和图形符号

将电源变压器的一次侧线圈与电源相接,用万用表交流电压挡对二次侧线圈的输出电压进行测量,看万用表的读数与变压器的标称输出电压值是否相符,如图 1.4.28 所示。

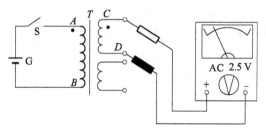

图 1.4.28　万用表测量二次侧线圈的输出电压

活 动 设 计

（1）用万用表对一批控制变压器进行通电测试，测试变压器二次侧线圈的输出电压。将变压器的型号与输出电压填入下表，验证输出电压与变压器规定的输出电压是否一致。

变压器的型号	规定输出电压/V	实测输出电压/V	是否一致

（2）用万用表电阻挡测量一次侧、二次侧线圈的电阻，将结果填入下表并判断该电阻值是否正常。

变压器的型号	一次侧线圈电阻/Ω	二次侧线圈电阻/Ω	是否正常

注意：

（1）选用电源变压器首先要了解变压器的输出功率，其次是输入、输出的电压大小，最后要了解负载所需功率。

（2）电源变压器的绝缘电阻值要大于 500 MΩ。

（3）电源变压器使用前，要掌握各线圈引线的对应关系。

（4）电源变压器一次侧线圈的两个输入接线端与电源插头连接线的连接处要用绝缘胶布包扎，以防碰线短路和触电。

七、晶闸管

晶闸管的导通压降小、功率大，易于控制、耐用，特点是能用微小的功率控制较大的功率，所以常用于各种整流电路、调压电路和大功率自动化控制电路上。单向晶闸管只能导通直流，G 极加正脉冲时导通，接地或加负脉冲时截止。双向晶闸管可导通交流和直流，只要在 G 极加入相应的控制电压即可。

晶闸管的三个引出电极分别是阳极（A）、阴极（K）和控制极（G），如图 1.4.29 所示。

单向晶闸管的检测：用万用表 $R\times1$ kΩ

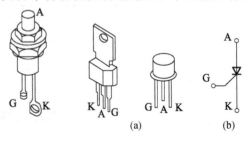

图 1.4.29　晶闸管的外形和符号

挡任意测量其两极,若出现指针发生较大摆动时,黑表笔接触的是控制极 G,红表笔接触的是阴极 K,余下就是阳极 A。判断其好坏时,首先用 $R×1\ \mathrm{k}\Omega$ 挡测量 A,K 极正反向电阻,一般都为无穷大,而 K,G 极则具有二极管特性。其次再用万用表 $R×1\ \mathrm{k}\Omega$ 挡测量晶闸管能否维持导通,方法如下:黑表笔接 A 极,红表笔接 K 极,此时指针应指向无穷大,当黑表笔同时接触 A,G 时,指针即发生偏转,然后黑表笔慢慢地离开 G 极,但仍保持接触 A 极,此时若指针能维持偏转,则该晶闸管为完好。

任务实施

1. 实训目的

(1)熟悉常用电子元器件($R,C,L,$VD,VT 等)的特性及技术参数。

(2)掌握电子元器件检测方法。

2. 实训说明

提供常用电子元器件如图 1.4.30 所示,组织学生分组进行各类元器件的检测,使学生熟悉元件特性及技术参数。

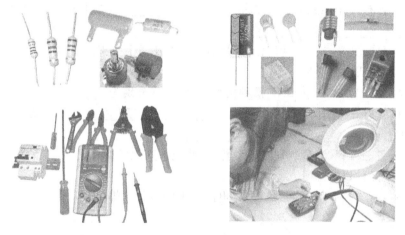

图 1.4.30 常用电子元器件

3. 实训步骤及要求

(1)分组领取实训元器件及测量仪表等,见表 1.4.4。

表 1.4.4 实训元器件清单

序 号	名 称	数量	备 注
1	数字式万用表	1个	
2	指针式万用表	1个	
3	各类元件(电阻、电容、电感、二极管、三极管等)	若干	

(2)电阻认识与测量。

① 电路符号:_____;伏安特性($u-i$ 关系):_____。

② 取一只电阻,依据电阻色环估计标称值为____ Ω,万用表测量实际值为____ Ω。

（3）电容认识与测量。

① 电路符号：_____；伏安特性（u–i 关系）：_____。

② 电解电容有正负极性之分，其电路符号为_____；取一只电解电容，仔细观察记录其标称值_____，其含义为_____。

③ 电容是储能元件，本身不耗电，在直流电路中相当于（开路/短路）状态。

④ 电容 C 储能及充放电特性认识：按图 1.4.31 接好电路，利用指针式万用表测量，迅速合上（或断开）开关 K，观察电容端电压的变化。

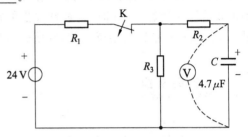

图 1.4.31　电容充放电特性

注：直流电压源 U_{S1}＝5 V 或 24 V，R_1 约 120 Ω，R_2 约 180 Ω，R_3 分别取 1 kΩ 和 100 kΩ。

（4）二极管认识与测量。

① 电路符号：_____；伏安特性（u–i 关系）：_____。

② 二极管有两个引脚，分别称为_____和_____，在电路中主要作用（用途）是_____。

③ 取一只二极管，试用万用表测量判别其极性及两个引脚。

（5）三极管认识与测量。

① 三极管分为 NPN 和 PNP 两种类型，电路符号分别为_____和_____；

② 三极管有三个引脚，分别称为_____、_____和_____，三极管在电路中主要作用（用途）是_____。

③ 取一只三极管，测量判别其三个管脚，并记录其规格型号。

（6）电子元件焊接练习。

参考图 1.4.32 所示的焊接过程，在电路板上练习元件焊接技巧。

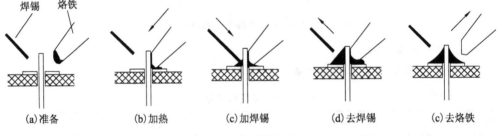

（a）准备　　（b）加热　　（c）加焊锡　　（d）去焊锡　　（e）去烙铁

图 1.4.32　焊接过程

（7）实训结束后关闭电源、整理器材、做好实训台和实训室 5S 工作。

（8）小组实训总结，完成实训报告；

4. 考核要求与标准

（1）正确选择使用实训设备器材、仪表及工具（20 分）；

（2）完成各类元器件测试，实训测试结果符合项目要求（20 分）；

（3）实训报告完整正确（40 分）；

（4）小组讨论完成思考题、团队协作较好(10 分)；

（5）实训台及实训室 5S 整理规范(10 分)。

　知识拓展

一、焊接工具的使用

（一）电烙铁

电烙铁是手工焊接的主要工具，选择合适的电烙铁并合理使用，是保证焊接质量的基础。

1. 电烙铁的结构

电烙铁主要由发热、储热和传热部分及手柄等组成，典型的电烙铁结构如图 1.4.33 所示。

（1）发热元件是电烙铁中的能量转换部分，又称烙铁芯子。它是将镍铬发热阻丝缠绕在云母、陶瓷等耐热的绝缘材料上做成的，可分为内热式和外热式两种。

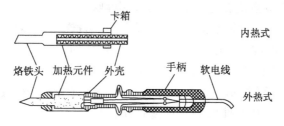

图 1.4.33　典型电烙铁结构示意图

（2）烙铁头作为能量存储和传递物质，一般用紫铜做成。

（3）手柄用木料或胶木制成。

（4）接线柱是发热元件和电源线的连接处，使用时一定要分清相线、中性线和保护线并正确连接。

2. 电烙铁的种类

（1）外热式电烙铁发热元件用电阻丝缠绕在云母材料上构成。此类烙铁的绝缘电阻低、漏电大、热效率差、升温慢，但结构简单、价格便宜，主要用于导线、接地线和接地板的焊接，其结构如图 1.4.34 所示。

（2）内热式电烙铁发热元件用电阻丝缠绕在密闭的陶瓷上，并插在烙铁里面，直接对烙铁头加热。此类电烙铁绝缘电阻高、漏电小、热效率高、升温快，但加热器制造复杂，难以维修，主要用于印制电路板的焊接，其结构如图 1.4.35 所示。

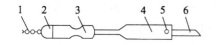

1—电源线；2—后盖；3—木制手柄；

4—外壳；5—烙铁头固定螺钉；6—烙铁头

图 1.4.34　外热式电烙铁

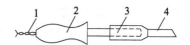

1—电源线；2—手柄；

3—加热芯；4—烙铁头

图 1.4.35　内热式电烙铁

（二）焊料

能融合两种以上的金属使其熔为一个整体的材料称为焊料,焊料的特点就是熔点低,否则无法融化。目前,用于电子产品焊接的焊料通常用锡铅合金,俗称焊锡。

锡是一种质地较软、色泽银白、熔点为 232 ℃的金属,不仅易与铜、金、银等金属发生反应,而且还能生成金属化合物保护层,具有较好的抗腐蚀作用。铅是一种色泽灰白、质地较软、熔点为 327 ℃的金属,也具有较好的抗腐蚀作用。锡铅合金作为焊料,在电烙铁的加温下,不仅有较好的流动性,而且还具有较强的抗腐蚀性,是电子产品较理想的焊料。

（三）助焊剂

助焊剂的作用是去除金属表面的氧化物,同时也能净化焊料,防止焊料、金属在电烙铁高温下再次氧化,确保被焊金属表面的净化,保证焊接质量。

助焊剂种类较多,电子产品的焊接一般采用松香作为助焊剂。松香是一种树脂类物质,常温下为固体,加温后易挥发、腐蚀性小,并具有一定的绝缘性,是一种较理想的助焊剂。松香助焊剂的基本原料就是松香和酒精,一般以 1∶3 进行配置。

锡焊过程中应注意:

（1）锡焊完成后,焊点应自然冷却,不可以用嘴吹。

（2）锡焊完成后,不可移动被焊元件,等焊接彻底凝固后才能移动,否则易造成假焊。

（3）焊料的用量要控制,过多或过少都会影响焊接质量,如图 1.4.36 所示。

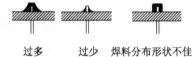
过多　过少　焊料分布形状不佳

图 1.4.36 不符合焊接要求的几种情况

（4）一个节点上所有元件的引线都应该用导线连接起来,不能遗漏。

（5）在一个节点上的连接线要尽量连贯,不应接触的导线之间要保持适当的距离,避免短路。

（6）导线连接好后,应该对照原理图,认真检查,确定无误后,才能进入通电调试步骤。

二、常用电工工具

常用电工工具是指在电工作业时,经常需使用的维修电工必备的工具。作为机电技术工人,不仅要认识常用电工工具,还要能熟练地进行使用。

常用的电工工具有钢丝钳、尖头钳、斜口钳、电工刀、验电笔、一字和十字螺钉旋具等。

（一）螺钉旋具的使用

螺钉旋具是一种紧固、拆卸螺钉的专用工具。按螺钉旋具头部形状不同分为一字形和十字形,可匹配螺钉尾部一字形和十字形的槽口。尺寸大的螺钉旋具用于紧固较大的螺钉,使用时用大拇指、食指、中指夹持住旋柄,并用手掌顶住旋柄的末端。图 1.4.37a 所示的是用较大的螺钉旋具固定电气安装盒,这种方法可加大旋转力度并可防止螺钉旋具在旋动时滑脱。尺寸小的螺钉旋具一般用于紧固电气接线端的小螺钉,使用时用食指顶住螺钉旋具的末端,大拇指和中指转动螺钉旋具。图 1.4.37b 所示的是用较小的螺钉旋具操作电器与导线的连接。

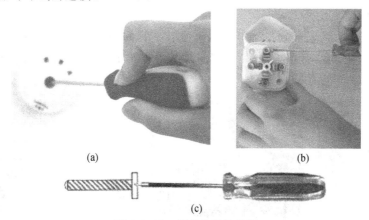

图 1.4.37 螺丝旋具的使用

使用螺钉旋具时要注意：

（1）紧固或拆卸螺钉时，螺钉旋具的刃口要与螺钉尾部的槽口相吻合。

（2）紧固或拆卸螺钉时，螺钉旋具的杆要与螺钉的方向一致，形成一条线，如图1.4.37c所示。

（3）紧固或拆卸螺钉时，要有一股向前顶的力，以防螺钉尾槽滑口。

（4）不得将螺钉旋具作凿子使用。

（二）钳类工具的使用

电工常用的钳类工具有钢丝钳、尖嘴钳、斜口钳以及专用于剥削导线绝缘层的剥线钳。钢丝钳主要用于割断导线、剥削软导线的绝缘层以及紧固较小规格的螺母，如图1.4.38所示。其中图1.4.38a所示的是用钢丝钳剪断导线，图1.4.38b所示的是将两根导线的线芯相互缠绕。

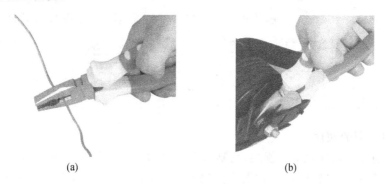

图 1.4.38 钢丝钳的使用

尖嘴钳主要用于剪断较细的金属丝以及夹持小螺钉、垫圈等。在安装电气线路时，尖嘴钳常用于把单股导线弯成各种所需形状，与电器的接线端连接，如图1.4.39a所示的是用尖嘴钳将单股导线的线芯弯成小圆圈，图1.4.39b所示的是用尖嘴钳紧固电器板上的螺母。

斜口钳又称断线钳，主要用于剪断各类较粗的导线。

剥线钳是一种剥削导线绝缘层的专用工具，使用时，首先根据需剥削导线绝缘长度来确定标尺,然后将导线放入相应线径的刃口中,用手将钳柄一握,导线的绝缘层即被割破自动弹出,如图1.4.39c所示。

使用钳类工具时应注意:① 使用前,应检验工具的绝缘柄是否完好,如果绝缘柄损坏,严禁带电作业。② 带电作业时,严禁同时钳切两根导线,避免发生短路故障。

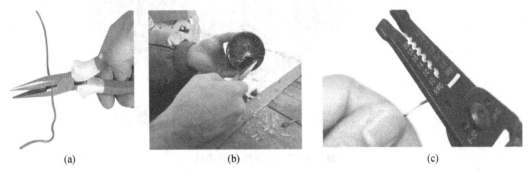

| (a) | (b) | (c) |

图1.4.39 尖嘴钳、剥线钳的使用

活 动 设 计

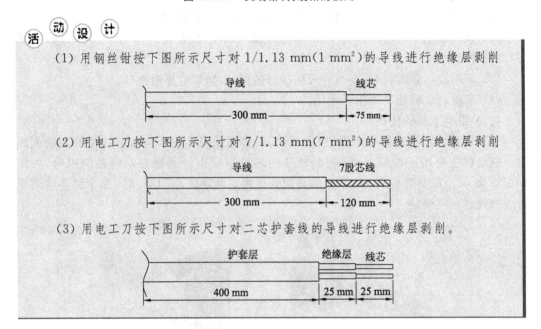

(1) 用钢丝钳按下图所示尺寸对1/1.13 mm(1 mm²)的导线进行绝缘层剥削

导线　　　　　　　　　线芯
├── 300 mm ──┤ ├ 75 mm ┤

(2) 用电工刀按下图所示尺寸对7/1.13 mm(7 mm²)的导线进行绝缘层剥削

导线　　　　　　　　　7股芯线
├── 300 mm ──┤ ├ 120 mm ┤

(3) 用电工刀按下图所示尺寸对二芯护套线的导线进行绝缘层剥削。

护套层　　　　　　　绝缘层　线芯
├── 400 mm ──┤ ├25 mm┤├25 mm┤

(三) 电工刀的使用

电工刀用于剥削导线的绝缘层、切割木台(或塑料木台)的进线缺口等。新的电工刀在使用前要进行刀刃磨削(可在油石上刃磨)。使用电工刀时,其刀刃必须朝外或朝下,以免伤到手。用于切削木块时,刀刃必须朝下。

使用电工刀时应注意:

(1) 用电工刀剥削导线绝缘层时,一般该导线线芯均大于4 mm²。

(2) 电工刀使用时避免伤手。

(3) 电工刀的刀柄无绝缘保护,不能在带电导线或器材上剥削,以免触电。

(4) 电工刀用毕,随即将刀折进刀柄。

(5) 第一次使用电工刀必须进行刃磨。

巩 固 与 提 高

1. 习题 1 图所示电路,计算 R_{AB} 的值。

2. 如习题 2 图所示,已知 $E = 12\ V$,$R_1 = 10\ \Omega$,$R_2 = 20\ \Omega$,$R_3 = 20\ \Omega$,求:U_1,U_2,I_1,I_2,I_3 各为多少?

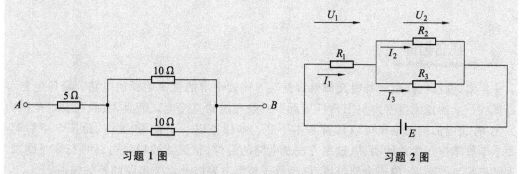

习题 1 图　　　　　　　　　　　　习题 2 图

3. 电容在直流电流中相当于什么状态? 某电容上标示的参数为"103,50 V"则该电容 C 为多少?。

4. 如何辨别二极管的阴极和阳极? 依据其在电路中作用不同,二极管可分为"整流二极管、发光二极管、续流二极管"等,试分别说明其应用场合。

5. 已知一台单相变压器的变压比 $K = 10$,当其一次侧绕组输入 AC220 V 电压时,其二次侧输出的空载电压为多少?

6. 试找出你身边废旧的电器部件,拆开看看有哪些电工元器件? 记录其规格型号、参数等,观察它们在电路中如何连接,并分析其作用。

7. 根据习题 7 图准备好相应的实训器材、仪表和工具,按要求完成以下任务:

① 按图完成电路连接;

② 测量 U_i 和 U_O;

③ 如何通过万用表判别 VD 的阳极和阴极?

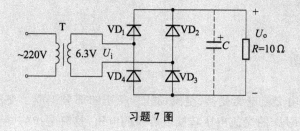

习题 7 图

任务5
直流稳压电源的安装与调试

 **任务描述**

整流、滤波电路是一种将交流电源变换为比较平滑的直流电源的电路。稳压电路可以把较平滑的直流电变为更平滑且接近于一条直线的直流电。而且,负载在一定范围内变化,直流电的输出电压可以保持基本不变。本任务以一个整流、滤波、稳压电路为例,要求学员掌握元器件的测试、选用方法及电路的锡焊、整流滤波稳压电路的安装与调试,理解单相半波整流、单相全波整流、单相桥式整流电路以及滤波电路的相关知识。

首先根据整流、滤波、稳压电路原理图准备好电阻、电容、二极管等相应元器件以及电烙铁、焊丝、镊子钳、松香、尖嘴钳、小剪刀等工具;然后利用电工仪表对元器件进行检测,确认元器件的质量没有问题;最后根据电子元器件在线路板上的安装方法,对整流、滤波、稳压电路进行安装与调试。

> **讨论与交流:**
> (1) 什么是整流、滤波、稳压?
> (2) 单相半波、全波、桥式整流电路的工作原理是什么?
> (3) 单相半波、全波、桥式整流电路的区别是什么?
> (4) 滤波电路的工作原理是什么?滤波后的波形发生如何变化?

 **任务准备**

一、整流电路分析

直流整流电源由交流电压变换、整流、滤波、稳压四部分组成。交流电压变换是指将有效值为 220 V/50 Hz 的交流电压转换成需要的电压,整流是指将交流正弦电变成单方向脉动的直流电,滤波是指将单方向脉动的直流电变成较平滑的直流电,稳压是指直流电输出电压尽可能不受负载变化的影响。图 1.5.1 所示是交流电压变换、整流、滤波、稳压流程框架图。

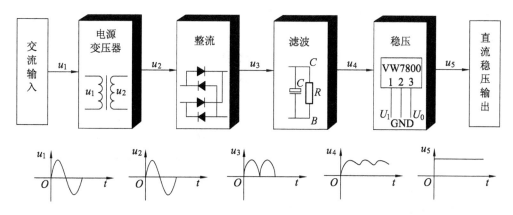

图 1.5.1　变压、整流、滤波、稳压的流程框图

利用晶体二极管的单向导电特性将交流电变换成直流电的电路称为整流电路。单相整流电路一般可分为半波整流电路、全波整流电路和桥式整流电路等。

（一）单相半波整流电路

图 1.5.2 所示是单相半波整流电路原理图，由变压器 T，整流二极管 V_1 及负载电阻 R 组成。其中变压器 T 的作用是把电源电压 u_1（交流 220 V/50 Hz）变成所需要的交流电压 u_2。基本工作原理如下：当 u_2 为正半周时，V_1 正偏而导通，电流从点 A 经过二极管 V_1 和负载电阻器 R 至点 B，负载电阻器 R 两端电压为 u_0。

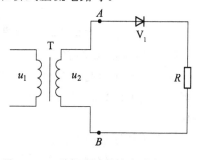

图 1.5.2　单相半波整流电路电原理图

当 u_2 为负半周时，V_1 反偏而截止，电路中无电流流过，负载电阻器 R 两端电压 U_R 为零。由此可见，在交流电压 u_2 的整个周期内，负载电阻器 R 上得到一个单方向的脉动直流电压，由于流过负载电阻器的电流和加在负载两端的电压只有半个周期的正弦波，故称作半波整流电路。图 1.5.3 所示是单相半波整流电路的波形图。

负载上的直流电压是指一个周期内脉动电压的平均值，$U_0 \approx 0.45U_2$（U_2 为变压器二次侧电压 u_2 的有效值）。

（二）单相全波整流电路

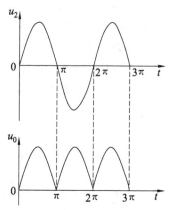

图 1.5.3　单相半波整流电路波形图

图 1.5.4 所示的是单相全波整流电路原理图，由变压器 T，整流二极管 V_1，V_2 及负载 R 组成，其中变压器二次侧线圈绕组必须为对称双绕组。

基本工作原理如下：当 u_2 为正半周时，二次侧绕组的电势为上正下负，此时 V_1 因正偏而导通，V_2 因反偏而截止，电流自上而下流过负载电阻器 R；当 u_2 为负半周时，二次侧绕组的电势为下正上负，此时 V_2 因正偏而导通，V_1 因反偏而截止，电流也自上而下流过负载电阻器 R。这样在交流电压 u_2 的正、负半周，流过负载电阻器 R 的电流和加在负载两端的电压都有整流输出波形,故称作全波整流电路。图 1.5.5 所示是单相全波整流电路的波形图。

全波整流电路负载上的直流电压应为半波整流的两倍,即

$$U_0 \approx 0.9U_2$$

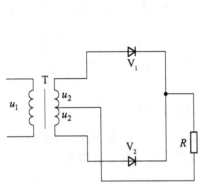

图 1.5.4　单相全波整流电路原理图

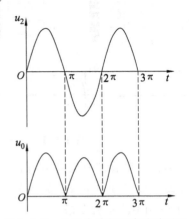

图 1.5.5　单相全波整流电路波形图

(三) 单相桥式整流电路

图 1.5.6 所示是单相桥式整流电路原理图,由变压器 T 和四个整流二极管 $V_1 \sim V_4$ 及负载电阻 R 组成。

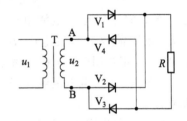

图 1.5.6　单相桥式整流电路原理图

基本工作原理如下:当 u_2 为正半周时,A 正 B 负,V_1,V_3 因正偏而导通,V_2,V_4 因反偏而截止,电流由 A 端经 $V_1 \rightarrow R \rightarrow V_3 \rightarrow B$ 端,自上而下流过负载电阻器 R,在负载电阻器 R 上得到上正下负的电压。

当 u_2 为负半周时,B 正 A 负,V_2,V_4 因正偏而导通,V_1,V_3 因反偏而截止,电流由 B 端经 $V_2 \rightarrow R \rightarrow V_4 \rightarrow A$ 端,也自上而下流过负载电阻器 R,在负载电阻器 R 上得到上正下负的电压。这样在负载 R 上得到的电流、电压的输出波形与全波整流电路完全一样。

桥式整流电路输出电压与全波整流相同,即

$$U_0 \approx 0.9U_2$$

半波、全波和桥式整流电路的比较见表 1.5.1。

表 1.5.1　三种整流电路形式的比较

整流形式	半波	全波	桥式
输出电压	$U_0 = 0.45U_2$	$U_0 = 0.9U_2$	$U_0 = 0.9U_2$
整流二极管数量	1	2	4
变压器绕组形式	单	双	单

二、滤波电路分析

　　脉动直流电虽然方向不变,但仍有大小变化,仅适用于对直流电压要求不高的场合,而在很多设备中,要求电源交流纹波系数很小的平滑的直流电压,此时可采用滤波电路来滤除脉动直流电压中的交流成分,最为常见的是电容滤波电路。

　　图 1.5.7 所示是单相半波整流电容滤波电路原理图,它由半波整流、滤波电容 C 和负载电阻器 R 组成。

　　基本工作原理如下:当 u_2 为正半周时,若 $u_2 > u_C$(滤波电容两端电压),整流二极管 V_1 因正偏而导通,u_2 通过 V_1 向电容 C 进行充电,由于充电回路电阻很小,因而充电很快,u_C 基本和 u_2 同步变化(忽略 V_1 正向压降)。当 $t = \dfrac{\pi}{2}$ 时,u_2 达到峰值,电容器 C 两端的电压也近似达到最大值。

　　当 u_2 由峰值开始下降,使得 $u_2 < u_C$,整流二极管 V_1 截止,此时电容 C 向负载电阻器 R 放电,由于放电时间常数 $\tau = RC$ 相对较大,故放电速度较慢;当 u_2 进入负半周后,整流二极管 V_1 仍处于截止状态,电容 C 继续放电,输出电压也逐渐下降。

　　当 u_2 的第二个周期的正半周到来时,电容器 C 仍在放电,直到 $u_2 > u_C$ 时,V_1 又因正偏而导通,电容 C 再次充电,这样不断重复第一周期的过程。图 1.5.8 所示是负载电阻器 R 上的电压波形。

　　由图 1.5.7 可以看出,接入滤波电容器后,输出电压变得比较平滑,而且滤波电容器容量和负载电阻 R 越大,电容器放电越缓慢,输出电压越平滑。

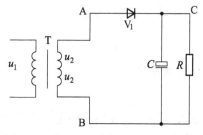

图 1.5.7　单相半波整流电容滤波电路原理图

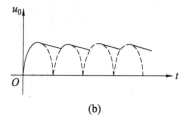

图 1.5.8　单向半波整流电容滤波器波形图

　　在全波整流和桥式整流电路中接入电容器后进行滤波与半波整流滤波电路工作原理是一样的,不同点是在 u_2 全周期内,电路中总有二极管导通,所以 u_2 对电容 C 有两次充电,电容器向负载放电时间缩短,输出电压更加平滑,平均电压值也自然升高。图 1.5.9a 所示的是桥式整流电容滤波电路电原理图,图 1.5.9b 所示的是输出电压波形图。

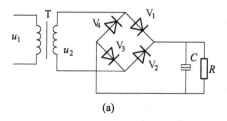

(a)

(b)

图 1.5.9　桥式整流电容滤波电路及波形图

半波整流电容滤波电路负载两端直流电压

$$U \approx (1.1 \sim 1.3)U_2$$

全波、桥式整流电容滤波电路负载两端直流电压

$$U \approx (1.2 \sim 1.5)U_2$$

由以上两式可以看出它仅仅是一个计算范围,而没有一个确定的输出电压。因为输出电压与电容器的容量、负载的大小都有密切的关联。总之,电容滤波适合滤波电容容量大,负载电流较小的情况。通常滤波电容器的容量在 $100 \sim 200\ \mu F$ 较为适合。

电容器在实际应用中往往会遇到电容量和耐压值不能满足电路要求的情况,这时可通过串联、并联和混联的方法使其符合电路要求。

三、集成稳压电路

图 1.5.10a 所示是用三端集成稳压器组成的稳压电路,图 1.5.10b 所示是三端稳压器的实物图和图形符号。

三端集成稳压器仅有三个引脚,u_i 为输入端、GND 为接地脚,u_O 为稳压输出脚。虽然,三端集成稳压器仅有三个引脚,但是它采用集成技术在单片晶体上制成串联型稳压器,具有体积小、外围元件少、性能稳定可靠、安装调试方便等优点。目前已基本替代用分立元件组成的稳压电路。

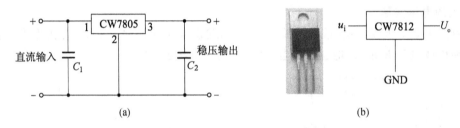

(a)   (b)

图 1.5.10 集成稳压器、稳压电路及图形符号

1. 三端集成稳压器的命名

三端集成稳压器主要有固定输出电压和可调输出电压两大类产品,固定输出电压的典型产品有 CW78(79) 系列,可调输出电压的典型产品有 CW317 系列。它们的命名及含义如下:

(1) CW78xx 为输出固定电压系列产品:

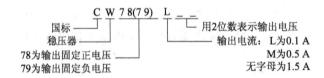

(2) CW317 系列产品:

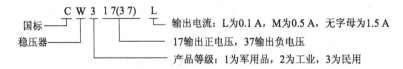

2. 78 系列三端集成稳压器的检测

（1）测量各引脚之间的电阻值

用万用表测量 78 系列集成稳压器各引脚之间的电阻值如图 1.5.11 所示，可以根据测量的结果粗略判断出被测集成稳压器的好坏。

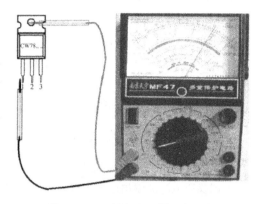

78××系列集成稳压器的电阻值用万用表 $R\times1k$ 挡测得（具体参数见表 1.5.2）。正测是指黑表笔接稳压器的接地端，红表笔依次接触另外两引脚；负测指红表笔接地端，黑表笔依次接触另外两引脚。

图 1.5.11　判断稳压器三个引脚

由于集成稳压器的品牌及型号众多，其电参数具有一定的离散性。通过测量集成稳压器各引脚之间的电阻值，也只能估测出集成稳压器是否损坏。若测得某两脚之间的正、反向电阻值均很小或接近 0Ω 则可判断该集成稳压器内部已击穿损坏。若测得某两脚之间的正、反向电阻值均为无穷大，则说明该集成稳压器已开路损坏。若测得集成稳压器的阻值不稳定，随温度的变化而改变，则说明该集成稳压器的热稳定性能不良。

（2）测量稳压值

即使测量集成稳压器的电阻值正常，也不能确定该稳压器就是完好的，还应进一步测量其稳压值是否正常。测量时，可在被集成稳压器的电压输入端与接地端之间加上一个直流电压（正极接输入端）。此电压应比被测稳压器的标称输出电压高 3 V 以上（例如，被测集成稳压器是 7806，加的直流电压就为 +9 V），但不能超过其最大输入电压。若测得集成稳压器输出端与接地端之间的电压值输出稳定，且在集成稳压器标称稳压值的 $\pm5\%$ 范围内，则说明该集成稳压器性能良好。

表 1.5.2　CW78 系列稳压器各引脚间的电阻值

黑表笔位置	红表笔位置	正常阻值/kΩ	不正常阻值
输入引脚	公共引脚	15～45	
输出引脚	公共引脚	4～12	
公共引脚	输入引脚	4～6	
公共引脚	输出引脚	4～7	0 或∞
输入引脚	输出引脚	30～50	
输出引脚	输入引脚	4～5	

注意：用万用表测试稳压器各引脚间的电阻值，所测得电阻值可能有所不同，但是基本规律不会变。

3. 三端集成可调稳压器的应用

从三端集成稳压器的型号命名可以看出,型号 CW317 为可调稳压器。图 1.5.12 所示的是三端集成输出正可调稳压电源的原理图。

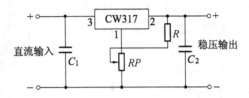

图 1.5.12　输出正可调稳压电源原理图

可调稳压电源的输出电压可以通过电位器 RP 来调整,其输出电压可以通过公式计算:

$$U_O = 1.25\left(1+\frac{RP}{R}\right)$$

由公式可以看出,改变变阻器 RP 的阻值,就可改变输出电压 U_O,所以图 1.5.12 所示是输出正可调稳压电路,图 1.5.13 所示是输出负可调稳压电源的电路。

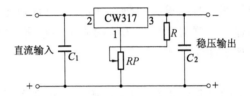

图 1.5.13　输出负可调稳压电源原理图

4. 三端集成稳压器技术参数

(1) 最小输入电压 U_{MIN}:三端集成稳压器进入正常稳压工作状态的最小工作电压即为最小输入电压。若三端集成稳压器的输入电压低于此值,则稳压性能降低。

(2) 最大输入电压 U_{MAX}:三端集成稳压器在正常稳压时,允许输入的最大电压即为最大输入电压。若输入电压超过此值,稳压器有被击穿的可能。

(3) 输出电压 U_O:三端集成稳压器输出电压应符合型号上的规定。

(4) 最大输出电流 I_{OM}:三端集成稳压器在输出电压稳定不变的情况下,能提供的最大输出电流(三端集成稳压器的最大输出电流,需按技术参数规定,安装散热器)即为最大输出电流,一般可以称为安全电流。

 活 动 设 计

（1）用万用表对某三端集成稳压器进行检测，并将稳压器的型号以及测得结果填入下表。

稳压器型号	黑表笔位置一	红表笔位置	阻值/kΩ	是否正常
	输入引脚	公共引脚		
	输出引脚	公共引脚		
	公共引脚	输入引脚		
	公共引脚	输出引脚		
	输入引脚	输出引脚		
	输出引脚	输入引脚		

（2）用万用表对某三端集成稳压器（没有标注输入、公共和输出的引脚）进行测试，并判断输入、公共和输出引脚。

任务实施

1. 实训目的

（1）熟悉实训环境及实训设备器材。

（2）熟悉各种电工工具的使用。

（3）掌握整流滤波稳压电路的工作原理。

（4）掌握整流滤波稳压电路的安装与调试。

（5）掌握各种电路元器件的功能及应用。

2. 实训说明

整流滤波稳压电路如图 1.5.14 所示，各小组按照以下实训电路选择合适的元器件，进行整流滤波稳压电路的组装与调试。

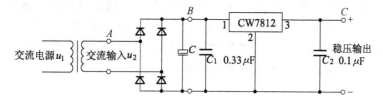

图 1.5.14 整流滤波稳压电路原理图

3. 实训步骤及要求

（1）根据实训电路，合理选择实训设备器材、仪表及工具，见表 1.5.3。

表 1.5.3　实训设备清单

序号	符号	名称	型号与规格	件数
1	$V_1 \sim V_4$	二极管	1N4001	4
2	V_5	三端集成稳压器	CW7812	1
3	C_1	电容器	100 μF/25V	1
4	C_2	电容器	0.33 μF/16V	1
5	C_3	电容器	0.01 μF/16V	1
6	T	变压器	220V/12V5W	1

此外,还需一套锡焊工具。

> **注意:** 用万用表对上述元器件进行检测,确认元件质量完好后方可使用。

(2) 电子元器件位置布局。

根据整流、滤波、稳压电路原理图,将元器件在铆钉安装板上进行位置布局,如图 1.5.15 所示。位置布局的原则是简单、明了,便于调试、维修,尽可能避免连接导线的交叉。

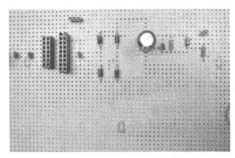

图 1.5.15　安装实样图

(3) 安装。

① 按照电路原理图从左到右、从上到下进行焊接,导线连接应放在铆钉安装板的反面(本次任务中将导线放在正面,是为了便于看清导线与元件连接的关系)。

② 焊接时,把铆钉安装板的公共接地端始终放在下面,这样不会搞错方向。

③ 线路连接要简洁,注重锡焊的焊接质量。

(4) 调试。

① 接上电源变压器,将变压器的二次侧线圈引线直接焊接在桥式整流的交流输入端,再将一次侧线圈引线与电源连接线连接(连接处用绝缘胶布包扎)。把万用表的选择开关选择量程 50 V 的直流电压挡。

② 接上交流电源 220 V,测量桥式整流、滤波输出电压(电容器 C_1 两端电压),正常电压值约为正 17 V,测量稳压输出,正常值为正 12 V。如果这两个电压值符合要求,则说明整流与稳压部分工作已基本正常。否则,应立即切断电源,然后查找原因。

③ 用示波器测量图 1.5.16 中 A,B,C 各点的波形,如图 1.5.16 所示。

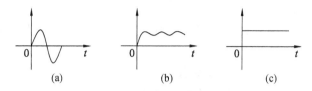

(a)　　　　　　(b)　　　　　　(c)

图 1.5.16　整流、滤波、稳压波形图

（5）经指导老师检查评估后，关闭电源，实训结束后整理器材、做好实训室 5S 工作。

（6）小组实训总结，完成实训报告。

4. 实训注意事项

（1）实训前应熟悉实训环境、实训台结构，掌握实训设备及各类电工仪表的正确操作方法，严格遵守安全操作规程。

（2）务必在断电状态下进行电路连接及测量电阻。

（3）电路通电测量时，应避免人体接触电路及表棒等导电部位。

（4）测量电流应将电流表串联在电路，测量电压应将电压表并联在被测电路两端。

（5）禁止在通电状态下测量电阻，禁止使用电流挡测量电压！

5. 考核要求与标准

（1）正确选择使用实训设备器材、仪表及工具(15 分)；

（2）完成实训电路连线及调试，实训结果符合项目要求(25 分)；

（3）实训报告完整正确(40 分)；

（4）小组讨论交流、团队协作较好规范(10 分)；

（5）实训台及实训室 5S 整理规范(10 分)。

知识拓展

一、集成电路

IC(Integrated Circuit)是集成电路的简称。集成电路是一种微型电子器件或部件，采用一定的工艺，把一个电路中所需的晶体管、二极管、电阻、电容和电感等元件及布线连接一起，制作在一小块或几小块半导体晶片或介质基片上，然后封装在一个管壳内，成为具有所需电路功能的微型结构，所有元件在结构上已形成一个整体，这样整个电路的体积大大缩小，且引出线和焊接点的数目也大为减少，从而使电子元件向微小型化、低功耗和高可靠性方面迈进了一大步。集成电路具有体积小、重量轻、引出线和焊接点少、寿命长、可靠性高、性能好等优点，同时成本低，便于大规模生产。

1. 集成电路的分类

（1）按功能结构分类。集成电路按其功能、结构的不同，可以分为模拟集成电路和数字集成电路两大类。

模拟集成电路用来产生、放大和处理各种模拟信号（如半导体收音机的音频信号、录放机的磁带信号等），而数字集成电路用来产生、放大和处理各种数字信号（如 VCD，

DVD重放的音频信号和视频信号)。

(2)按制作工艺分类。集成电路按制作工艺可分为半导体集成电路和薄膜集成电路。

(3)按集成度高低分类。集成电路按集成度高低的不同可分为小规模集成电路、中规模集成电路、大规模集成电路和超大规模集成电路。

(4)按导电类型不同分类。集成电路按导电类型可分为双极型集成电路和单极型集成电路。

双极型集成电路的制作工艺复杂、功耗较大,有代表的集成电路有 TTL,ECL,HTL,LST-TL,STTL 等类型。单极型集成电路的制作工艺简单,功耗也较低,易于制成大规模集成电路,代表集成电路有 CMOS,NMOS,PMOS 等类型。

(5)按用途分类。集成电路按用途可分为电视机用集成电路、音响用集成电路、影碟机用集成电路、录像机用集成电路、电脑(微机)用集成电路、电子琴用集成电路、通信用集成电路、照相机用集成电路、遥控用集成电路、语言用集成电路、报警器用集成电路及各种专用集成电路。

2. 集成电路的检测

(1)电阻法。通过测量单块集成电路各引脚对地正反向电阻,与资料或另一块好的集成电路进行比较,从而做出判断(注意:必须使用同一万用表和同一挡次测量,结果才准确)。在没有对比资料的情况下只能使用间接电阻法测量,即在印制电路板上通过测量集成电路引脚外围元件好坏来判断,若外围元件没有损坏,则集成电路有可能已损坏。

(2)电压法。测量集成电路引脚对地的动、静态电压,与线路图或其他资料所提供的参考电压进行比较,若发现某些引脚电压有较大差别,其外围元件又没有损坏,则集成电路有可能已损坏。

(3)波形法。测量集成电路各引脚波形是否与原设计相符,若发现有较大区别,其外围元件又没有损坏,则集成电路有可能已损坏。

(4)替换法。用相同型号集成电路替换试验,若电路恢复正常,则集成电路已损坏。

二、常用电工仪表

(一)常用电工仪器仪表的一般知识

1. 有效数字

在测量和数字计算中,用几位数字来代表测量或计算结果是很重要的,它涉及有效数字和计算规则问题,不是取得位数越多越准确。在记录测量数值时,该用几位数字来表示呢?下面通过一个具体例子来说明。图 1.5.17 所示为一个 0~50 V 的电压表在三种测量情况下指针的指示结果,第一次指针指在 42~43 V 之间,可记作 42.5 V。其中数字"42"是可靠的,称为可靠数字,而最

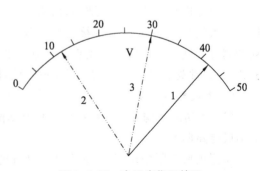

图 1.5.17 电压表指示情况

后一位数"5"是估计出来的不可靠数字(欠准数字),两者合称为有效数字。通常只允许保留一位不可靠数字。对于42.5这个数字来说,有效数字是三位。

第三次指针指在30 V的地方,应记为30.0 V,也是三位有效数字。但数字"0"在数中可能不是有效数字。例如,图1.5.17电压表指示情况42.5 V还可写成0.0425 kV,这时前面两个"0"仅与所用单位有关,不是有效数字,该数的有效数字仍为三位。对于读数末位的"0"不能任意增减,它是由测量仪表的准确度来决定的。

2. 测量误差

电工测量是电工试验与实训中必不可少的一部分,它的任务是借助各种仪器仪表对电流、电压、功率、电能等进行测量,以便了解各种电气设备的运行特性与情况。

电工测量方法可以分为直读法和比较法。直读法是利用指示仪表直接读取被测电量的值。例如,用电压法直接测量电压。这种测量方法的准确度不高,但简单、方便。比较法测量是将被测量和标准量在较量仪器中比较,以确定被测量的值。例如,用电桥测量电阻等。这种测量方法的准确度较高,但比较复杂,测量速度也较慢。

电工测量有以下两个主要优点:一是电工仪表构造简单、准确、可靠;二是能做远距离测量。因此,正确掌握测量技术是十分必要的。

电工仪表种类很多,一般有4种分类方法,即按准确度、被测量的种类、被测电流种类和工作原理分类。

(1) 按准确度分类。根据国家标准GB776—76,电工测量仪表可以分0.1,0.2,0.5,1.0,1.5,2.5和5.0七个精度等级,这些数字是指仪表的最大引用误差值。其中,0.1,0.2和0.5级的较高准确度仪表常用来进行精密测量或作为校正表;1.5级的仪表一般用于实训室;2.5和5.0级的仪表一般用于工程测量。

不管仪表的质量如何,仪表的指示值与实际值之间总有一定的差值,称为误差。显然,仪表的准确度与其误差有关。误差有两种:一种是基本误差,它是由仪表本身的因素引起的,比如由于弹簧永久变形或刻度不准确等造成的固有误差;另一种是附加误差,它是由外加因素引起的,比如测量方法不正确、读数不准确、电磁干扰等。仪表的附加误差是可以减小的,使用者应尽量让仪表在正常情况下进行测量,这样可以近似认为只存在基本误差。

仪表的准确度是根据仪表的最大引用误差来分级的。

最大引用误差是指仪表在正常工作条件下测量时可能产生的最大基本误差 ΔA 与仪表的满量程 A_m 之比,习惯上用百分数表示,即

$$\gamma = \frac{\Delta A}{A_m} \times 100\% \qquad (1.5.1)$$

由式(1.5.1)可以求得仪表的最大基本误差,如一个准确度为1.0,量程为10 A的仪表,可能产生的最大基本误差为

$$\Delta A = \gamma A_m = \pm 1.0\% \times 10 = \pm 0.1 \text{ A}$$

在正常工作条件下,仪表的最大基本误差(最大绝对误差)是不变的。要衡量测量值的准确度,必须使用相对误差。

相对误差是指最大基本误差 ΔA 与被测量真值 A_0 之比的百分数,即

$$\gamma_0 = \frac{\Delta A}{A_0} \times 100\% \qquad (1.5.2)$$

相对误差越小,测量的准确度越高。比如用上述电流表分别测量 8 A 和 2 A 的电流,则相对误差分别为 ±1.25％ 和 ±5％。因此,在选用仪表的量程时,应该使被测量的值尽量接近满标度值。通常当被测量的值接近满刻度的 2/3 时,测量结果较为准确。

【例 1-20】 某待测电压为 8 V,现用 0.5 级量程为 0～30 V 和 1.0 级量程为 0～10 V 的两个电压表来测量,问用哪个电压表测量更准确?

解 用 0.5 级量程为 0～30 V 的电压表来测量,可能产生的最大基本误差为

$$\Delta A_1 = \gamma A_m = \pm 0.5\% \times 30 = \pm 0.15 \text{ V}$$

最大可能出现的相对误差为

$$\gamma_1 = \gamma \frac{A_m}{A} = \pm 0.5\% \times \frac{30}{8} = \pm 1.875\%$$

用 1.0 级量程为 0～10 V 的电压表来测量,可能产生的最大基本误差为

$$\Delta A_2 = \gamma A_m = \pm 1.0\% \times 10 \text{ V} = \pm 0.1 \text{ V}$$

最大可能出现的相对误差为

$$\gamma_2 = \gamma \frac{A_m}{A} = \pm 1.0\% \times \frac{10}{8} = \pm 1.25\%$$

根据相对误差越小,测量越准确的原理,显然用 1.0 级量程为 0～10 V 的电压表来测量更为准确。

(2) 按被测量的种类分类。按照被测量的种类可以将电工仪表分为电流表、电压表、电阻表、功率表、频率表、电度表、功率因数表等,如表 1.5.4 所示。

表 1.5.4　电工仪表按测量的种类分类

序号	被测量	仪表名称	符号	序号	被测量	仪表名称	符号
1	电流	电流表	Ⓐ	4	功率	功率表	Ⓦ
		毫安表	ⓜⒶ			千瓦表	ⓀⓌ
2	电压	电压表	Ⓥ	5	频率	频率表	Ⓗⓩ
		千伏表	Ⓚⓥ	6	电能	电度表	kWh
3	电阻	电阻表	Ⓞ	7	相位差	相位表	φ
		兆欧表	Ⓜ Ⓞ				

(3) 按被测电流种类分类。按被测电流种类可以将电工仪表分为直流仪表、交流仪表和交直流仪表三种,如表 1.5.5 所示。

表 1.5.5　电工仪表按被测电流种类分类

被测电流	仪表名称	符号
直流	直流表	—
交流	交流表	～
交流、直流	交、直接流两用表	≂

（4）按工作原理分类。电工仪表按工作原理不同可分为磁电式仪表、电磁式仪表、电动式仪表、整流式仪表等，如表 1.5.6 所示。

表 1.5.6　电工仪表按工作原理分类

工作原理	仪表类型	符号
永久磁铁对载流线圈的作用	磁电式	
通电线圈对铁片的作用	电磁式	
两个通电线圈的相互作用	电动式	
磁电式测量机构和整流电路共同作用	整流式	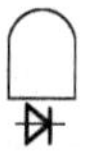

在仪表的表面上通常都标有仪表类型、准确度等级、所通电流种类、仪表的绝缘耐压强度和放置位置等，如表 1.5.7 所示。

表 1.5.7　某一电工仪表上的符号

符号	意义	符号	意义
0.1	准确度为 0.1 度	$\angle 60°$	仪表倾斜 60°放置
～	交流表	$Ⓐ$	电流表
↑	仪表垂直放置	⚡ 2 kV	仪表绝缘耐压为 2 kV

（二）电压表

用来测量电压的仪表称为电压表。根据被测电压的大小还有毫伏表和千伏表。

测量某一段电路的电压时，应将电压表并联在被测电压的两端，电压表的端电压才等于被测电压，如图 1.5.18 所示。电压表并入电路必然会分掉原来支路的电流，影响电路的测量结果，为了尽量减小测量误差，不影响电路的正常工作状态，电压表的内阻应远大于被测支路的电阻。但电压表的测量机构本身电阻不大，所以在电压表的测量机构中都串联一个阻值很大的电阻。

直流电压的测量一般使用磁电式电压表。要扩大仪表的量程，应该在测量机构中串联分压电阻，此分压电阻称为倍压器，如图 1.5.19 所示。此时，测量机构上所测电压为被测电压的一部分，即

$$U_0 = U\frac{R_0}{R_0 + R_V} \tag{1.5.3}$$

由式（1-34）可得分压电阻

$$R_V = R_0\left(\frac{U}{U_0} - 1\right) \tag{1.5.4}$$

可以看出，电压表要扩大的量程越大，所串联倍压器的阻值应越大。多量程的电压表内部具有多个分压电阻，不同的量程串接不同的分压电阻。

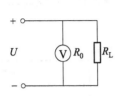
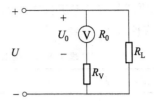

图 1.5.18 电压的测量电路　　　　图 1.5.19 具有倍压器的电压测量电路

【例 1-21】　一磁电式电压表,量程为 50 V,内阻 2 000 Ω。现欲将其量程改为 200 V,问应串联多大的电阻?

解　应串联的电阻为

$$R_V = R_0\left(\frac{U}{U_0} - 1\right) = 2000\left(\frac{200}{5} - 1\right) = 6\ 000\ \Omega$$

测量交流电压时,一般采用电磁式电压表,精密测量则采用电动式电压表。要想扩大交流电压表的量程,可以采用线圈串、并联的方法来实现,也可以在电磁式电压表内部串联倍压器来实现。测量 600 V 以上的电压时,应该使用电压互感器先把电压降低再来配合测量。

(三) 电流表

用来测量电流的仪表称为电流表。根据被测电流的大小还有微安表和毫安表。

测量某一支路的电流时,只有被测电流流过电流表,电流表才能指示其结果,因此电流表应串联在被测量电路中,如图 1.5.20 所示。考虑到电流表有一定的电阻,串入之后不应该影响电路的测量结果,所以电流表的内阻必须远小于电路的负载电阻。

测量直流电流一般用磁电式电流表。磁电式电流表的测量机构只能通过几十微安到几十毫安的电流,要测量较大的电流时,应该在测量机构上并联一个低值电阻进行分流,如图 1.5.21 所示。

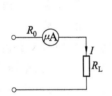
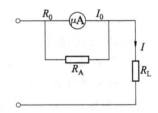

图 1.5.20 电流的测量电路　　　图 1.5.21 具有分流器的电流测量电路

测量交流电流一般用电磁式电流表,进行精密测量时用电动式电流表。如果所测的是交流电流,那其测量机构既有电阻又有电感,要想扩大量程就不能单纯地并联分流电阻,而应将固定线圈分成几段,采用线圈串联、并联及混联的方法来实现多个量程。

当被测电流很大时,可利用电流互感器来扩大量程。

(四) 功率表

除了需要测量电气设备的电压、电流外,还需要测量电功率,通常用功率表直接测量有功功率。

1. 功率表的构造

功率表大多为电动系结构,其中两个线圈的接线如图 1.5.22 所示。图中,1 是固定线圈,它与负载串联,线圈中通过的是负载电流,作为电流线圈,它的匝数较少,导线较粗;2是可动线圈,线圈串联附加电阻后,与负载并联,线圈上承受的电压正比于负载电压,作为电压线圈,它的匝数较多,导线较细;3是阻值很大的附加电阻。

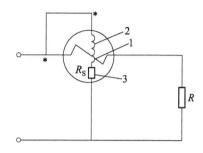

1—电流线圈;2—电压线圈;3—附加电阻

图 1.5.22　功率表结构原理示意图

　　指针偏转角的大小取决于负载电流和负载电压的乘积。测量时,在功率表的标度尺上可以直接指示出被测有功功率的大小。功率表的图形符号如图 1.5.23 所示。水平线圈为电流线圈,垂直线圈为电压线圈。电压线圈和电流线圈上各有一端有"＊"号,称为电源端钮,表示电流应从这一端钮流入线圈。

　　2. 使用功率表的注意事项

　　(1)正确选择功率表的量程。选择功率表的量程,实际上是要正确选择功率表的电流量程和电压量程,务必使电流量程能允许通过负载电流,电压量程能承受负载电压,不能只从功率的角度考虑。例如有两只功率表,量程分别为 300 V,5 A 和 150 V,10 A。显然,它们的功率量程都是 1 500 W。如果要测量一个电压为 220 V、电流为 4.5 A 的负载功率,则应选用 300 V,5 A 的功率表;而 150 V,10 A 的功率表,则因电压量程小于负载电压,不能选用。一般在测量功率前,应先测出负载的电压和电流,这样在选择功率表时可做到心中有数。

　　(2)正确读出功率表的读数。便携式功率表一般都是多量程的,标度尺上只标出分度格数,不标注瓦数。读数时,应先根据所选的电压、电流量程以及标度尺满度时的格数,求出每格瓦数(又称功率表常数),然后再乘以指针偏转的格数,即得到所测功率的瓦数。图 1.5.24 所示为多量程功率表的外形图及内部接线图。

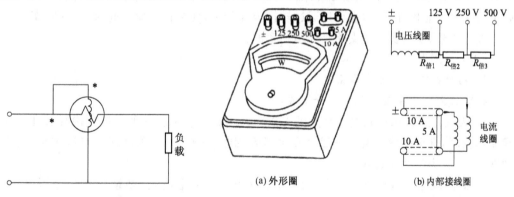

图 1.5.23　功率表的图形符号　　(a)外形圈　　　(b)内部接线圈

图 1.5.24　功率表外形与内部接线圈

　　例如,用一只电压量程为 500 V、电流量程为 5 A 的功率表测量功率,标度尺满度时为 100d iv(格),测量时指针偏转了 60 div,则功率表常数为

　　被测功率为

$$\frac{500\times5}{100} \text{ W/div}=25 \text{ W/div}$$

$$25\times60=1\ 500\ \text{W}$$

（3）功率表的正确接线。功率表转动部分的偏转方向和两个线圈中的电流方向有关，如改变其中一个线圈的电流方向，指针就反转。为了使功率表在电路中不致接错，接线时必须使电流线圈和电压线圈的电源端钮都接到同一极性的位置，以保证两个线圈的电流都从标有"＊"号的电源端钮流入，而且从"＋"极到"－"极。满足这种要求的接线方法有两种，如图 1.5.25 所示，其中图 a 为电压线圈前接法；图 b 为电压线圈后接法。

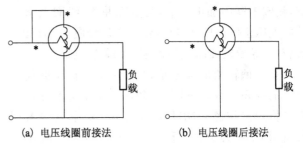

(a) 电压线圈前接法　　(b) 电压线圈后接法

图 1.5.25　功率表的接线方法

当负载电阻远远大于电流线圈内阻时，应采用电压线圈前接法。这时电压线圈所测电压是负载和电流线圈的电压之和，功率表反映的是负载和电流线圈共同消耗的功率。此时可以略去电流线圈分压所造成的功率损耗影响，其测量值比较接近负载的实际功率值。

当负载电阻远远小于电压线圈支路电阻时，应采用电压线圈后接法。这时电流线圈中的电流是负载电流和电压线圈支路电流之和，功率表反映的是负载和电压线圈支路共同消耗的功率。

此时可以略去电压线圈支路分流所造成的功率损耗，其测量值也比较接近负载的实际功率值。如果被测功率本身较大，不需要考虑功率表的功率损耗对测量值的影响时，则两种接线法可以任意选择，但最好选用电压线圈前接法，因为功率表中电流线圈的功率损耗一般都小于电压线圈支路的功率损耗。

测量功率时，如出现接线正确而指针反偏的现象，则说明负载侧实际上是一个电源，负载支路不是消耗功率而是发出功率。这时可以通过对换电流端钮的接线使指针正偏；如果功率表上有极性开关，也可以通过转换极性开关，使指针正偏。此时，应在功率表读数前加上负号，以表明负载支路是发出功率的。

（五）万用表

1. 指针式万用表的结构原理

指针式万用表主要由三大部分组成：

① 表头。通常采用磁电式测量机构作为万用表的表头。这种测量机构灵敏度和准确度都较高，满刻度偏转电流一般为几个微安到数百微安。满刻度偏转电流越小，灵敏度就越高，表头特性就越好。

② 测量线路。万用表的测量线路由多量程的直流电流表、多量程直流电压表、多量程交流电压表及多量程电阻表组成，个别型号的万用表还有多量程交流挡。实现这些功能的关键是通过测量线路的变换把被测量变换成磁电系仪表所能接受的直流电流，它是万用表的中心环节。测量线路先进，可使仪表的功能多、使用方便、体积小、重量轻。

③ 转换开关。转换开关是用来选择不同的被测量和不同量程时的切换元件。转换开关里有固定接触点和活动接触点，当活动接触点和固定接触点闭合时就可以接通一条电路。

2. 数字式万用表

数字式万用表可用于测量直流和交流电压,直流和交流电流,电阻、电容、电感、二极管、三极管的等,是电气工程、机电设备安装、调试、维修、电子产品检修等的必备工具。由于数字式万用表的整机电路设计以大规模集成电路双积分 A/D 转换器为核心,并配以全过程过载保护电路,具有自动断电等功能,所以当今的数字万用表性能优越、应用广泛。了解并正确应用数字式万用表是每一位电气技术人员必须掌握的基本技能之一。

通常,数字式万用表由 LCD 显示屏、量程开关、表棒接插端口等组成,如图 1.5.26a 所示,图 1.5.26b 是型号为 UT58D 的数字式万用表实物图,图 1.5.27 所示是 LCD 数字显示屏上显示的所有符号。表 1.5.8 所示是各显示符号对应的功能。

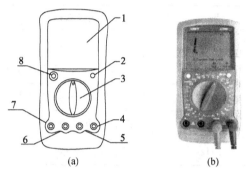

(a)　　　(b)

1—LCD 显示屏;2—数据保持选择按键;3—量程开关;4—公共输入端;
5—V,Ω 输入端;6—mA 测量输入端;7—20 A 电流输入端;8—电源开关

图 1.5.26　数字式万用表

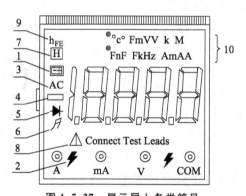

图 1.5.27　显示屏上各类符号

表 1.5.8　万用表显示符号与功能

序号	符号	说明
1		电池电量不足
2	⚡	警告提示符号
3	AC	测量交流时显示,直流关闭

续表

序号	符号	说明
4	▯	显示负的极性
5	▶⊢	二极管测量提示符
6	♫	电路通断测量提示符
7	Ḥ	数据保持提示符
8	⚠	Connect Termlanal 输入端口连接提示
9	hPE	三极管放大倍数提示符
10	mV,V	电压单位:毫伏、伏
	Ω,kΩ,MΩ	电阻单位:欧姆、千欧姆、兆欧姆
	μA,mA,A	电流单位:微安、毫安、安培
	℃,℉	摄氏温度、华氏温度
	kHz	频率单位:千赫兹
	nF,μF	电容单位:纳法、微法

（1）直流电压测量

直流电压测量时的连接方法如图 1.5.28 所示。

测量直流电压按以下步骤进行:

① 将红表笔插入"VΩ"插孔,黑表笔插入"COM"插孔。

② 将功能开关置于"A ⎓"量程挡,并将测试表笔并联到待测电源或负载上。

③ 从显示器上读取测量结果。

④ 如果不知道被测电压范围,应将功能开关置于大量程并逐渐降低其量程(不能在测量的同时改变量程)。

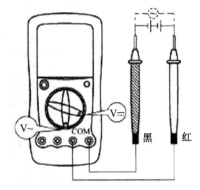

图 1.5.28 测量直流电压

⑤ 如果显示"1",表示过量程,此时应将功能开关置于更高的量程挡。

⑥ ⚠ 表示不要输入高于万用表要求的电压,否则有可能损坏万用表的内部线路。

注意:在测量高压时,应特别注意避免触电。

（2）交流电压测量

操作方法类同于直流电压的测量。

（3）直流电流测量

直流电流测量的连接方法如图 1.5.29 所示。

测量直流电流按以下步骤进行：

① 将红表笔插入 mA 或 20A 插孔（测量 200 mA 以下的电流时，插入 mA 插孔；测量 200 mA 及以上的电流时，插入 20 A 插孔），黑表笔插入 COM 插孔。

② 将功能开关置"A ⎓"量程挡，并将测试表笔串连接入待测负载回路中。

③ 从显示器上读取测量结果。

④ 如果使用前不知道被测电流范围，应将功能开关置于最大量程并逐渐降低其量程（不能在测量的同时改变量程）。

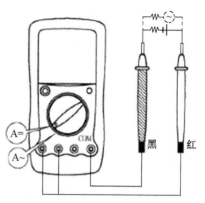

图 1.5.29　测量直流电流

⑤ 如果显示器只显示"1"表示过量程，应将功能开关置于更高量程挡。

⑥ ⚠ 表示最大输入电流为 200 mA 或 20 A(10 A)，它取决于所使用的插孔，过大的电流将烧坏熔丝［20 A(10 A)量程无熔丝保护］。

注意： 该万用表的最大测试压降为 200 mV。

（4）交流电流测量

操作方法类同于直流电流的测量。

（5）电阻测量

电阻测量的连接方法如图 1.5.30 所示。

测量电阻按以下步骤进行：

① 将红表笔插入"VΩ"插孔，黑表笔插入"COM"插孔。

② 将功能开关置于"Ω"量程，将测试表笔并接于待测电阻上。

③ 从显示器上读取测量结果。

④ 如果被测电阻值超出所选量程的最大值，将显示过量程"1"，此时，应选择更高的量程挡，对于大于 1 MΩ 或更高的电阻，要经过几秒钟后读数才能稳定，然后再进行读取。

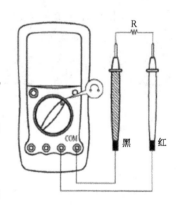

图 1.5.30　测量电阻

⑤ 当无输入时，如开路情况，其显示为"1"。

⑥ 在检查内部线路阻抗时，要保证被测线路所有电源断电，所有电容放电。

注意:

(1) 当黄色 POWER 键按下时,仪表电源被接通;POWER 键处于弹起状态时,仪表电源关闭。使用时先检查 9 V 电池电压,如果电池电压不足,屏幕显示"BAT",此时应及时更换电池,如果电池正常则进入工作状态。

(2) 测试表笔插孔旁边有 ⚠ 符号,它表示输入电压或电流不应超过此标示值,以免内部线路受到损坏。

(3) 测试前,应将功能开关应置于所需量程上。

(4) 不要超量程使用。

(5) 不要在电阻挡或二极管挡接入电压信号。

(6) 在电池没有装好或后盖没有上紧时,请不要使用此表。

(7) 只有在测试表笔从万用表移开并切断电源后,才能更换电池和熔丝,并注意 9 V 电池的使用情况。如果需要更换电池,应使用同一型号,更换熔丝时,也应使用相同型号的熔丝。

巩 固 与 提 高

1. 有一电阻负载,采用单相桥式整流电容滤波电源供电,要求输出电压 20 V,电流 1 A,问:(1) 如何选择整流二极管?(2) 电容器的耐压值如何确定?

2. 单相桥式整流电容滤波电路,输出直流电压 15 V,负载电阻 $R_L = 100\ \Omega$,试求整流变压器二次电压 U_2。

3. 设计一个 5 V 的稳压电路,采用桥式整流、电容器滤波、三端集成稳压器,标明变压器的二次侧 U_2 的电压、三端集成稳压器的型号。

任务 6
晶体管延时电路的安装与调试

任务描述

晶体管延时电路包括整流、稳压和晶体管延时电路三部分。其中整流稳压项目在前面已介绍,本次任务的重点是晶体管延时电路的安装与调试,要求学员了解晶体管延时电路的工作过程和工作原理,掌握元器件的测试、选用和电路的锡焊、安装,延时电路的调试以及整流、稳压和晶体管延时电路的组合调试。

首先根据晶体管延时电路原理图准备好电阻、电容、二极管、三极管等相应元器件以及电烙铁、焊丝、镊子钳、松香、尖嘴钳、小剪刀等工具;然后利用电工仪表对元器件及进行检测,确认元器件的质量没有问题才可进行安装;最后对安装好的晶体管延时电路进行组装、调试。

讨论与交流:
(1) 各元件在晶体管延时电路中的作用是什么?
(2) 晶体管延时电路的是如何工作的?
(3) 晶体管延时电路的延时原理是什么?
(4) 晶体管延时电路有何作用?

任务准备

一、识读晶体管延时电路

晶体管延时电路包括整流、稳压和晶体管延时电路三部分。

图 1.6.1 所示是整流、稳压和晶体管延时电路的原理图。

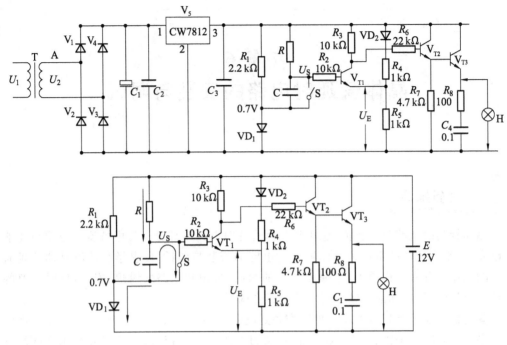

图 1.6.1　晶体管延时电路原理

电路通电后(按钮开关应处于导通状态),小电珠点亮。当开关断开时,延时电路启动,其延时时间长短与 R、C 的数值以及电阻 R_4、R_5 分压值有关。晶体管延时电路中部分器件的作用如下:

(1) R,C 是决定延时时间的关键器件。

(2) VD_2,R_4,R_5 组成分压电路,决定 U_E 电位(本电路的 R_4,R_5 分压后,U_E 约为 6 V)。

(3) R_8,C_1 组成阻容吸收保护电路,考虑到电路中负载可能是电感性负载,会引起反电势,在 VT_2、VT_3 通断时造成反压击穿损坏。

(4) R_1,VD_1 组成箝位电路,它利用了二极管正相导通的管压降(0.7 V)。

(5) R_2 为 VT_1 的基极限流电阻,R_6 为 VT_2,VT_3 的基极限流电阻。

(6) 开关 S 既是延时按钮开关,又是电容器放电回路,可以确保下一次延时时间的精准。

二、晶体管延时电路的工作过程

1. 接通电源,按钮开关 S 闭合状态下

(1) 12 V 电源通过 R_1 流经二极管 VD_1,由于二极管的箝位作用,所以 U_S(晶体管 VT_1 的基极电位为 0.7 V)电位被箝位在 0.7 V。而 VT_1 发射极的电位 U_S 始终受到电阻 R_4、R_5 的分压作用,被箝位在 $1/2E$,约为 6 V,使晶体管 VT_1 处于反偏状态,VT_1 管截止。

(2) 由于晶体管 VT_1 截止,则电流经电阻 R_3,R_6 流经晶体管 VT_2,VT_3。VT_1,VT_2

复合组成(达林顿接法)放大管,VT_2,VT_3 管导通,小电珠 H 点亮。

2. 延时作用,按钮开关 S 断开状态下

(1) 当按钮开关 S 断开时,U_S 电位不再是 0.7 V,而由 R,C,VD_1 组成充电回路,U_S 电位随着充电时间延长而不断地上升,当 U_S 电位较 U_E 电位高 0.7 V 时,晶体管 VT_1 处于正偏,即导通。

(2) 由于晶体管 VT_1 导通,改变了原来的电阻 R_4,R_5 分压,从而使晶体管 VT_2,VT_3 截止,小电珠 H 熄灭。

(3) 从断开按钮开关 S 起,小电珠从亮到熄灭的这一段时间为延时时间。

从以上电路分析可知,延时时间从开关 S 断开起,电源电压通过 R 向电容器 C 充电,U_S 电压逐步上升到晶体管 VT_1 由截止变为导通,而 VT_2,VT_3 由导通变为截止,这段时间就是电路的延时时间。与延时时间相关的器件即为 R 与 C。

任务实施 1:可充电手电筒电路的连接与测试

1. 实训目的

(1) 熟悉实训环境及实训设备器材。

(2) 熟悉各种电工工具的使用。

(3) 掌握可充电手电筒电路的工作原理。

(4) 掌握电路中元器件的测试、选用,电路的锡焊,各元器件在电路中的作用以及可充电手电筒电路的安装与调试。

2. 实训说明

图 1.6.2 所示为广东汕头产双二灯手电筒原理图,此灯外形时尚,具有双灯或四灯可调照明。各小组按照以下实训电路选择合适的元器件,进行手电筒电路的组装与调试。

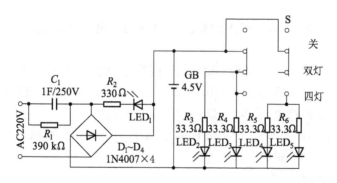

图 1.6.2 可充电手电筒电路

电路原理如下:推伸式插头插入 AC220V 市电后,经 C_1(CL21 型电容)降压,$D_1 \sim D_4$ 整流给 GB 充电。AC 电压正半周时 LED_1 不亮;负半周时经 R_2 限流点亮,指示灯正在对电池充电。GB 为 07102 型密封式 4.5 V 微型蓄电池组,容量 400 mAh。由于无充电限压断电控制功能,故限时(不大于 8 小时)充电。充满电后拔出并收缩电源插头(此时 C_1 经 R_1 放电)。将 S 推接至双灯位时,LED_2 和 LED_3 亮,据称可连续照明 14 小时;若 S 推

接至四灯位,LED$_2$~LED$_5$全亮,据称可连续照明7小时。

3. 实训步骤及要求

(1) 根据实训电路,合理选择实训设备器材、仪表及工具,并将设备清单填入表1.6.1。

表 1.6.1　实训设备清单

序　号	名　　称	型号及规格	数　量

注意:用万用表对上述元器件进行检测,确认元件质量完好后方可使用。

(2) 电子元器件位置布局。

根据可充电手电筒电路原理图,将元器件在铆钉安装板上进行位置布局,位置布局的原则是简单、明了,便于调试、维修,尽可能避免连接导线的交叉。

(3) 安装。

① 按照电路原理图从左到右、从上到下进行焊接,导线连接应放在铆钉安装板的反面(本次任务中将导线放在正面,是为了便于看清导线与元件连接的关系)。

② 焊接时,把铆钉安装板的公共接地端始终放在下面,这样不会搞错方向。

③ 线路连接要简洁,注重锡焊的焊接质量。

(4) 调试。

① 将电阻R_1和D_1~D_4组成的整流电路分别与电源线相连(连接处用绝缘胶布包扎)。

② 接入交流220V电源,观察LED$_1$是否闪烁,如果闪烁说明正在充电。

③ 拔掉电源线将S推接至双灯位时,观察LED$_2$和LED$_3$是否点亮,

④ 若S推接至四灯位,观察LED$_2$~LED$_5$是否全亮。

(5) 经指导老师检查评估后,关闭电源,实训结束后整理器材、做好实训室5S工作。

(6) 小组实训总结,完成实训报告。

4. 实训注意事项

(1) 实训前应熟悉实训环境、实训台结构,掌握实训设备及各类电工仪表的正确操作方法,严格遵守安全操作规程。

(2) 务必在断电状态下,进行电路连接及测量电阻。

(3) 电路通电测量时,应避免人体接触电路及表棒等导电部位。

(4) 测量电流应将电流表串联在电路,测量电压应将电压表并联在被测电路两端。

(5) 禁止在通电状态下测量电阻;禁止使用电流挡测量电压。

5．考核要求与标准

(1) 正确选择使用实训设备器材、仪表及工具(15分)；

(2) 完成实训电路连线及调试,实训结果符合项目要求(25分)；

(3) 实训报告完整正确(40分)；

(4) 小组讨论交流、团队协作较好(10分)；

(5) 实训台及实训室5S整理规范(10分)。

任务实施2：晶体管延时电路的安装与调试

1．实训目的

(1) 熟悉实训环境及实训设备器材。

(2) 熟悉各种电工工具的使用。

(3) 掌握元器件的测试选用,各种电路元器件的在电路中的功能以及晶体管延时电路的安装与调试。

2．实训说明

晶体管延时电路如图1.6.3所示,各小组按照以下实训电路选择合适的元器件,进行晶体管延时电路的安装与调试。

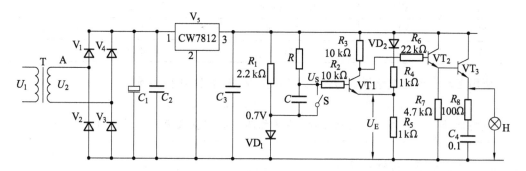

图1.6.3　晶体管延时电路原理图

3．实训步骤及要求

(1) 根据实训电路,合理选择实训设备器材、仪表及工具(安装晶体管延时电路所需的元器件见表1.6.2)。

表1.6.2　实训设备清单

序号	符号	名称	型号与规格	件数
1	$V_1 \sim V_4$	二极管	IN4007	4
2	V_5	三端集成稳压管	CW7812	1
3	C_1	电容器	100 μF/25V	1
4	C_2	电容器	0.33 μF/16V	1
5	C_3	电容器	0.01 μF/16V	1
6	T	变压器	220 V/12V 5 W	1

序号	符号	名称	型号与规格	件数
7	R_1	电阻器	2.2 kΩ/0.125 W	1
8	R_2	电阻器	10 kΩ/0.125 W	1
9	R_3	电阻器	10 kΩ/0.125 W	1
10	R_4	电阻器	1 kΩ/0.125 W	1
11	R_5	电阻器	1 kΩ/0.125 W	1
12	R_6	电阻器	22 kΩ/0.125 W	1
13	R_7	电阻器	4.7 kΩ/0.125 W	1
14	R_8	电阻器	100 Ω/0.125 W	1
15	C_4	电阻器	0.01 μF/16 V	1
16	R	电阻器	根据延时时间确定	1
17	C	电容器	根据延时时间确定	1
18	VT_1	晶体三极管	9013	1
19	VT_2	晶体三极管	9013	1
20	VT_3	晶体三极管	8050	1
21	VD_1	晶体二极管	IN4001	1
22	VD_2	晶体二极管	IN4001	1
23	H	电珠	12 V/50 mA	1

所用工具主要有电烙铁、焊丝、镊子钳、松香、尖嘴钳、小剪刀等。

注意:选择好元器件后要进行检测,确认元器件的质量没有问题后才可进行安装。

(2)电子元器件位置布局。

根据晶体管延时电路原理图,将元器件在铆钉安装板上进行位置布局,如图 1.6.4 所示。位置布局的原则是简单、明了,便于调试、维修,尽可能避免连接导线的交叉。

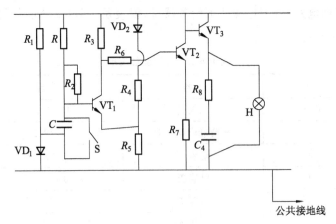

图 1.6.4　延时电路电子元器件的布局

（3）安装。

① 按照电路原理图以及设计好的电子元器件布局从左到右、从上到下进行焊接，本次任务导线连接可以放在铆钉安装板的正面。

② 焊接时，把铆钉安装板的公共接地端始终放在下面，这样不会搞错方向，最上面的一条连接线为电源的正极，最下面的一条连接线为电源的负极。

③ 一个节点上所有元件的引线都应该用导线连接起来，不能遗漏，每连接一个节点，都要对照电气原理图，核对是否正确。

④ 在一个节点上的连接线要尽量连贯，不应接触的导线之间要保持适当的距离，避免短路。

⑤ 导线连接好后，应该对照原理图，认真检查，可用万用表电阻挡（$R \times 1$ 挡）进行测量，检查每一个节点所对应的各电子器件是否接通，确定无误后才能进入通电调试步骤。

（4）调试。

① 调试晶体管延时电路需要 12 V 直流电源。先将稳压器输出电压调整为 12 V，可用万用表的直流电压挡（量程 50 V）进行校验。

② 将直流稳压器的输出电压 12 V 按正、负极接到晶体管延时电路相应的端口上。

③ 合上按钮开关 S，正常情况下小电珠 H 亮，电容器 C 放电，确保延时时间的正确性。

④ 打开按钮开关 S，在正常情况下，经过 T 时间后小电珠自动熄灭。

其中

$$T = RC\ln\left[\frac{1}{1 - \dfrac{U_E}{U_C}}\right]$$

（5）经指导老师检查评估后，关闭电源，实训结束后整理器材、做好实训室 5S 工作。

（6）小组实训总结，完成实训报告。

4．考核要求与标准

（1）正确选择使用实训设备器材、仪表及工具（15 分）；

（2）完成实训电路连线及调试，实训结果符合项目要求（25 分）；

（3）实训报告完整正确（40 分）；

（4）小组讨论交流、团队协作较好（10 分）；

（5）实训台及实训室 5S 整理规范（10 分）。

1. 由电阻、电容器组成的充放电电路,如习题 1 图所示。开关由 A 拨向 B 的瞬间,电路有哪些特征? 经过 5τ 后电路又有哪些特征? 当开关由 B 拨向 A 的瞬间,电路有哪些特征?

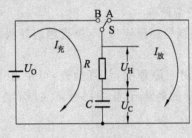

习题 1 图

2. 如图 1.6.1 所示电路,开关 S 原始状态闭合,这时输出端的电压为多少? 当开关 S 由闭合状态转为断开状态,需经多长时间? 输出端的电压发生什么变化?

3. 常用电工工具有哪几种,各有何用途?

4. 万用表有哪些用途? 在电气工程、电气检修时能起哪些作用?

5. 使用万用表时应该注意哪些问题?

项目二

工厂供配电与安全用电

> 电能是现代工业的主要动力,在各行各业中都得到了广泛的应用,现代社会已经无法离开电能。本项目主要学习工厂供配电的基本知识和安全用电知识。

➤ 知识目标

1. 了解电力系统的组成及负荷种类。
2. 了解企业供配电系统组成。
3. 熟悉变配电所主要设备、安全操作规程及安全用电知识。

➤ 技能目标

1. 掌握学院变配电所系统组成及工作原理。
2. 掌握电流对人体的影响,触电事故的规律以及触电种类。
3. 掌握触电急救的步骤。

任务 1
工厂供配电系统的认知

任务描述

本任务通过对学校供配电系统参观,要求学生了解工厂供配电系统的组成、原理及符号,掌握安全用电中电气设备接地、接零、漏电保护以及防雷原理。

讨论与交流:

我们家中,教室中用的电是怎么输送过来的? 中间通过哪些环节? 学校变电所系统的组成是什么? 怎么运行的? 打雷时,雷电会不会击中教室?

任务准备

一、电力系统概述

电能是由发电厂生产的。发电厂一般建在燃料、水力丰富的地方,而和电能用户的距离较远。为了降低输电线路的电能损耗和提高传输效率,由发电厂发出的电能要经过升压变压器升压后,再经输电线路传输,这就是所谓的高压输电。电能经高压输电线路送到距用户较近的降压变电所,经降压后分配给用户应用。这样就完成一个发电、变电、输电、配电和用电的全过程。我们把连接发电厂和用户之间的环节称为电力网。把发电厂、电力网和用户组成的统一整体称为电力系统,如图 2.1.1 所示。

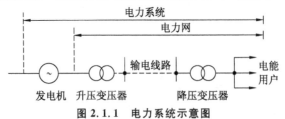

图 2.1.1　电力系统示意图

(一) 发电厂

发电厂是生产电能的工厂,它把非电形式的能量转换成电能,因而是电力系统的核心。根据所利用能源的不同,发电厂分为水力发电厂、火力发电厂、核能发电厂、风力发电厂、地热发电厂、太阳能发电厂等类型。

　　水力发电厂简称水电站,它是利用水流的位能来生产电能的。当控制水流的闸门打开时,强大的水流冲击水轮机,使水轮机转动,水轮机带动发电机旋转发电,其能量转换过程如下:水流位能→机械能→电能。

　　火力发电厂简称火电厂,它是利用燃料的化学能来生产电能的。常用的燃料是煤。在火电厂,煤被粉碎成煤粉,煤粉在锅炉的炉膛内充分燃烧,将锅炉内的水加热成高温高压的蒸气,蒸气推动汽轮机转动,汽轮机带动发电机旋转发电,其能量的转换过程如下:煤的化学能→热能→机械能→电能。

　　核能发电厂,通常称核电站,它是利用原子核的裂变能来生产电能的。其生产过程与火电厂基本相同,只是以核反应堆代替了燃煤锅炉,以少量的核燃料代替大量的煤炭,其能量转换过程如下:核裂变能→热能→机械能→电能。由于核能是巨大的能源,而且核电站的建设具有重要的经济和科研价值,所以世界上很多国家都很重视核电建设,核电在整个发电量中的比重正逐渐增长。

　　风力发电厂利用风力的动能来生产电能,它建在有丰富风力资源的地方。地热发电厂利用地球内部蕴藏的大量地热来生产电能,它建在有足够地热资源的地方。太阳能发电厂利用太阳光的热能来生产电能,一般建在常年日照时间长的地方。

(二) 电力网

　　电力网是连接发电厂和电能用户的中间环节,由变电所和各种不同电压等级的电力线路组成,如图 2.1.2 所示。它的任务是将发电厂生产的电能输送、变换和分配到用户。

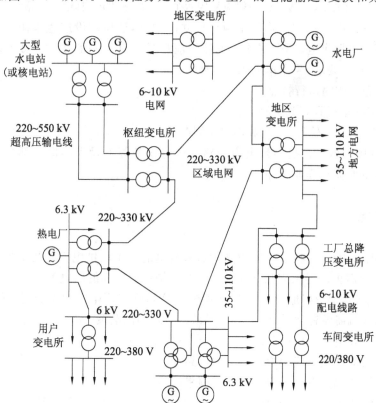

图 2.1.2　电力网系统组成

电力线路是输送电能的通道,是电力系统中实施电能远距离传输的环节,是将发电厂、变电所和电力用户联系起来的纽带。变电所是接受电能、变换电压和分配电能的场所,一般可分为升压变电所和降压变电所两大类。升压变电所可将低电压变换为高电压,一般建在发电厂;降压变电所是将高电压变换为一个合理、规范的低电压,一般建在靠近负荷中心的地方。

电力网按电压高低和供电范围大小分为区域电网和地方电网。区域电网的范围大,电压一般在 220 kV 以上;地方电网的范围小,最高电压不超过 110 kV。

电力网按其结构方式可分为开式电网和闭式电网。用户从单方向得到电能的电网称为开式电网;用户从两个及两个以上方向得到电能的电网称为闭式电网。

(三) 电力用户

电力用户是指电力系统中的用电负荷,电能的生产和传输最终是为了供用户使用。不同的用户对供电可靠性的要求不一样。根据用户对供电可靠性的要求及中断供电造成的危害或影响的程度,可把用电负荷分为三级。

(1) 一级负荷。一级负荷为中断供电将造成人身伤亡并在政治、经济上造成重大损失的用电负荷。

(2) 二级负荷。二级负荷为中断供电将造成主要设备损坏,大量产品被废,连续生产过程被打乱,需较长时间才能恢复,从而在政治、经济上造成较大损失的负荷。

(3) 三级负荷。不属于一级和二级负荷的一般负荷,即为三级负荷。

在上述三类负荷中,一级负荷一般应采用两个独立电源供电,其中一个系统为备用电源。

对特别重要的一级负荷,除采用两个独立电源外,还应增设应急电源。对于二极负荷,一般由两个回路供电,两个回路的电源线应尽量引自不同的变压器或两段母线。对于三级负荷无特殊要求,采用单电源供电即可。

(四) 电力系统的运行特点

电力系统的运行具有如下特点:

(1) 电能的生产、输送、分配和消费是同时进行的。

(2) 系统中发电机、变压器、电力线路和用电设备等的投入和撤除都是在瞬间完成的,所以系统的暂态过程非常短暂。

二、工厂供电

工厂是电力用户,它接受从电力系统送来的电能。工厂供电就是指工厂把接受的电能进行降压,然后再进行供应和分配。工厂供电是企业内部的供电系统。

工厂供电工作要很好地为工业生产服务,切实保证工厂生产和生活用电的需要,并做好节能工作,这就需要有合理的工厂供电系统。合理的供电系统需达到以下基本要求:

(1) 安全:在电能的供应分配和使用中,不应发生人身和设备事故。

(2) 可靠:应满足电能用户对供电的可靠性要求。

(3) 优质:应满足电能用户对电压和频率的质量要求。

(4) 经济:供电系统投资要少,运行费用要低,并尽可能地节约电能和材料。此外,在供电工作中,应合理地处理局部和全部、当前和长远的关系,既要照顾局部和当前利益,又要顾全大局,以适应发展要求。

(一) 工厂供电系统组成

工厂供电系统由高压及低压两种配电线路、变电所(包括配电所)和用电设备组成。一般大、中型工厂均设有总降压变电所,把 35～110 kV 电压降为 6～10 kV 电压,向车间变电所或高压电动机和其他高压用电设备供电,总降压变电所通常设有一两台降压变压器。

在一个生产车间内,根据生产规模、用电设备的布局和用电量的大小等情况,可设立一个或几个车间变电所(包括配电所),也可以几个相邻且用电量不大的车间共用一个车间变电所。车间变电所一般设置一两台变压器(最多不超过三台),其单台容量一般为 1 000 kVA 或 1 000 kVA 以下(最大不超过 1 800 kVA),以将 6～10 kV 电压降为 220 V/380 V 电压,对低压用电设备供电。一般大、中型工厂的供电系统如图 2.1.3 所示。

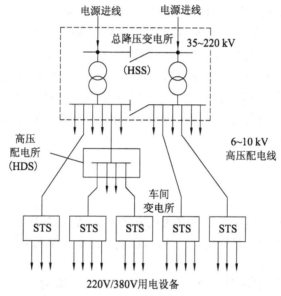

图 2.1.3　一般大、中型工厂的供电系统

小型工厂,所需容量一般为 1 000 kVA 或稍多,因此只需设一个降压变电所,由电力网以 6～10 kV 电压供电,其供电系统如图 2.1.4 所示。

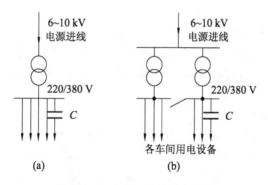

图 2.1.4　小型工厂的供电系统

变电所中的主要电气设备是降压变压器和受电、配电设备及装置。用来接受和分配电能的电气装置称为配电装置,其中包括开关设备、母线、保护电器、测量仪表及其他电

气设备等。对于 10 kV 及 10 kV 以下系统,为了安装和维护方便,总是将受电、配电设备及装置做成成套的开关柜。

工业企业高压配电线路主要作为厂区内输送、分配电能之用。高压配电线路应尽可能采用架空线路,因为架空线路建设投资少且便于检修维护。但在厂区内,由于对建筑物距离的要求和管线交叉、腐蚀性气体等因素的限制,不便于架设架空线路时,可以敷设地下电缆线路。

图 2.1.4a 所示小型工厂供电系统中装有一台变压器;图 2.1.4b 所示系统装有两台变压器。

工业企业低压配电线路主要作为向低压用电设备输送、分配电能之用。户外低压配电线路一般采用架空线路,因为架空线路与电缆相比有较多优点,如成本低、投资少、安装容易、维护和维修方便、易于发现和排除故障。电缆线路与架空线路相比,虽具有成本高、投资大、维修不便等缺点,但是它具有运行可靠、不易受外界影响、不需架设电杆、不占地面空间、不碍观瞻等优点,特别是在有腐蚀性气体和易燃、易爆场所,不宜采用架空线路时,只能敷设电缆线路。随着经济发展,在现代化工厂中电缆线路得到了越来越广泛的应用。在车间内部则应根据具体情况,选择明敷配电线路或暗敷配电线路。

在工厂内,照明线路与电力线路一般是分开的,可采用 220V/380V 三相四线制,尽量由一台变压器供电。

三、安全用电

在使用电能的过程中,如果不注意用电安全,可能造成人身触电伤亡事故或电气设备的损坏,甚至影响到电力系统的安全运行,造成大面积的停电事故,使国家财产遭受损失,给生产和生活造成很大的影响。

安全用电是指在保证人身及设备安全的条件下,应采取的科学措施和手段。通常从以下几个方面着手。

(一)建立健全各种操作规程和安全管理制度

(1)安全用电,节约用电,自觉遵守供电部门制定的有关安全用电规定,做到安全、经济、不出事故。

(2)禁止私拉电网,禁用"一线一地"接照明灯。

(3)屋内配线禁止使用裸导线或绝缘破损、老化的导线,对绝缘破损部分,要及时用绝缘胶皮缠好。发生电气故障或漏电起火事故时,要立即切断电源开关。在未切断电源以前,不要用水或酸、碱泡沫灭火器灭火。

(4)电线断线落地时,不要靠近,对于 6~10 kV 的高压线路,应离开落地点 10 m 远。更不能用手去捡电线,应派人看守,并赶快找电工停电修理。

(5)电气设备的金属外壳要接地;在未判明电气设备是否有电之前,应视为有电;移动和抢修电气设备时,均应停电进行;灯头、插座或其他家用电器破损后,应及时找电工更换,不能"带病"运行。

(6)用电要申请,安装、修理要找电工,停电要有可靠联系方法和警告标志。

为了防止人身触电事故,通常采用的技术防护措施有电气设备的接地和接零、安装低压触电保护器两种方式。

（二）保护接地和保护接零

接地、接零的全称分别是低压保护接地和低压保护接零，这是两种运行于低压电气设备外壳接地的保护形式。在低压供电电网中有中性线接地和中性线不接地两种供电系统。在中性点不直接接地的供电系统中，电气设备外壳接地后不与零线连接而仅与独立的接地装置连接，这种形式称为低压保护接地。在中性点直接接地的低压供电系统中，电气设备外壳接地后再与零线连接，这种形式称为低压保护接零。保护接零的作用也是为了保护人生安全。因为零线的阻抗很小，一旦相线与电气设备外壳相碰，就相当于该线短路，该相的熔断器或自动保护装置动作，从而切断电源起到保护作用。

1. 保护接地

电气设备在使用中，若设备绝缘损坏或击穿而造成外壳带电，人体触及外壳时就有触电的可能。为此，电气设备必须与大地进行可靠的连接，即接地保护，使人体免受触电的危害。所谓接地，就是电气设备和相关装置的某一点与大地进行可靠的电气连接，如变压器、电动机、机电设备等的金属体与大地（或中性点）连接。接地的作用主要是为了保护电气设备和人生的安全。接地可分为工作接地和保护接地等。所谓保护接地是指在电力工程中，为了防止电气设备及装置的金属外壳因发生意外带电而危及人身和设备安全的接地。所谓工作接地是指在电力系统中，因设备运行的需要而进行接地。例如，配电变压器的低压侧中性点的接地，发电机输出端的中性点接地等都属于工作接地。

接地装置由接地体和接地线组成，埋入地下直接与大地接触的金属导体称为接地体，连接接地体和电气设备接地螺栓的金属导体称为接地线。接地体的对地电阻和接地线电阻的总和称为接地装置的接地电阻。

在中性点不接地系统中，设备外壳不接地且意外带电，外壳与大地间存在电压，若人体触及外壳，将有电容电流流过人体，如图 2.1.5a 所示，从而造成触电危害。如果将外壳接地，人体与接地体相当于电阻并联，流过每一通路的电流值将与其电阻的大小成反比。人体电阻比接地体电阻大得多，人体电阻通常为 $600 \sim 1\ 000\ \Omega$，接地电阻通常小于 $4\ \Omega$，因此流过人体的电流就很小，这样就完全能保证人体的安全，如图 2.1.5b 所示。

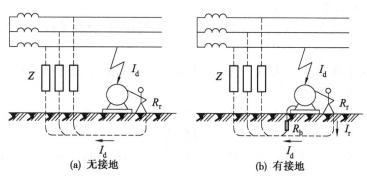

图 2.1.5　保护接地原理图

保护接地的安装要求如下：

（1）接地电阻不得大于 4 V。

（2）保护接地的主线截面不小于相线截面的 1/2，单独用电设备应不小于 1/3。

(3) 接电源的插头要采用带保护接地插脚的专用插头。

(4) 统一供电系统中不能同时采用保护接地和保护接零两种形式。

(5) 保护接地或保护接零装置在系统中要有保护措施,不能受到机械损伤。

在低压电网中接地的方式有 5 种,它们的代号分别是 TN-S,TN-C-S,TT-C,TT 和 IT。TN 系统为中性点直接接地;TT 系统为三相四线制配电网中中性点直接接地且将电器设备的金属外表接地。

图 2.1.6 所示是接地方式的系统图。

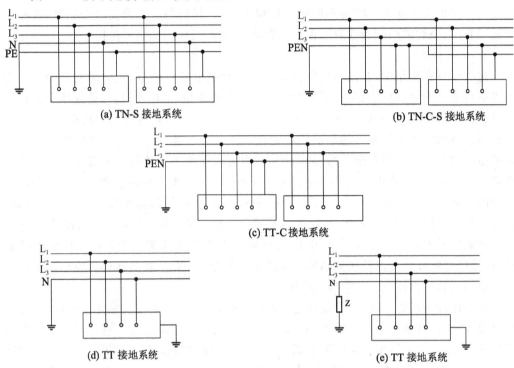

(a) TN-S 接地系统

(b) TN-C-S 接地系统

(c) TT-C 接地系统

(d) TT 接地系统

(e) TT 接地系统

图 2.1.6　低压电网接地类型

这 5 种类型的含义如下:

(1) TN-S 接地系统:零线与接地线有直接电气连接,但是零线与保护接地线分开敷设。

(2) TT-C-S 接地系统:零线与接地线有直接电气连接,但是零线与保护接地线既可共用一条线,又可分开敷设。

(3) TT-C 接地系统:零线与接地线有直接电气连接,但是低压系统中的设备装置与任何接地无关,零线与保护接地线为一条线敷设。

(4) TT 接地系统:零线与接地线有直接电气连接,但是低压系统中的设备装置与大地有直接连接。

(5) IT 接地系统:电网系统中所有带电部分与大地绝缘,设备装置与大地有直接连接。

以上 5 种接地系统的类型,可用几个字母来表示,各字母的含义如下:

第一个字母表示低压系统对地的关系,T 表示直接接地,I 表示所有带电部分与大地绝缘;第二个字母表示装置设备的可导电部分对地关系,T 表示与大地有直接的电气连接而与低压系统的任何接地无关,N 表示与低压系统的接地点有直接的电气连接;第二个字母后面的字母表示零线与保护接地线的组合情况,S 表示分开,C 表示公用的,C—S 表示有一部分是公用的。

保护接地适用于中性点不接地的低压电网。在不接地电网中,由于单相对地电流较小,利用保护接地可使人体避免发生触电事故。但在中性点接地电网中,由于单相对地电流较大,保护接地就不能完全避免人体触电的危险,而要采用保护接零。

2. 保护接零

保护接零是指在电源中性点接地的系统中,将设备需要接地的外露部分与电源中性线直接连接,相当于设备外露部分与大地进行了电气连接。

当设备正常工作时,外露部分不带电,人体触及外壳相当于触及零线,无危险,如图 2.1.7 所示。采用保护接零时,应注意不宜将保护接地和保护接零混用,而且中性点工作接地必须可靠。在电源中心线做了工作接地的系统中,为确保保护接零的可靠,还需相隔一定距离将中性线或接地线重新接地,称为重复接地。

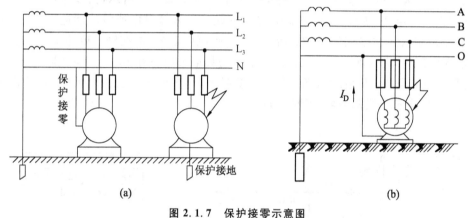

图 2.1.7　保护接零示意图

从图 2.1.8a 可以看出,一旦中性线断线,设备外露部分带电,人体触及就会有触电的可能。而在重复接地的系统中,如图 2.1.8b 所示,即使出现中心线断线的情况,外露部分因重复接地而使其对地电压大大降低,对人体的危害也大大降低。不过应尽量避免中性线或接地线出现断线的现象。

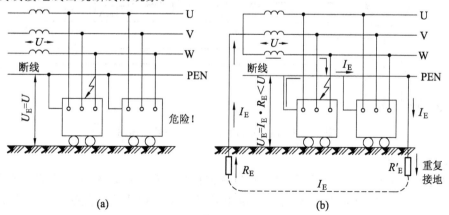

图 2.1.8　重复接地作用

保护接零的安装要求如下：① 保护接零供电系统中，零线不能安装熔断器，以免在短路电流作用下造成零线断路，破坏供电线路。② 供电线路中的零线应与相线的截面积相等。③ 供电线路中如采用漏电保护器，当保护器动作时，要同时将相线和零线切断。④ 保护接零供电系统中，零线必须按规定采用黄绿相间的多股线芯的导线。

 思考：在电气保护过程中，保护接地与保护接零能不能同时都接上？

（三）漏电保护和防雷保护

1. 漏电保护

漏电保护是近年来推广使用的一种新的防止触电的保护装置。在电气设备中发生漏电或接地故障而人体尚未触及时，漏电保护装置已切断电源；或者在人体已触及带电体时，漏电保护器能在非常短的时间内切断电源，减轻对人体的危害。漏电保护器的种类很多，这里介绍目前应用较多的晶体管放大式漏电保护器。

晶体管放大式漏电保护器的组成及工作原理如图 2.1.9 所示，由零序电流互感器、输入电路、放大电路、执行电路、整流电源等构成。当人体触电或线路漏电时，零序电流互感器原边中有零序电流流过，在其副边产生感应电动势，加在输入电路上，放大管 V_1 得到输入电压后，进入动态放大工作区，V_1 管的集电极电流在 R_6 上产生压降，使执行管 V_2 的基极电流下降，V_2 管输入端正偏，V_2 管导通，继电器 KA 流过电流启动，其常闭触头断开，接触器 KM 线圈失电，切断电源。

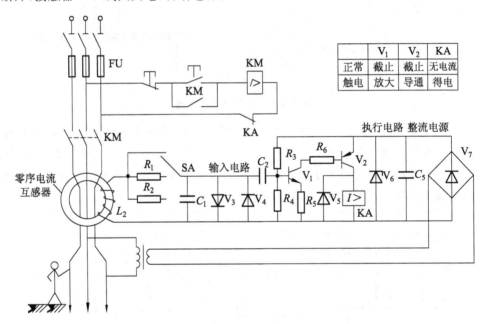

	V_1	V_2	KA
正常	截止	截止	无电流
触电	放大	导通	得电

图 2.1.9　晶体管放大式漏电保护器原理图

2. 防雷保护

现代防雷保护包括外部防雷保护（建筑物或设施的直击雷防护）和内部防雷保护（雷电电磁脉冲的防护）两部分：外部防雷系统主要是为了保护建筑物免受直接雷击引起火灾事故及人身安全事故，而内部防雷系统则是防止雷电波侵入、雷击感应过电压以及系统操作过电压侵入设备造成的毁坏,这是外部防雷系统无法保证的。

　　防雷是一个很复杂的问题,不可能依靠一两种先进的防雷设备和防雷措施就完全消除雷击过电压和感应过电压的影响,必须针对雷害入侵途径,对各类可能产生雷击的因素进行排除,采用接闪、均压、屏蔽、接地、分流(保护)等综合防治,才能将雷害减少到最低限度。

　　(1)接闪。接闪装置就是人们常说的避雷针、避雷带、避雷线或避雷网。接闪就是让在一定程度范围内出现的闪电不能任意地选择放电通道,而只能按照人们事先设计的防雷系统规定的通道将雷电能量释放到大地中去。

　　(2)均压。接闪装置在接闪雷电时,引下线立即产生高电位,会对防雷系统周围的尚处于地电位的导体产生旁侧闪络,并使其电位升高,进而对人员和设备造成危害。为了减少这种闪络危险,最简单的办法是采用均压环,将处于低电位的导体等电位连接起来,一直到接地装置。室内的金属设施、电气装置和电子设备,如果其与防雷系统的导体,特别是接闪装置的距离达不到规定的安全要求时,则应该用较粗的导线把它们与防雷系统进行等电位连接。这样在闪电电流通过时,室内的所有设施立即形成一个"等电位岛",保证导电部件之间不产生有害的电位差,不发生旁侧闪络放电。完善的等电位连接还可以防止闪电电流入地造成地电位升高所产生的反击。

　　为了彻底消除雷电引起的毁坏性电位差,就特别需要实行等电位连接,电源线、信号线、金属管道等都要通过过压保护器进行等电位连接,各个内层保护区的界面处同样要依次进行局部等电位连接,并最后与等电位连接母排相连。

　　(3)屏蔽。屏蔽就是利用金属网、箔、壳或管子等导体把需要保护的对象包围起来,使雷电电磁脉冲波入侵的通道全部截断。所有的屏蔽套、壳等均需要接地。

　　屏蔽是防止雷电电磁脉冲辐射对电子设备影响的最有效方法。

　　(4)接地。接地就是让已经进入防雷系统的闪电电流顺利地流入大地,而不让雷电能量集中在防雷系统的某处而对被保护物体产生破坏作用。良好的接地可有效地释放雷电能量,降低引下线上的电压,避免发生反击。

　　(5)分流(保护)。这是现代防雷技术迅猛发展的重点,是保护各种电子设备或电气系统的关键措施。

　　所谓分流就是在一切从室外来的导体(包括电力电源线、数据线、电话线或天线等信号线)与防雷接地装置或接地线之间并联一种适当的避雷器 SPD,当直击雷或雷击效应在线路上产生的过电压波沿这些导线进入室内或设备时,避雷器的电阻突然降到低值,近于短路状态,雷电电流就由此处分流入地。雷电流在分流之后,仍会有少部分沿导线进入设备,这对于一些不耐高压的微电子设备来说是很危险的,所以这类设备在导线进入机壳前应进行多级分流(不少于三级防雷保护)。

　　现在避雷器的研究与发展已超出了分流的范围。有些避雷器可直接串联在信号线或天线的馈线上,它们能让有用信号顺畅通过,而对雷电过压波进行阻隔。

　　采用分流这一防雷措施时,应特别注意避雷器性能参数的选择,因为附加设施的安装或多或少会影响系统的性能。例如信号避雷器的接入应不影响系统的传输速率;天馈避雷器在通带内的损耗要尽量小;若使用在定向设备上,不能导致定位误差。

　　(6)躲避。在建筑物基建选址时,就应该躲开多雷区或易遭雷击的地点,以免日后增大防雷工程的开支和费用。

当雷电发生时,应关闭设备,拔掉电源插头。

四、节约用电

1. 更新用电设备,选用节能型新产品

目前,我国工矿企业中有很多设备(如变压器、电动机、风机、水泵等)的效率低,耗电多,对这些设备进行更新,换上节能型机电产品,对于提高生产和降低产品的电力消耗有很重要的意义。

电动机是工厂用得最多的设备。电动机的容量应合理选择,避免用大功率电动机去拖动小功率设备(俗称大马拉小车)的不合理用电情况,从而使电动机工作在高效率的范围内。当电动机的负载经常低于额定负载的40%时,要合理更换,以避免电动机经常处于轻载状态运行,或把正常运行时规定作△接法的电动机改为Y接法,以提高电动机的效率和功率因素。对工作过程中经常出现空载状态的电气设备(如拖动机床的电动机、电焊机等),可安装空载自动断电装置,以避免空载损耗,并提高电动机的运行水平,节约用电。

工矿企业在合理使用变压器、电动机等设备的基础上,还可装设无功补偿设备,以提高功率因数。企业内部的无功补偿设备应装在负载侧,例如在负载侧装设电容器、同步补偿器等,可减小电网中的无功电流,从而降低线路损耗。

两部制电价就是把电价分成两个部分,其一是基本电价,其二是电度电费。基本电价根据用户的变压器容量或最大需用量来计算,是固定的费用,与用户每月实际取用的电度数无关。电度电费则是按用户每月实际取用的电度数来计算,是变动的费用。这两部分电费的总和即为用户全月应付的全部电费,实行两部制电价可以督促用户提高负荷率和设备利用率。如果用户的负荷率较低,而变压器的容量又过大,则用户支付的基本电费就较高,反之就较低。在用户按不同类别计算出当月全部电费时,按照电力部门的规定,若功率因数高,则可减免部分电费,反之则增收部分电费。由此可见,提高功率因数非常重要。

2. 推广和应用新技术,降低产品电耗定额

例如,采用远红外加热技术可使被加热物体所吸收的能量大大增加,物体升温快,加热效率高,节电效果好。配合使用火纤维材料,节电效果更佳。在工矿企业中有许多设备需要使用直流电源,如同步电机的励磁电源,化工、冶金行业中的电解、电镀电源,市政交通电车的直流电源等。以前这些直流电源大多是采用汞弧整流器或交流电动机拖动直流发电机发电,整流效率较低,若改用硅整流器或晶闸管整流装置,则效率可大为提高,节电效果甚为显著。此外,采用节能型照明灯在大电流的交流接触上安装节电消声器(即直流无声运行),加强用电管理和做好节约用电的宣传工作等,也都是节约用电的重要措施。

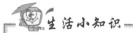

怎样安全用电

第一,要考虑电能表和低压线路的承受能力。电能表所能承受的电功率近似等于电压乘电流的值,如民用电的电压是 220 V,如家中安装 2.5 A 的电能表,所能承受的功率便是 550 W,那 600 W 的电饭煲则不能使用。如此推算,5 A 的电能表所能承受的电功率是 1 100 W。

第二,要考虑一个插座允许插接几件电器。如果所有电器的最大功率之和不超过插座的功率,一般是不会出问题的。用三对以上插孔的插座,而且要同时使用大功率电器时,应先算一算这些电器功率的总和。如果超过了插座的限定功率,插座就会因电流太大而发热烧坏,这时应减少同时使用的电器数量,使功率总和保持在插座允许的范围之内。

第三,安装的刀闸必须使用相应标准的保险丝(普遍用空气开关,保险丝基本已淘汰)。不得用其他金属丝替代,否则容易造成火灾,毁坏电器。如因用电器着火引起火灾,必须先切断电源,然后再进行救火,以免触电伤人。

1. 实训目的
(1) 了解电力系统组成及负荷种类。
(2) 了解企业供配电系统组成。
(3) 熟悉变配电所主要设备、安全操作规程及安全用电知识。
2. 实训说明
实地参观学院变(配)电所(站)如图 2.1.10 所示。

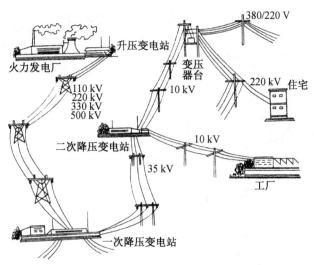

图 2.1.10 学院变(配)电所(站)电网

要求:

(1) 了解学院变电所供配电系统组成及工作原理;

(2) 熟悉变电所主要设备的结构原理、技术参数以及设备安全操作规程。

3. 实训步骤及要求

(1) 分组进入学校变电所参观,仔细观察,完成以下任务:

① 了解记录"变电所供配电系统图(主要部分)",分析系统组成及工作原理,如图2.1.11 所示。

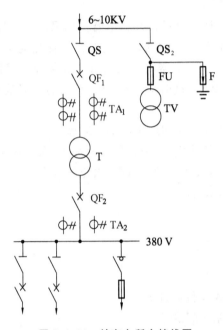

图 2.1.11 某变电所主接线图

② 记录"主变压器额定技术参数",了解各类电力开关及测量仪表等设备的电气名称、图形符号及功能特点并列于表 2.1.1。

表 2.1.1 电气设备名称、图形、符号及功能特点

电气元件/装置	电气设备	功能特点
	名称: 符号: 电气图形:	
	名称: 符号: 电气图形:	

电气元件/装置	电气设备	功能特点
	名称： 符号： 电气图形：	
	名称： 符号： 电气图形：	

③ 了解低压配电柜结构原理及安全操作规程。

（2）分组讨论，完成下列思考题：

① 电力系统由哪五部分组成？

② 通常，变配电所供配电系统包括"一次设备和二次设备"，应该如何分析判别？

③ 电力线路的合闸（送电）和分闸（断电）的正确操作规则是什么？

④ 日常生活或工作中，防止人体触电一般采取哪些保护措施？

⑤ 假如生活或工作中发生电气火灾或者人员触电事故，该如何去处理？

（3）项目总结、完成实训报告。

4. 考核要求与标准

（1）正确地识别供配电系统图及相应元件装置（30分）；

（2）熟悉主要设备的操作规程和安全用电知识（25分）；

（3）遵守纪律，配合老师指导，不影响变配电所的正常运行（10分）；

（4）分组交流讨论、协作较好（15分）；

（5）完成实训报告（20分）。

任务 2
触电急救

任务描述

本任务通过对触电急救的介绍,要求学生能够掌握触电相关知识、电流对人体的作用以及触电后的急救措施。

讨论与交流:
什么是安全用电? 当人体触电后,应该怎么办?

任务准备

一、触电的危害、电气参数及触电伤害种类

(一)触电的危害

触电时人体通过电流,电流会对人体产生一定的生物效应,影响人体的生理功能。例如,产生热效应,热量大时可使人体温度升高,损伤人体组织;产生化学反应可使人体蛋白质代谢、细胞通透性变高,明显影响人体功能和反应性,严重时可损伤人体组织,危及生命。电流会刺激人体组织和器官,产生麻痹、针刺、颤抖、痉挛、打击、疼痛等感觉,使相应部位的内组织和功能发生改变,机体代谢发生变化。有时触电产生的电弧会使手、脸的皮肤灼伤等,而且人体在电流作用下,防卫能力迅速降低。

如果触电时间长将造成人体主要器官严重受损坏死,或因心室纤维性颤动或窒息而造成死亡。

(二)人体的电气参数

通过人体的电流会遇到阻力,这个阻力就是人体阻抗。人体阻抗主要由体内电阻和皮肤电阻组成。

人体体内电阻由人体内部组织、血液、骨骼等组成。由于人体内部组织、血液等含水量高,所以人体内部组织电性能良好,其体内电阻值约为 500 Ω。

人体皮肤电阻由表皮、真皮和皮下层组成。最外层表皮又由角质层、粒层和生长层组成,角质层一般有 0.05~0.2 mm 厚,其电气绝缘强度在干燥时很高,电阻率约为 0.15~10 MΩ·cm,电阻高达 10^4~10^5 Ω。当角质层渗入水分或不完整时电阻值将会降低。真皮层和真皮下层有汗腺、汗管、毛囊、血管和神经等,其电阻率较低、电阻值较小。

皮肤电阻随着条件和情况的不同在很大范围内变化。在不同的接触电压和人体皮肤状况条件下的人体电阻可见表 2.2.1。

表 2.2.1　不同条件下的人体电阻　　　　　　　　　　　　　　　　　Ω

接触电压/V	人体电阻			
	皮肤干燥①	皮肤潮湿②	皮肤湿润③	皮肤浸入水中④
10	7 000	3 500	1 200	600
25	5 000	2 500	1 000	500
50	4 000	2 000	875	440
100	3 000	1 500	770	375
250	1 500	1 000	650	325

注:① 干燥场所的皮肤,电流途径为单手至双足。

　② 潮湿场所的皮肤,电流途径为单手至双足。

　③ 有水蒸气等特别潮湿场所的皮肤,电流途径为双手至双足。

　④ 游泳池或浴池中的情况,基本上为体内电阻。

影响人体电阻的因素很多,除角质层和皮肤的厚薄不同外,人体电阻值还受下列情况的影响:

(1) 皮肤清洁时电阻值较大,有污垢、带有导电性粉尘时电阻值较小。

(2) 皮肤干燥时电阻值较大,潮湿、有汗水时电阻值较小。

(3) 表皮皮肤完整时电阻值较大,有损伤、破坏时电阻值较小。

(4) 电极与皮肤的接触面积大和接触紧密时电阻值小,反之电阻值大。

(5) 通过人体的电流大、时间长、皮肤发热出汗时电阻值下降。

(6) 接触的电压高时会电解和击穿皮肤,人体电阻值会大大下降。通常 10~30 V 的接触电压就能击穿皮肤。

人体电阻和接触电压的关系如图 2.2.1 所示。图中曲线 a 是人体电阻的上限,曲线 b 是人体电阻的平均值,曲线 c 是人体电阻的下限。a 和 b 之间相应于干燥的皮肤,b 和 c 之间相应于潮湿的皮肤。

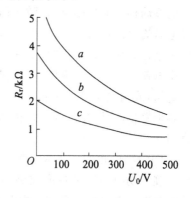

图 2.2.1　人体电阻和接触电压的关系

(三) 触电伤害的种类

电流对人体组织的作用是复杂的,按触电造成的后果不同,触电伤害大致可分为电击和电伤两种。

1. 电击

电击是电流对人体内部器官的一种伤害,属内伤。电击时人体和带电体直接接触,由于电流通过人的机体,肌肉有抽筋现象,肢体会痉挛,使人摔向一侧。这时,电流作用已使管理心脏和呼吸功能的神经中枢受到伤害,如果尚未脱离电源,心脏和呼吸器官的正常工作机能会继续遭到破坏,易造成死亡;如果人体能迅速脱离电源,可能不致引起严重的后果。对在某些情况下已出现假死等现象的伤员,可以及时、正确地施行现场心肺复苏急救,且实践证明多数人是可以挽回生命的。触电死亡事故大多是电击所造成的,因此电击是最危险的触电伤害。

按照发生电击时电气设备的状态,电击可分为直接接触电击和间接接触电击。

(1)直接接触电击是指触及或过分接近带电运行中的设备和线路等带电体而发生的电击(电工作业时走错到带电的间隔或电柜等)。

(2)间接接触电击是指触及正常状态下不带电,设备或线路故障时意外带电而发生的电击(如触及漏电设备的外壳等)。

根据现场经验,电击伤害最易发生在 35 kV 及以下的高压电气设备和低压电气设备上,但加在人体的电压不太高;在轻度电击时,由于电流大部或全部从人体体内通过,故触电者体表不易找到明显的伤害,只有在与大地接触的人体部位留下米粒大或黄豆大的击穿痕迹。但电流流经人体的时间较长时,电击伤害程度加重。

2.电伤

电伤是电流的热效应、化学效应或机械效应对人体表面造成的局部伤害,包括电灼(烧)伤、电烙印和皮肤金属化等。

(1)电灼(烧)伤:电灼(烧)伤是电流热效应和机械效应对人体外部造成的局部伤害,又分为电弧灼伤和非电弧灼伤。电灼(烧)伤是触电事故中出现较多的一种形式。

电弧灼伤有两种:一种是电流经过人体的电弧灼伤,称直接电弧灼伤。当人体某部位接近高压设备一定距离的瞬间,带电体对人体弧光放电,此时有较大的电流经过人体。由于人的本能作用和电弧放电时间较短且伴有高频振荡,通常情况不致引起电击,但严重的电弧灼伤也能伴随电击,致人伤残或致命;另一种是电流不经过人体的电弧伤害,称间接电弧灼(烧)伤,由于放电时电弧温度高达 30 000℃ 以上,常会造成比较严重的乃至大面积电弧烧伤,如电路中带负荷拉隔离开关时就会引起这类事故。

非电弧灼伤是由于电弧的辐射热作用所造成的对人眼睛的伤害,或因衣物等燃烧引起的烧伤,或因电流熔化局部导电体所产生的熔化金属粉末飞溅引起的灼伤。

必须警惕的是,化纤等非棉织品着装在电弧高温辐射热作用下极易造成人体表面皮肤烧伤。

(2)电烙印:电烙印是人体触电后,由于电流的化学效应或机械效应在皮肤上形成的灼伤痕迹。伤痕一般呈圆形或椭圆形,有白色或灰色的边缘,一般不会使人感到疼痛。严重时会造成触电部位局部肌肉僵死,而不得不进行截除手术。

(3)皮肤金属化:皮肤金属化是由于电流的机械效应或化学作用,将熔化产生的炽热金属微粒渗入皮肤层所引起的。大多数情况皮肤金属化是局部性的,不会造成其他严重后果,它是电伤中较轻的一种伤害。

人体触及带电体的情况是多种多样的,有时电击和电伤两种触电伤害会同时发生。此外,电伤可能会造成伤员丧失知觉,失去平衡,致使其由高处坠落伤亡。

二、电流对人体作用因素

通过试验研究和对触电事故的分析可知,当电流流经人体内部组织时,影响触电伤害的程度与通过人体的电流大小、持续时间、电流途径、电流的频率和种类以及人体状况和电压高低等多种因素有关,而且各因素之间有着密切关系。

（一）电流大小

通过人体的电流越大,人体的生理反应越明显,感觉越强烈,引起心室颤动或窒息所需的时间越短,致命的危险性就越大。

根据通过人体电流大小的不同,可将电流划分为三级。

(1) 感知电流:是指人体开始通电产生感觉的最小电流。资料表明,人体的感知电流随着每个人的通电感觉的差异、人体电流流入部位的不同而有所不同。50～60 Hz 的交流电,成年男性平均感知电流约为 1.1 mA,成年女性感知电流约为 0.7 mA;直流电时,男性感知电流约为 5.2 mA,女性感知电流约为 3.5 mA。

(2) 摆脱电流:是指人触电后能自主摆脱触电电源(带电体)的最大电流。摆脱电流是一个重要的安全指标,在其范围内触电者具有自主行为的摆脱能力,可自行脱离触电电源。资料表明,不同人的摆脱电流也不相同。50～60 Hz 交流电时,成年男性平均摆脱电流约为 16 mA,成年女性约为 10.5 mA;直流电时,成年男性平均摆脱电流约为 76 mA,女性约为 51 mA。按 0.5% 的危险度概率考虑,50～60 Hz 交流电时成年男性最小摆脱电流约为 9 mA,成年女性约为 6 mA,见表 2.2.2。

表 2.2.3 是工频电流经手—躯干—手的途径,对成年男性的试验结果。需要指出的是安全是相对的,因为它是以行为和本能来判断的,被试验(保护)对象限于具有摆脱能力的触电者。1984 年国际电工委员会在 IEC479-1 中规定采用与持续时间无关的、常用的 15～100 Hz 的交流电感知电流为 0.5 mA,直流感知电流为 2 mA,交流摆脱电流值为 10 mA。我国国标中也将交流摆脱电流值定为 10 mA,矿井等类的作业规定为 6 mA。

表 2.2.2 感知电流和摆脱电流   mA

| | 平均感知电流 | | 平均摆脱电流 | | 最小摆脱电流 |
	工频交流	直流	工频交流	直流	工频交流（按0.5%危险度概率）
男	1.1	5.2	16(15)	76	9
女	0.7	3.5	10.5	51	6
儿童					4.5

表 2.2.3 工频电流对人体作用的实验数据   mA

| 感觉情况 | 被试者百分数 | | |
	5%	50%	95%
手表面有感觉	0.7	1.2	1.7
手表面有麻痹似的连续针刺感	1.0	2.0	3.0
手关节有连续针刺感	1.5	2.5	3.5
手有轻度颤动,关节有受压迫感	2.0	3.2	4.4
前肢部有强力压迫的轻度痉挛	2.5	4.0	5.5
上肢部有轻度痉挛	3.2	5.2	7.2
手硬直、有痉挛,但能伸开,已感觉有轻度疼痛	4.2	6.2	8.2
上肢部、手有剧烈痉挛,失去感觉,手的前表面有连续针刺感	4.3	6.6	8.9
手的肌肉直到肩部全部痉挛,但还可能摆脱带电体	7.0	11.0	15.0

(3) 致命电流:是指在较短时间内危及生命的最小电流。当人体发生触电,电流流过心脏,不仅使心脏不能正常搏动,还将引起心室纤维颤动、血液循环中止而导致死亡,这个使心室颤动的电流称为致命电流。心室颤动电流的大小与电流流过人体的途径、心室通电时间有关。

(二) 触电时间

电流对人体所造成的生理效应与触电时间长短有密切的关系。触电时间越长,流过心脏的电流越大,越容易引起心室颤动,伤害的危险性也就越大。

(1) 触电时间越长,能量积累增加,心室颤动电流减小。当触电时间在 0.01~5 s 范围内时,心室颤动电流和触电时间的关系为

$$I = \frac{116}{\sqrt{t}}$$

式中:I 为相当于体重 50 kg 的人的心室颤动电流,mA;t 为触电时间,s。

心室颤动电流与时间的关系为:当 $t \geqslant 1$ s 时,$I = 50$ mA;当 $t < 1$ s 时,$I = 50/t$ mA。

(2) 触电持续时间的长短与通过人体电流的大小对人体所产生的生理效应是不同的。图 2.2.2 给出了当 15~100 Hz 交流电流流过人体四肢(手到手或手到脚)时,4 种电流-时间区间对人体所产生的不同生理效应(IEC479-1)。

① 图 2.2.2 中的电流为从左手流经双脚时产生的人体生理效应。

② 图 2.2.2 中,(500 mA,100 ms)这一点与约 0.14% 的室颤可能发生率相对应。在第 1 区间,通常无生理效应反应,与人体通过电流的时间无关;在第 2 区间,通常无有害的生理效应反应;在第 3 区间,通常认为不会有器质性的损伤,但随着强度和持续时间的增加,很可能发生肌肉收缩、呼吸短促且困难、心脏组织和搏动传导的可逆性失调,甚至出现心室颤动和短暂心脏停搏;在第 4 区间,除了有第 3 区间的效应外,曲线 c_2 出现室颤的概率可达 5%,曲线 c_3 出现的概率增至 50%,曲线 c_3 以上出现概率会高于 50%。随着电流强度和持续时间的增加,可能发生心脏停搏、呼吸停止和严重灼伤。

(3) 通电时间与心室颤动电流有关,其关系如图 2.2.3 所示。当通电时间超过心脏搏动周期时,心室颤动电流仅数十毫安(一般认为是 50 mA 以上);当通电时间不足心脏搏动周期但超过 10 ms,并发生在心脏搏动的特定时刻时,心室颤动电流在数百毫安以上。

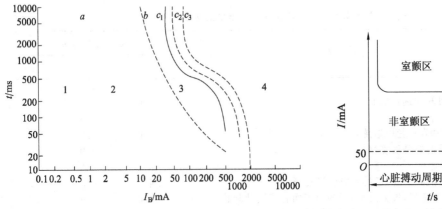

图 2.2.2 15~100 Hz 交流电对人体效应的时间-电流区间   图 2.2.3 心室颤动电流与通电时间的关系

心脏每一搏动周期中,只有心脏收缩与舒张之间大约 $0.1\sim0.2$ s 的易激期对电流最敏感。触电时间一长,重合这段危险时间的可能性越大,危险性就越大。

(4)触电时间越长,人体电阻因出汗等原因降低,导致流过人体电流进一步增大,触电危险性也增加。

根据试验和综合分析资料得出的工频电流大小与触电持续时间长短对人体的生理反应,可详见表 2.2.4。其中,O 范围内,人体没有感觉;A_1,A_2,A_3 范围内,在一般情况下尚不致引起心室颤动而产生严重的后果,但持续通电时间过长时仍会引发心室颤动;B_1,B_2 范围内,易产生严重后果。

表 2.2.4　工频电流对人体的作用

电流范围	电流/mA	触电时间	人的生理反应
O	0~0.5	连续通电	没有感觉
A_1	0.5~5	连续通电	开始有感觉,手指、手腕等处有痛感,无痉挛,可以摆脱带电体
A_2	5~30	数分钟以内	痉挛,不能摆脱带电体,呼吸困难,血压升高,是可以忍受的极限
A_3	30~50	数秒到数分钟	心脏跳动不规则、昏迷、血压升高,强烈痉挛,时间过长即引起心室颤动
B_1	50 至数百	低于心脏搏动周期	受强烈冲击,但未发生心室颤动
		超过心脏搏动周期	昏迷、心室颤动,接触部位有电流通过的痕迹
B_2	超过数百毫安	低于心脏搏动周期	在心脏搏动周期特定的相位触电时,发生心室颤动、昏迷,接触部位留有电流通过的痕迹
		超过心脏搏动周期	心脏停止跳动、昏迷,产生可能致命的电灼伤

(三)电流途径

心脏是人体最为薄弱的器官,流经心脏的电流是促使心室纤维性颤动的罪魁祸首。试验证明,电流流过人体的途径不同时,流过心室颤动电流大小也不同,由此造成的电击危险性也不相同。不同电流途径对人体心脏电流的影响,可用心脏电流系数表示。心脏电流系数就是从左手到双脚的心室颤动电流阈值与任一电流途径的心室颤动阈值的比值,即

$$F=\frac{I_{\mathrm{ref}}}{I_{\mathrm{h}}}$$

式中:F 为心脏电流系数;I_{ref} 为经左手到双脚的心室颤动电流阈值,mA;I_{h} 为任一电流途径的心室颤动电流阈值,mA。

心室颤动电流 I 的值是指引起心室性纤维颤动的最低电流值。在人体触电时,不同电流途径下的心脏电流系数见表 2.2.5。

从表 2.2.5 中可看出,胸至左手是最危险的电流途径,其次是胸至右手。对四肢来说左手至左脚、右脚或双脚和双手至双脚也是最危险的电流途径,其次是右手至左脚、右脚或双脚。左手至右手的心脏电流系数较小,即心脏分流的电流较小,脚至脚的电流途径偏离心脏较远,从心脏流过的电流更小,但不能忽视因痉挛而引发摔倒,导致电流通过人体主要部位造成的伤害。

表 2.2.5　不同电流途径下的心脏电流系数 F

电流途径	心脏电流系数 F
左手至左脚、右脚或双脚;双手至双脚	1.0
左手至右手	0.4
右手至左脚、右脚或双脚	0.8
背至右手	0.3
背至左手	0.7
胸部至右手	1.3
胸部至左手	1.5
臂部至左手、右手或双手	0.7

　　人体在电流的作用下,没有绝对安全的途径。电流通过心脏会引起心室颤动乃至心脏停止跳动而导致死亡;电流通过中枢神经及有关部位,会引起中枢神经强烈失调而导致死亡;电流通过头部,会严重损伤大脑,亦可能使人昏迷不醒而导致死亡;电流通过脊髓会使人截瘫;电流通过人的局部肢体亦可能引起中枢神经强烈反射而导致严重后果。

　　正常人的心脏跳动是有节律周期地进行舒张和收缩,当人体触电时,电流流过心电相位的心缩期和心舒期所产生的室颤电流阈值和危险性也有所不同。试验证明,电击心缩期的室颤电流阈值要比电击心舒期的室颤电流阈值小,也就是说电击心缩期的危险性要比电击心舒期的危险性大。当电流作用时间超过人的心脏搏动周期时,由于电流与心电相位的心缩期重合,极易产生心室颤动,因此心电相位在指定时间条件下对心室颤动电流阈值起着主要作用。

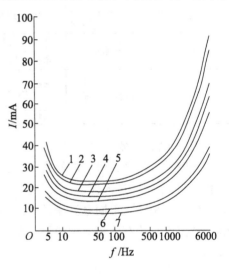

图 2.2.4　摆脱电流与频率的关系

(四) 电流种类

　　直流电流、高频电流对人体都有伤害作用,其伤害程度一般较工频电流为轻。电流频率不同,对人体的伤害程度也不同。25～300 Hz 的交流电流对人体伤害最严重。1 000 Hz 以上电流,对人体的伤害程度明显减轻,但高频高压电也有电击致命的危险。成年男性摆脱电流与频率的关系如图 2.2.4 所示。

(五) 人体状况

　　试验和分析表明电击危险性与人的性别、人体状况有关。从表 2.2.2 中可以看出,女性对于电流较男性敏感,女性的感知电流和摆脱电流均为男性的 2/3。由于感知电流、摆脱电流和心室颤动电流一般与体重成正比,体重越轻越敏感,所以儿童对电流的感觉较成人敏感,儿童遭受电击也较成人危险。人的健康状况、精神状态不同,对感知电流、摆脱电流和致命电流的敏感程度不同,触电伤害程度也不一样。例如有心脏病、呼吸道和神经系统疾病的人以及酗酒、疲劳过度的人,遭受电击时的危险性比正常人严重。

三、触电方式

根据电流通过人体的路径和触及带电体的方式,一般可分为单相触电、两相触电、跨步电压与接触电压触电、感应高电压触电、雷击触电、静电触电和直流电触电。

(一) 单相触电

单相触电有中性点不接地和中性点直接接地两种情况。

1. 中性点直接接地的单相触电

中性点直接按地的单相触电如图 2.2.5 所示。

当人体接触到带电导线时,人体承受相电压,电流经过人体、大地和中性点接地装置形成闭合回路,电流的数值决定于电气设备的相电压和人体电阻。这时流过人体的电流都很大,且电流途径是从手到脚,流经心脏的电流也很大,对人有致命危险。

其电流计算公式为

$$I = \frac{U_\phi}{R} = \frac{U}{\sqrt{3}R}$$

式中:U 为线电压,V;U_ϕ 为相电压,V;R 为人体电阻,Ω;I 为通过人体的电流,A。

2. 中性点不接地的单相触电

中性点不接地的单触电情况如图 2.2.6 所示。

因为中性点不接地,所以有两个回路的电流通过人体,一个回路的电流从 C 相导线出发,经过人体、大地、线路对地绝缘阻抗 Z 到 A 相导线;另一个回路的电流从 C 相导线出发,经过人体、大地、线路对地绝缘阻抗 Z 到 B 相导线。电流的数值取决于线电压、人体电阻和线路对地绝缘阻抗,两个回路所承受的电压都是线电压。

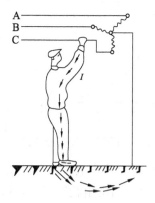

图 2.2.5　中性点直接接地的单相触电

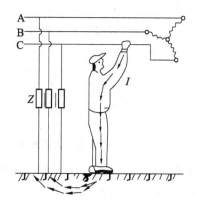

图 2.2.6　中性点不接地的单相触电

其电流计算公式为

$$I = \frac{U}{\sqrt{3}R + \dfrac{Z}{\sqrt{3}}} = \frac{U_\phi}{R + \dfrac{Z}{3}}$$

式中:U 为线电压,V;U_ϕ 为相电压,V;R 为人体电阻,Ω;Z 为线路对地绝缘阻抗,Ω;I 为通过人体的电流,A。

如果线路的绝缘水平比较高,绝缘阻抗非常大,则流过人体的电流几乎是线路的电容电流,若线不长,通过人体的电流就小;如果线路的电容电流或泄漏电流较大,且电流途径是从手到脚,则流经心脏的电流就大,对人就有致命危险。

(二)两相触电

人体同时与两相导线接触时,电流就由一相导线通过人体流到另一相导线,如图 2.2.7 所示。

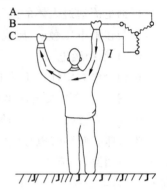

这种触电方式最危险,因为施加于人体的电压为全部工作电压,即线电压。这种情况下不论中性点接地或不接地,人体与大地是否绝缘,流过人体的电流都很大,电流不经过大地而直接通过人体从 B 相经双手流向 C 相,流过心脏的电流也很大,因此有致命危险。

(三)跨步电压触电、接触电压触电

1. 跨步电压触电

图 2.2.7 两相触电

在中性点不接地电网中,当电气设备发生单相接地故障时,接地电流 I_d 通过接地点向大地作半球形流散,如图 2.2.8 所示,即在地面上形成平面图的电位分布。图 2.2.9 所示是地面平面图电位分布曲线图,示意了随接地故障点远近在地面形成的地电位大小。经验证明,在距接地点 20 m 以外的周围地电位近于零,而越靠近接地故障点地电位的分布呈曲线上升,到接地故障点则为最高,是接地相的相电位。若人在离接地故障点 20 m 以内半径范围里行走,其两脚之间就有电位差,两脚之间的电位差即称跨步电压。跨步电压引起的人体触电称为跨步电压触电。

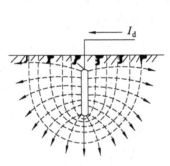

图 2.2.8 接地电流流散图

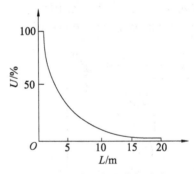

图 2.2.9 地面电位半径分布图

如果人不行走,呈并步姿态,则跨步电压为零,人体就无跨步电压触电的危险。从图 2.2.9 中可以看出,在故障电线落地点 0～8 m 以内不但地面的电位高,而且地面上两点之间的电位差也大;在 0～8 m 以外,不但地面电位低,而且地面上两点之间的电位差也小。由此可知,如果人站在距离接地故障电线落地点 0～8 m 范围以内跨步电压高,此时,通过两脚的电流就大,危险也就越大。因此,电力安全规程上规定,当高压设备发生单相接地时,在无安全防护措施的情况下,室外人员不得接近故障点 0～8 m 以内。

2. 接触电压触电

当电气设备发生接地故障时,不但会产生跨步电压触电,还会产生接触电压触电。如图 2.2.10 所示,当一台电动机的绕组碰壳接地时,因为三台电动机的接地网是连在一起的,所以三台电动机的外壳都会带电,而且电位相同,都是相电压,但地面电位分布不同,靠电流入地点近的人承受的电位差小;而站在离接地点较远的地方用手摸电动机外壳高电位,地面电位几乎为零,所以人体承受的电压就是外壳的对地电压,这时人体会遭到触电伤害,称接触电压触电。接触电压触电时其电流流至手和脚,有致命危险。

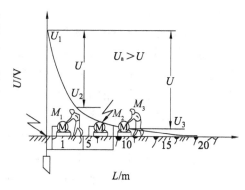

图 2.2.10　接触电压触电

(四) 感应高电压触电

高电压的输变电设备周围存在着强大的电场和磁场。人和物体处在此种环境下会因感应作用而带有感应电压,感应电流通过人体入地,致使人员受到触电伤害。例如某供电局一名油漆工,在 500 kV 铁塔上进行油漆防腐处理时,不慎触及架空地线(500 kV 架空地线不是直接接地而是经间隙接地的),被感应触电身亡。高电压感应电磁场随着原发体距离的增大而逐渐减弱,所以在安全规程中规定了各种高电压下的安全距离。国际大电网会议就 50 Hz 工频高电压的电磁感应场强对生物的影响,提出了不宜超过 10 kV/m 的要求,居民生活场所不宜超过 5 kV/m。

四、触电事故的规律和触电现场急救

触电事故往往发生得很突然,而且在极短的时间内造成极严重的后果。因此,应研究触电事故的规律,坚持预防为主的理念,制定预防触电的安全措施。

(一) 触电事故的规律

1. 触电事故季节性明显

统计数据表明,每年二、三季度是触电事故的多发季节。特别是 6—9 月事故较多,主要是因为这段时间天气炎热,人体衣单而多汗,触电危险性较大;而这时又多雨、潮湿,电气设备绝缘性能降低,导致触电事故多发。

2. 低压设备触电事故多

日常生活中低压触电事故远多于高压触电事故,主要是因为在一般工矿企业中,低压电气设备远多于高压电气设备,低压电气设备的故障排除和检修频率比高压电气设备高。况且,当人体接触低压电时,反应的敏感度较差,而且很多人缺乏电气安全知识,因此要着重做好防低电压触电的各项安全措施。但是在专业电工中情况是相反的,即高压触电事故比低压触电事故多。

3. 携带式和移动式电气设备触电事故多

这主要是由于这些设备需要经常移动,工作条件较差,容易发生绝缘不良、外壳漏电故障,而且经常在人手紧握的情况下工作。

4. 电气连接部位触电事故多

电气故障点多数发生在接线端、压线头、焊接头、电缆接头、灯头、插头、插座、控制器、接触器、熔断器等处,主要是因为这些连接部位机械牢固性较差,电气可靠性较低,容易出现故障。检修这些部件时,如不停电进行,易发生触电事故。

5. 非专业电工和外用工触电事故多

有些企业使用农民工、非专业电工从事电气作业,他们通常缺乏电气安全知识,素质不高,操作和作业水平低,责任心不强,易蛮干、违章作业,加之未及时进行安全教育和技术培训,是触电事故多发的主要原因。

6. 民营的工矿企业触电事故多

随着民营和个体企业的发展,一些高危行业的安全管理比较薄弱,安全基础设施落后。尤其在冶金、矿业、化工、机械和建筑等行业的民营企业中,常需对高温、潮湿、粉尘多的场所进行电工作业,或使用移动式和携带式电气设备、临时电源线等,而这些企业又缺乏安全规章和安全措施,作业现场较混乱,造成触电事故多发。

7. 错误操作和违章作业造成的触电事故多

大量触电事故的统计资料表明,有 85% 以上的事故是错误操作和违章作业造成的,其主要原因是安全教育不够、安全制度不严和安全措施不完善、操作者素质不高等。

(二)触电现场急救

电气作业人员都要学会紧急救护法,特别要学会触电急救。众多触电事故实例证明,触电事故一旦发生,必须使触电者迅速脱离电源,并立即在现场就地抢救。如发现触电伤员呼吸、心跳停止时,应就地进行现场心肺复苏,支持呼吸和循环,对心、脑重要脏器供氧,使生理上的临床死亡发生逆转,挽救触电伤员的生命。

1. 迅速脱离电源

触电以后,可能由于痉挛或失去知觉等原因而紧抓带电体,而不能自行摆脱电源。这时,使触电者尽快脱离电源是抢救的首要事项,"时间就是生命",早断电一秒钟,触电者就多一分救活的希望。

所谓脱离电源就是要把触电者接触的那一部分带电设备的所有开关、刀闸或其他断路设备断开或设法将触电者与带电设备脱离开。在脱离电源的过程中,救护人员既要救人,也要注意保护自身的安全。

(1)低压触电事故可采取下列方法使触电者脱离电源:

① 如果触电地点附近有电源开关或电源插销,可立即拉开开关或拔出插销,断开电源。但应注意到拉线开关或手触开关只控制一根线,有可能因安装问题只能切断零线而没有断开电源的火线。

② 如果触电地点附近没有电源开关或电源插销,可用有绝缘柄的电工钳或有干燥木柄的斧头切断电线,断开电源,或用干木板等绝缘物插入触电者身下,以使其脱离电源。

③ 当电线搭落在触电者身上或压在身下时,可用干燥的衣服、手套、绳索、木板、木棒等绝缘物作为工具,拉开触电者或挑开电线,使触电者脱离电源。

④ 如果触电者的衣服是干燥的,又没有紧缠在身上,可以用一只手抓住他的衣服,拉离电源。但因触电者的身体是带电的,其鞋的绝缘也可能遭到破坏,救护人不得接触触电者的皮肤,也不能抓他的鞋。

⑤ 若触电发生在低压带电的架空线路上或配电台架、进户线上,对可立即切断电源的则应迅速断开电源,救护者应迅速登杆或登至可靠地方,并做好自身防触电、防坠落安全措施,用带有绝缘胶柄的钢丝钳、绝缘物体或用干燥不导电的物体帮助触电者脱离电源。

（2）高压触电事故可采取下列方法使触电者脱离电源：

① 如果触电部位在进线侧，应立即通知供电部门或有关单位停电。

② 如果触电部位发生在本单位，立即按操作顺序拉开电源开关、隔离器闸或高压熔断器（带上绝缘防护用具，用相应电压等级的绝缘工具）。

③ 如果触电事故发生在线路上，而且线路是金属导线，则可抛掷裸金属线使线路短路接地，通过使用保护装置断开电源。用此方法救护触电者时，应注意防止电弧伤人或发生断线而危及自身和他人的安全。

在高压线路等设备上使触电者脱离电源时，救护人应考虑触电者可能坠落的防护措施。

2. 心肺复苏

心肺复苏急救包括两个阶段，即现场的心肺复苏和医院的心肺复苏。

1）现场的心肺复苏（初期救生）

现场的心肺复苏往往由非专业的救护操作者（第一目击者）徒手进行，徒手操作既是实用的有效方法，同时也是最关键、最主要的阶段。

（1）判断意识和呼救（在 5 s 内）。

① 轻轻拍打伤员肩部，高声呼叫："喂！你怎么啦！"，如图 2.2.11 所示。

② 如认识，可直接呼喊其姓名。有意识者，立即送医院。

③ 如伤员神志不清，无意识，应立即招呼周围的人前来协助抢救，如立即高声求助："来人啊！救命啊！"，然后呼叫"120"救护系统，如图 2.2.12 所示。

图 2.2.11　判断伤员有无意识　　　　　图 2.2.12　呼救

（2）将伤员放置适当体位并打开气道（用 5～10 s 时间完成）。

① 正确的抢救体位是仰卧位，即头、颈、躯干平卧无扭曲，双手放于躯干两侧，救护人跪于病人一侧，如图 2.2.13 所示。注意保护伤员颈部，解开上衣（冷天应注意保暖）。

② 打开气道，保持呼吸道通畅。主要采用仰头举颏法，即一手置于伤员的前额使头部后仰，另一手的食指与中指置于下颌骨近下颏处，抬起下颏，即使会厌上抬，打开气道，如图 2.2.14 所示。

注意：严禁用枕头等物；手指不压迫颈前部、颏下软组织，以防压迫气道。

 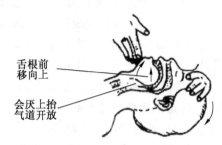

舌根前
移向上

会厌上抬
气道开放

图 2.2.13　放置伤员　　　　　　　　图 2.2.14　仰头举颏法

（3）判断呼吸（在 5 s 内）。在通畅呼吸道之后，明确判断呼吸是否存在。救护人用耳贴近伤员口、鼻，观察其胸有无起伏，如图 2.2.15 所示。

（4）口对口（鼻）呼吸（人工呼吸）。救护人跪在伤员头颈部侧，当判断伤员确实不存在呼吸时，应立即进行口对口（鼻）人工呼吸。具体方法如下：① 在保持呼吸道通畅的位置下进行。② 用按于前额的手的拇指与食指掐住伤员鼻孔，防止逸出，救护人深吸一口气屏住，并用自己的嘴唇包住伤员微张的嘴。③ 用力快而深地向伤员口中吹气，同时仔细观察其胸部有无起伏。如无起伏，说明气未吹进，如图 2.2.16 所示。④ 一次吹气完毕后，即与伤员口部脱离，轻抬头面向伤员胸部，吸口新鲜空气，做下一次吹气准备，同时使伤员的口张开，掐鼻的手松开，以便伤员鼻孔通气，观察伤员胸部的变化，如图 2.2.17 所示。隔 4～5 s 后，再次掐住伤员鼻孔下端，将深吸的气吹入伤员口中，如此反复进行。

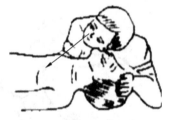 

图 2.2.15　看、听、试判断呼吸　　　　图 2.2.16　口对口吹气

抢救一开始时，应向伤员先吹气两次，每次 1～5 s，每次吹入气体约为 800～1 100 mL，吹气量以胸廓能上抬为宜，不要过大，每分钟吹气 12～16 次。

（5）胸外心脏按压。胸外心脏按压是人工迫使血液循环的一种复苏方法。首先应在开放气道的位置下，用食指及中指尖触及气管正中位气管旁软组织，轻轻触摸颈动脉搏动，无脉搏、心跳时，救护人立即徒手进行胸外按压，如图 2.2.18 所示。

 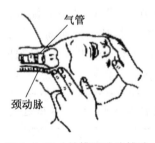

气管

颈动脉

图 2.2.17　口对口吸气　　　　　　图 2.2.18　触摸颈动脉搏动

① 按压部位:伤员应仰卧于硬板或地面上,找准双侧肋弓的汇合点,胸骨下 1/2 的按压部位,使两手掌重叠,十指相扣,掌根部的横轴与胸骨的长轴重合,手指翘起,不接触伤员胸壁,如图 2.2.19 所示。

② 正确的按压姿势和用力方式:救护人跪在伤员胸腰部一侧,上半身前倾,双肩位于双手的正上方,两臂伸直,垂直向下用力,借助自身上半身的体重和肩臂部肌肉的力量均匀有节律地压至要求程度后,立即全部放松,但掌根不要离开胸壁,如图 2.2.20 所示。

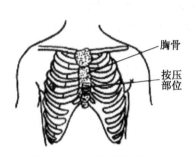

图 2.2.19　胸外按压位置

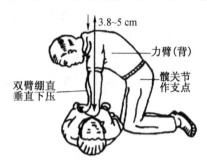

图 2.2.20　按压的正确姿势

③ 操作频率等要求:按压频率应保持在每分钟 80～100 次;按压深度成人伤员胸骨下压为 4～5 cm;按压与吹气之比为 15∶2;每隔 3～4 min,检查呼吸与循环。

2) 医院的心肺复苏(二期救生)

在初期心肺复苏急救的基础上,使用医疗设备由专业医务人员维持伤员心肺功能和酸碱平衡,控制心律失常以及脑复苏,处理其他并发症,使脑、心、肺恢复智能和工作能力。

任务实施

1. 实训目的

(1)了解常见的触电形式。

(2)掌握几种日常生活中常见的急救处理方法。

2. 实训说明

电能的广泛应用,给人类的生活带来了极大的方便,但是如果使用不当,就会发生触电事故,如果遇到触电,要能够进行自我保护或者救助他人,尽可能避免电对人的伤害。

3. 实训步骤及要求

(1)两两一组,一人扮演触电者,一人扮演施救者进行现场心肺复苏术。

(2)相互指出对方在施救过程中存在的不足或错误之处。

1. 触电后对人体造成哪些伤害？

2. 试述电流通过人体的哪种途径最危险？原因是什么？

3. 一般触电方式有哪几种？简述触电预防措施。

4. 跨步电压和接触电压的意义是什么？如何预防？

5. 发生低压触电事故，可采用哪几种方法使触电者脱离电源？

6. 胸外心脏按压是一种怎样的复苏方法？它的正确按压部位是哪？按压深度、频率和按压与吹气之比是多少？

7. 现场发生有人触电，你能采用哪几种方法使触电者脱离电源？

项目三

交流电的认知与实践

> 交流电具有产生容易、输送经济、使用方便等优点,因此在工农业生产和日常生活中得到了广泛的应用。本项目介绍正弦交流电的基本概念、正弦量的相量表示法、单一参数的正弦交流电路和正弦交流电路中的电压、电流、功率间的相互关系以及交流电路的分析计算等,是电工技术课程的重要基础部分。

➤ 知识目标

1. 理解正弦交流电的概念,掌握正弦量的三要素。

2. 学会正弦量的各种表示方法,了解各种表示方法之间的相互关系。

3. 掌握电阻、电容、电感元件的电压、电流关系并能用相量图表示;学会 R,L,C 串联电路复阻抗的表示和 R,L,C 串联电路功率的计算。

4. 理解三相电路的概念,掌握三相负载星形和三角形连接时相电压、线电压、相电流、线电流的关系。

➤ 技能目标

1. 根据实训要求自己进行电路设计。

2. 正确识别与测量电路中的元器件,学会正确使用电流表、电压表、万用表、功率表、电度表等仪表测量有关电学量。

3. 正确进行单相电路和三相电路的连接。

任务 1
单相交流电路(日光灯)连接与测试

 **任务描述**

本任务主要以日光灯照明电路为例,给学生准备组装日光灯所需元器件,要求学员自己设计照明电路,使灯亮起来;并通过照明电路使学生学会常用电工仪表与电工工具的使用;最后通过实践和理论的结合使学生对日光灯电路原理、电路物理量、电路所用元器件和电路工作状态等有全面的认识。

首先准备好导线、灯泡、开关、电池、万用表、功率表、钳类工具、螺钉旋具、电工刀等;然后组装电路,并把组装好的开关、电池、导线的连接情况画下来。

讨论与交流:
(1) 日光灯内部可能有什么样的构造? 怎么组装才能使灯亮起来?
(2) 在照明电路中可能会涉及哪些物理量? 怎么测量?
(3) 常说的工频交流电的频率是多少? 波形是什么样的?
(4) 家用的电热水壶一小时用多少度电? 如何使用功率表进行测量?

 **任务准备**

一、正弦交流电的基本概念

(一) 交流电

在直流电路中所研究过的电源、电动势、电压、电流均为大小及方向不随时间变化的恒稳值,统称直流电。但是,在实际中应用最为广泛的是大小和方向随时间按正弦规律变化的交流电,即正弦交流电。正弦交流电和直流电相比有许多优点,如正弦交流电通过变压器变换电压,由变压器把发电机产生的交流电压升高,实现低损耗、远距离输电,传送到用电的地方,然后再通过变压器把高压电降低为低压电;由交流发电机产生交流电比直流发电机产生直流电容易;电气动力设备中应用最多的交流电动机比直流电动机制造工艺简单、使用方便、价格便宜及便于维护。

(二) 正弦交流电的三要素

正弦电动势、正弦电压和正弦电流,统称正弦量。正弦量的特征表现在变化的快慢、大小及初始值三个方面,它们分别用角频率、幅值及初相角表征。因此,角频率、幅值及初相角是确定正弦量的三要素。

1. 角频率

图 3.1.1 所示是正弦交流电的波形图,它是周期性变化的,每变化一周包含正负两个半周:先从零开始随时间按正弦规律增加到正的最大值,然后下降到零,完成正半周;再改变方向,按正弦规律由零往负方向变化到负的最大值,再回到零,完成负半周。以后各周只是周期性地不断重复第一周的变化。

下面讨论表现正弦量变化快慢的三个量,即周期 T,频率 f 和角频率 ω。

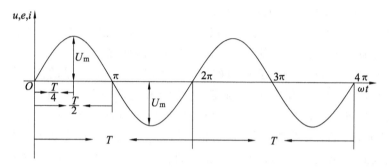

图 3.1.1 正弦交流电

周期 T:正弦量变化一周所需的时间称为周期,用符号 T 表示。周期越短,表示交流电变化越快。周期的单位是秒(s)。我国电力系统的交流电周期 $T=0.02$ s。

频率 f:正弦量每秒变化的周数称为频率,用符号 f 表示。频率的单位是赫兹(Hz),简称赫,1 赫兹=1 周/秒。根据上述 T 及 f 的定义,可得频率和周期互为倒数,即

$$f=\frac{1}{T} \tag{3.1.1}$$

我国和世界上其他很多国家,电力系统交流电的标准频率(简称工频)都是 50 Hz。另外无线电广播的中波段频率是从 535 kHz 到 1 650 kHz,电视广播的频率则在几十兆赫到几百兆赫之间。

角频率 ω:正弦量每秒变化的电角度称为角频率。由于每变化一周即变化 2π 弧度电角度,所以有

$$\omega=2\pi f=\frac{2\pi}{T} \tag{3.1.2}$$

式(3.1.2)表示 ω,f,T 三者之间知道任何一个,另两个即可求出。

角频率的单位是弧度/秒(rad/s)。我国工频交流电的角频率

$$\omega=2\pi f=2\pi\times50=314 \text{ rad/s}。$$

2. 幅值

正弦量在任一瞬时(时刻)的值,称为瞬时值。瞬时值用小写字母表示,如 i,u 和 e 分别表示正弦电流、电压及电动势的瞬时值。由图 3.1.1 可知,不同时刻正弦量有不同的瞬时值,而瞬时值中最大的值称为幅值或最大值。幅值用带下标 m 的大写字母表示,如 I_m、U_m 和 E_m 分别表示正弦电流、电压及电动势的幅值。

3. 初相角和相位差

除了角频率和幅值外,要确定一个正弦量还需考虑计时起点($t=0$)的差异。所取计时起点不同,正弦量的初始值($t=0$ 时的瞬时值)就不同,到达幅值或某一特定值所需的时间也就不同。

图 3.1.1 中的正弦波形可用正弦函数式表示为

$$u=U_m\sin\omega t \tag{3.1.3}$$

当 $t=0$ 时,它的初始值等于零。更通用的正弦函数式为

$$u=U_m\sin(\omega t+\varphi) \tag{3.1.4}$$

图 3.1.2 所示是 $u=U_m\sin(\omega t+\varphi)$ 的波形图。

式(3.1.4)中电角度($\omega t+\varphi$)称为正弦量的相位角或相位,它能反映正弦量的变化过程。当相位角随时间变化时,正弦量瞬时值随之作相应变化。

而 $t=0$ 时的相位角 φ_0 称为正弦量的初相角或初相位。正弦量的初相角 φ_0 不同,其初始值也就不同。所以,初相角 φ_0 是确定正弦量初始值的一个特征量。

当研究两个同频率正弦量的关系时,常需要比较它们的相位。在一个正弦交流电路中,电压 u 和电流 i 的频率是相同的,但初相位不一定相同。例如图 3.1.3 中,u 和 i 不是同时刻到达幅值(或零值)的,即这两个正弦量的相位不同,它们的相位之差称相位差。

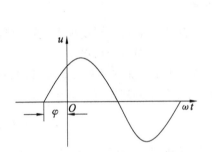

图 3.1.2 $u=U_m\sin(\omega t+\varphi)$ 的波形图

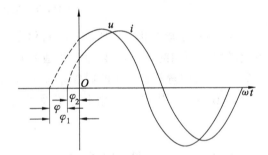

图 3.1.3 两个同频率正弦量的相位差

图 3.1.3 中的 u 和 i 波形用三角函数可表示为

$$u=U_m\sin(\omega t+\varphi_1)$$
$$i=I_m\sin(\omega t+\varphi_2)$$

则它们的相位差(用 φ 表示)

$$\varphi=(\omega t+\varphi_1)-(\omega t+\varphi_2)=\varphi_1-\varphi_2 \tag{3.1.5}$$

上式说明,两个同频率正弦量的相位差等于它们的初相位之差。因为 u 比 i 先到达正的幅值(或零值),称 u 超前于 i 一个 φ 角,或称 i 滞后(落后)于 u 一个 φ 角。两个同频率正弦量之间的相位差是不随时间改变的,恒等于它们的初相位之差。

如果两个同频率正弦量的相位差为零,它们在变化过程中就会同步变化,会同时到达正的幅值或零值,这种相位关系叫作同相,如图 3.1.4a 所示;如果两个同频率正弦量的相位差为 π,即一个正弦量到达正的幅值时,另一个正弦量恰好到达负的幅值,即它们的相位关系是相反的,称作反相,如图 3.1.4b 所示。

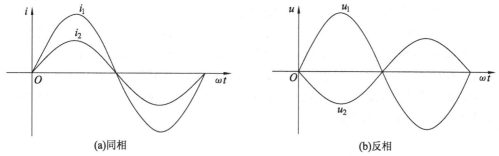

图 3.1.4 同频率正弦量的同相和反相

在分析或计算交流电路时,往往先选定某一个正弦量为参考量,然后再求其他正弦量与参考量之间的相位关系。

应当注意的是,在频率不同的正弦量之间比较它们的相位关系是没有意义的。

【**例 3-1**】 工业和照明用的正弦交流电,其频率为什么是 50 Hz?如果规定得低些(例如 15 Hz)或更高些(例如 100 Hz)是否可以?

答 我国统一规定市电频率为 50 Hz,该频率称为工业频率,简称工频。有的国家如美国规定工频为 60 Hz。不同的技术领域可有不同的频率,如电话振铃的频率为 25 Hz,无线电技术的频率为 $10^5 \sim 10^{10}$ Hz 等。但作为国家标准提供的工频一经确定,不得更改。偏离 50 Hz 过多,如频率过低,电流交变过慢,将使照明设备产生灯光闪烁现象,甚至无法应用;如频率过高,电流交变过快,电感性负载的感抗变大,功率因数降低,对电能的传输和利用是不利的。

(三)交流电的有效值

上述瞬时值和幅值都不能反映交流电在电路中做功的实际效应。为了计算和测量方便,特引入交流电的有效值概念。

交流电的有效值是通过电流的热效应来确定的。两个阻值同为 R 的电阻中分别通以直流电流 I 和交流电流 i,如果在相同时间内(一个周期 T)电阻上产生的热量(由消耗的电能转换而来)相等,则这个直流值 I 就是交流电流 i 的有效值。

有效值与最大值之间的关系为

$$I_\mathrm{m} = \sqrt{2}I$$
$$U_\mathrm{m} = \sqrt{2}U \tag{3.1.6}$$
$$E_\mathrm{m} = \sqrt{2}E$$

实际上分析计算和测量时都用有效值。例如交流电压 220 V 或 380 V 等,都是指有效值。交流电流表和电压表的刻度也是有效值。

二、正弦量的相量表示法

(一)正弦量的相量表示形式

正弦量的各种表示法是分析、计算正弦交流电路的工具,而以下介绍的正弦量的相量表示法将为分析、计算正弦交流电路带来极大方便。

设有一正弦量 $e=E_m\sin(\omega t+\varphi)$，其波形如图 3.1.5 所示。图 3.1.5a 是平面上以坐标原点 O 为中心旋转的有向线段 OA，设有向线段的长度等于正弦量的幅值 E_m，它的初始位置与横轴正方向之间的夹角等于正弦量的初相角 φ，有向线段在平面上用角频率 ω 以坐标原点为中心逆时针方向旋转。这样，该旋转有向线段各时刻在纵轴上的投影表示了相应各时刻的正弦量瞬时值。

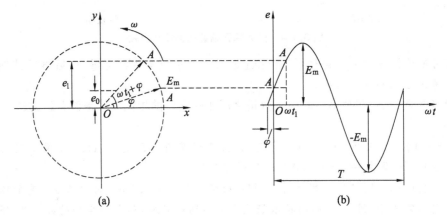

图 3.1.5　用相量表示正弦交流电

$t=0$ 时的 $e_0=E_m\sin\varphi$ 和 $t=t_1$ 时的 $e_1=E_m\sin(\omega t_1+\varphi)$，如图 3.1.5 所示。这样，正弦量的三要素在旋转的有向线段上都能正确地被确定，它们有一一对应的关系。由于不可能把旋转的有向线段在每一瞬间的位置都画出来，而且在正弦交流电路中，电压、电动势和电流都是同一频率的（ω 相同），所以通常只需画出 $t=0$ 时的

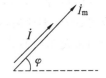

图 3.1.6　有效值相量和幅值相量

有向线段。我们把表示随时间而变化的正弦量的这个有向线段称为相量，并为了与一般的复数相区别，用大写字母加黑点的符号表示，如 $\dot{E}_m,\dot{U}_m,\dot{I}_m$ 分别代表电动势相量、电压相量和电流相量。为简便起见，其坐标轴可省略不画，如图 3.1.6 所示。

把几个同频率正弦量按大小和初相位，用相量分别画在同一坐标平面上的图形，称为相量图。由于交流电一般用有效值来计算，因此相量图中相量长度通常用有效值表示，并用 $\dot{E},\dot{U}$ 或 $\dot{I}$ 等符号标示。

表示随时间变化的正弦量的相量，除了能用相量图表示外，还可以用复数式来表达。

由欧拉公式　　　　　　$A=a \cdot e^{j\varphi}=a\angle\varphi=a(\cos\varphi+j\sin\varphi)$

可写出复数

$$I_m\angle(\omega t+\varphi_i)=\sqrt{2}I\angle(\omega t+\varphi_i)=\sqrt{2}I\cos(\omega t+\varphi_i)+j\sqrt{2}I\sin(\omega t+\varphi_i)$$

可以看到，这个复数的虚部 $\sqrt{2}I\sin(\omega t+\varphi_i)$ 就是正弦交流电流 $i=\sqrt{2}I\sin(\omega t+\varphi_i)$ 的三角函数表达式。因此，可以说正弦交流电流与复数 $\sqrt{2}I\angle(\omega t+\varphi_i)$ 相对应。

在正弦交流电路中，只要电源的频率是单一的，电路中电压和电流的频率必定都与电源的频率相等。这样可把角频率 ω 略去，即复数 $\sqrt{2}I\angle\varphi_i$ 的虚部仍然与正弦交流电流 i

有对应关系。这个复数表示了正弦交流电流的幅值 $\sqrt{2}I$ 和它的初相角 φ_i，并称它为正弦交流电流的相量，可写成

$$\dot{I}_m = \sqrt{2}Ie^{j\varphi_i} = \sqrt{2}I(\cos\varphi_i + j\sin\varphi_i) = \sqrt{2}I\angle\varphi_i$$

同理有

$$\dot{U}_m = \sqrt{2}Ue^{j\varphi_u} = \sqrt{2}U(\cos\varphi_u + j\sin\varphi_u) = \sqrt{2}U\angle\varphi_u$$
$$\dot{E}_m = \sqrt{2}Ee^{j\varphi_e} = \sqrt{2}E(\cos\varphi_e + j\sin\varphi_e) = \sqrt{2}E\angle\varphi_e \tag{3.1.7}$$

其有效值相量可写成

$$\left.\begin{array}{l}\dot{I} = Ie^{j\varphi_i} = I(\cos\varphi_i + j\sin\varphi_i) = I\angle\varphi_i \\ \dot{U} = Ue^{j\varphi_u} = U(\cos\varphi_u + j\sin\varphi_u) = U\angle\varphi_u \\ \dot{E} = Ee^{j\varphi_e} = E(\cos\varphi_e + j\sin\varphi_e) = E\angle\varphi_e\end{array}\right\} \tag{3.1.8}$$

（二）相量的四则运算

在正弦交流电路中常需进行正弦量的四则运算。例如已知两个同频率的正弦电流，它们为 $i_1 = I_{1m}\sin(\omega t + \varphi_1)$，$i_2 = I_{2m}\sin(\omega t + \varphi_2)$，求 $i = i_1 + i_2 = ?$

如果用三角函数式求解，则

$$\begin{aligned}i = i_1 + i_2 &= I_{1m}\sin(\omega t + \varphi_1) + I_{2m}\sin(\omega t + \varphi_2) \\ &= I_{1m}(\sin\omega t\cos\varphi_1 + \cos\omega t\sin\varphi_1) + I_{2m}(\sin\omega t\cos\varphi_2 + \cos\omega t\sin\varphi_2) \\ &= (I_{1m}\cos\varphi_1 + I_{2m}\cos\varphi_2)\sin\omega t + (I_{1m}\sin\varphi_1 + I_{2m}\sin\varphi_2)\cos\omega t \\ &= I_m\cos\varphi\sin\omega t + I_m\sin\varphi\cos\omega t \\ &= I_m(\sin\omega t\cos\varphi + \cos\omega t\sin\varphi) \\ &= I_m\sin(\omega t + \varphi)\end{aligned}$$

式中

$$I_m = \sqrt{(I_{1m}\cos\varphi_1 + I_{2m}\cos\varphi_2)^2 + (I_{1m}\sin\varphi_1 + I_{2m}\sin\varphi_2)^2}$$
$$\varphi = \arctan\frac{I_{1m}\sin\varphi_1 + I_{2m}\sin\varphi_2}{I_{1m}\cos\varphi_1 + I_{2m}\cos\varphi_2}$$

上述计算表明，同频率的正弦量相加减后，其和或差仍为同频率的正弦量，但是用三角函数进行计算相当麻烦。

若用相量表示正弦量，则正弦量的四则运算就转化为相量的四则运算。

【例 3-2】　已知两个正弦交流电流 $i_1 = 14.1\sin(341t - 30°)$ A，$i_2 = 30\sin(341t + 45°)$ A。

试用相量图及复数式求 $i = i_1 + i_2 = ?$

解　① 用相量图求 i。

先画出 i_1 和 i_2 的相量，其中相量 $\dot{I}_1$ 的长度为 $I_1 = \dfrac{14.1}{\sqrt{2}} = 10$ A，初相位 $\varphi_1 = -30°$；相量 $\dot{I}_2$ 的长度为 $I_2 = \dfrac{30}{\sqrt{2}} = 21.2$ A，初相位 $\varphi_2 = 45°$。然后运用

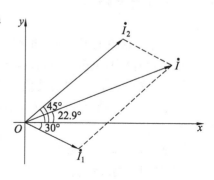

例 3-2 图

平行四边形法则在相量图上求相量 $\dot{I}$ ，如例 3-2 的相量图所示。合成电流的有效值 I 为

$$I = \sqrt{[I_2\cos45°+I_1\cos(-30°)]^2+[I_2\sin45°+I_1\sin(-30°)]^2}$$
$$= \sqrt{(21.2\times0.707+10\times0.866)^2+(21.2\times0.707-10\times0.5)^2}$$
$$= 25.7\ \text{A}$$

合成的初相角 φ 为

$$\varphi = \arctan\frac{I_2\sin45°+I_1\sin(-30°)}{I_2\cos45°+I_1\cos(-30°)}$$
$$= \arctan\frac{21.2\times0.707-10\times0.5}{21.2\times0.707-10\times0.866} = 22.9°$$

合成电流的瞬时值

$$i = 25.7\sqrt{2}\sin(314t+22.9°)\ \text{A}$$

② 用复数式求 i 。

电流 i_1 的复数式为

$$\dot{I}_1 = I_1\text{e}^{-\text{j}30°} = 10\text{e}^{-\text{j}30°} = 10[\cos(-30°)+\text{j}\sin(-30°)]$$
$$= 10(\frac{\sqrt{3}}{2}-\text{j}\frac{1}{2}) = (8.66-\text{j}5)\ \text{A}$$

电流 i_2 的复数式为

$$\dot{I}_2 = I_2\text{e}^{\text{j}45°} = 21.2\text{e}^{\text{j}45°} = 21.2(\cos45°+\text{j}\sin45°)$$
$$= 21.2(\frac{\sqrt{2}}{2}+\text{j}\frac{\sqrt{2}}{2}) = (15+\text{j}15)\ \text{A}$$

合成电流的复数式为

$$\dot{I} = \dot{I}_1+\dot{I}_2 = (8.66-\text{j}5)+(15+\text{j}15)$$
$$= (8.66+15)+\text{j}(15-5) = 23.66+\text{j}10$$
$$= \sqrt{(23.66)^2+(10)^2}\,\text{e}^{\text{j}\arctan\frac{10}{23.66}} = 25.7\text{e}^{\text{j}22.9°}\ \text{A}$$

合成电流 i 的瞬时值表达式为

$$i = 25.7\sqrt{2}\sin(314t+22.9°)\ \text{A}$$

三、正弦交流电路

（一）单一参数的正弦交流电路

在实际电路中，电阻、电感和电容三个参数一般是同时存在的，但在特定条件下，可能只有一个参数起主要作用，其他两个次要因素可以忽略，这样电路就变成单一参数的电路。从具有单一参数的电路入手，可以由简到繁逐步深入地去分析具有多种参数的实际电路。

1. 电阻元件的交流电路

（1）电阻的物理性质

电阻两端的电压 u_R 与通过它的电流 i 之间的关系，通常用伏安特性曲线来表示，如

图 3.1.7 所示。如果电阻两端电压与通过它的电流具有直线关系,即成正比关系,这种电阻称为线性电阻(如图 3.1.7b 所示);图 3.1.7c 所示的伏安特性不是直线,具有这种伏安特性的电阻称为非线性电阻。实际使用的电阻元件几乎都是非线性的,但是如果它的非线性不太显著,通常就近似看作线性电阻。这里只讨论线性电阻。

与线性电阻的伏安特性相对应的函数与欧姆定律公式一致,即

$$R = \frac{u_R}{i} \tag{3.1.9}$$

电阻在直流电路或交流电路中,都具有限制电流的作用。

无论是直流电流或交流电流,通过电阻时都要产生热效应,把电能转换成热能。而热能向周围空间散去,不会再回到电源中去,即不可能再重新转换为电能,即其能量的转换是不可逆的。因此,电阻是耗能元件。

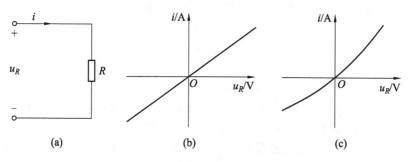

图 3.1.7 电阻元件及其伏安特性

电子电路中用的电阻器以及工业与生活中用的电热设备等都是实际的电阻元件。

(2)电压与电流的关系

图 3.1.8 所示是仅有电阻元件的交流电路,在电阻 R 的两端加上交流电压 u_R 后,电路中有交流电流 i 流过,图中箭头所指表示电压与电流的参考方向。

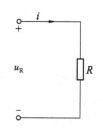

设加在电阻 R 两端的电压瞬时值为 $u_R = U_{Rm}\sin\omega t$,由式 (3.1.9)得知通过电阻的电流为 $i = \frac{u_R}{R} = \frac{U_{Rm}}{R}\sin\omega t = I_m\sin\omega t$,式中 I_m 为电流的幅值,即 $I_m = \frac{U_{Rm}}{R}$,将上式两边同除以 $\sqrt{2}$,就得到

图 3.1.8 交流电阻电路

电流与电压有效值间的关系,即

$$I = \frac{U_R}{R} \tag{3.1.10}$$

由此可得,交流电阻电路中,电压与电流的频率相同,电压与电流的相位相同。若用相量来表示,则为

$$\dot{U}_{Rm} = R\dot{I}_m, \quad \dot{U}_R = R\dot{I} \tag{3.1.11}$$

电压与电流的波形图和相量图如图 3.1.9 所示。

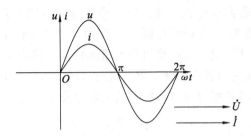

图 3.1.9　交流电阻电路的电压、电流波形图、相量图

（3）电阻上的功率关系

① 瞬时功率。电流 i 流过电阻，电阻就会发热而消耗能量。由于电阻上的电压和电流是随时间而变化的，所以电阻中消耗的功率也是随时间而变化的。在任一瞬间，电压瞬时值 u_R 与电流瞬时值 i 的乘积，称为瞬时功率 p_R，即

$$p_R = u_R \cdot i = U_{Rm}\sin\omega t \cdot I_m \sin\omega t$$

$$= U_{Rm}I_m\sin^2\omega t = \frac{U_{Rm}I_m}{2}(1-\cos2\omega t)$$

$$= U_R I(1-\cos2\omega t) \tag{3.1.12}$$

由公式（3.1.12）可以得出，瞬时功率总是正值，即 $p_R > 0$，这表明电阻始终从电源吸取功率，把电能转换成热能。瞬时功率波动的最大值是 $U_{Rm}I_m$。

② 平均功率。由于电阻上的瞬时功率是波动的，所以用瞬时功率来表示和计量很不方便，为此常用瞬时功率在一个周期内的平均值来衡量电阻上所消耗的电功率，称为平均功率，用大写字母 P_R 表示。根据式（3.1.12），电阻电路的平均功率为

$$P_R = \frac{1}{T}\int_0^T p_R \mathrm{d}t = \frac{1}{T}\int_0^T U_R I(1-\cos2\omega t)\mathrm{d}t$$

$$P_R = U_R I = I^2 R = \frac{U_R^2}{R} \tag{3.1.13}$$

上式说明，交流电阻电路的平均功率等于电压、电流有效值的乘积，它的计算形式与直流电路中功率的计算公式完全一样，使用很方便。但要注意电压有效值和电流有效值相乘得出的是交流功率的平均值，不能把它与直流电路的功率混淆起来。在交流电路中电阻上消耗的平均功率称为有功功率，简称功率，常用符号 P 表示。

【例 3-3】　一个 220 V，100 W 的白炽灯，接在 220 V，50 Hz 的交流电源上，求通过白炽灯的电流、正常工作时的电阻和 10 h 内消耗的电能。

解　一般白炽灯可看作是电阻元件，白炽灯中电流

$$I = \frac{P_R}{U} = \frac{100}{220} = 0.455 \text{ A}$$

白炽灯电阻

$$R = \frac{U}{I} = \frac{220}{0.455} = 484 \text{ Ω}$$

由式（3.1.13）得

$$R = \frac{U^2}{P_R} = \frac{220^2}{100} = 484 \text{ Ω}$$

10 h 消耗的电能 $\qquad W = Pt = 0.1 \times 10 = 1 \text{ kW} \cdot \text{h}$

2. 电感元件交流电路

(1) 电压与电流的关系

电感元件的物理性质参见项目一任务 4，这里不再详述。

图 3.1.10 所示是仅有电感元件的交流电路，图中标出了电压 u_L 电流 i 和自感电动势 e_L 的参考方向。

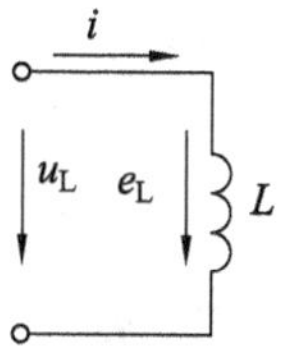

图 3.1.10 交流电感电路

设通过电感元件的电流为

$$i = I_m \sin\omega t \qquad (3.1.14)$$

加在电感两端的电压为

$$u_L = L\frac{\mathrm{d}i}{\mathrm{d}t} \qquad (3.1.15)$$

所以

$$u_L = L\frac{\mathrm{d}(I_m \sin\omega t)}{\mathrm{d}t} = \omega L I_m \cos\omega t$$
$$= \omega L I_m \sin(\omega t + 90°)$$
$$= U_{Lm}\sin(\omega t + 90°) \qquad (3.1.16)$$

由以上可知，在交流电感电路中，电压 u_L 和电流 i 都是同频率的正弦量，它们之间有一定的关系。

① 在数值上，由式(3.1.16)得

$$U_{Lm} = \omega L I_m$$

将上式两边同除以 $\sqrt{2}$，即得电压和电流有效值之间的关系

$$U_L = \omega L I$$

令 $X_L = \omega L = 2\pi f L$，则

$$U_L = X_L I \qquad (3.1.17)$$

上式表明，当电路频率 $\omega = 2\pi f$ 且电感 L 为常数时，电压与电流的有效值之间成正比。

比较式(3.1.17)和 $U_R = RI$，可以看出它们有相似的形式，式中 X_L 和 R 相对应，即 $X_L = \omega L$ 在电感电路中对电流起着阻碍作用，它是由自感电动势阻碍电流变化而引起的，通常把 X_L 称为感抗(电感电抗)，若频率 f 单位为赫兹(Hz)、电感 L 单位为亨利(H)，则感抗 X_L 单位为欧姆(Ω)。

感抗是交流电路中的一个重要概念，它表示电感对交流电流的阻力。感抗的大小正比于线圈的电感 L 和通过线圈的电流频率 f_0。频率愈高，意味着 $\frac{\mathrm{d}i}{\mathrm{d}t}$ 变化率愈大，线圈中产生的自感电动势愈大，它对电路中电流的阻力也愈大，从而使电流减小。也就是说，自感电动势对电流的阻碍作用是通过感抗反映出来的。对于直流电，由于频率 $f = 0$，所以 $X_L = 0$，即电感对直流电无阻碍作用，可看作短路。因此电感元件具有"直流畅通，高频受阻"的性质。

② 在相位上，比较式(3.1.14)和式(3.1.16)可知，电压 u_L 超前电流 i 一个 90°角，其

波形和相量如图 3.1.11 和图 3.1.12 所示。为什么电压会超前电流呢？这是因为在电感电路中,自感电动势阻碍电流的变化,使得电流的变化跟不上电压的变化,电压变化到最大值时,电流尚未变化到最大值,造成电流在相位上落后于电压。

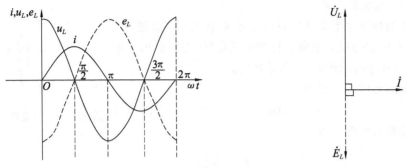

图 3.1.11　交流电感电路中电压与电流的波形　　　　图 3.1.12　交流电感电路的相位图

③ 电感电路中的电压和电流之间的数值关系和相位关系可以表示为

$$\dot{U}_L = jX_L \dot{I} \quad \text{或} \quad \dot{I} = \frac{\dot{U}_L}{jX_L} \tag{3.1.18}$$

上式表明,电感两端电压的有效值等于电流有效值与感抗的乘积,在相位上电压超前于电流 90°。因为电流相量 $\dot{I}$ 乘上 j 后,即向逆时针方向旋转了 90°。

(2) 电感上的功率关系

电感电路中的瞬时功率 p_L 为

$$p_L = u_L i = U_{Lm} \sin(\omega t + 90°) \cdot I_m \sin\omega t$$
$$= \frac{1}{2} U_{Lm} I_m \sin 2\omega t = U_L I \sin 2\omega t \tag{3.1.19}$$

在一个周期内平均功率 P_L

$$P_L = \frac{1}{T} \int_0^T p_L dt = 0 \tag{3.1.20}$$

以上说明,在电感电路中没有能量的消耗,只有电感与电源之间的能量交换。为了衡量电感与电源之间能量交换的规模大小,把电感与电源之间能量交换的最大值(即瞬时功率的最大值)称为感性无功功率。无功功率的含义是功率的交换,而不是消耗,为了和电阻上消耗掉的有功功率区别起见,用符号 Q_L 表示感性无功功率。即

$$Q_L = U_L I = I^2 X_L = \frac{U_L^2}{X_L}$$

它的单位是乏(var)或千乏(kvar)。

【例 3-4】 对电感电路,请判断以下公式是否正确? 如不正确,请改正。

① $\dfrac{u}{i} = X_L$;② $\dot{U}_L = L\dfrac{di}{dt}$;③ $i = \dfrac{U}{\omega L}$;④ $I = j\dfrac{\dot{U}}{X_L}$;⑤ $P_L = I^2 X_L$ 。

答 以上 5 个公式都是错误的,其原因如下:

①式,电感电路中电压与电流瞬时值间的关系应为 $u = L\dfrac{di}{dt}$,而电压与电流的瞬时值

之比是没有物理意义的,因此也不等于感抗。

②式中的 $\dot{U}_L$ 是电压相量,不是电压瞬时值,所以此式不成立,应改为 $u = L\dfrac{\mathrm{d}i}{\mathrm{d}t}$ 或 $\dot{U}_L = \mathrm{j}\dot{I}\omega L$。

③式中的电流是瞬时值,它是时间的函数,而电压是有效值,它不随时间变化,所以电压有效值与感抗 ωL 之比是固定值,不等于随时间变化的电流瞬时值,所以该式不能成立,应改为 $I = \dfrac{U}{\omega L}$。

④式的左右两侧都应该用相量表示,即电流 I 上方应加"·"。此外,电感的电流相量应滞后于电压相量90°,而式中电流相量超前于电压相量90°,应改为 $\dot{I} = \dfrac{\dot{U}}{\mathrm{j}X_L}$。

⑤式,电感不消耗有功功率,应改用无功功率 Q_L 表示,即 $Q_L = I^2 X_L$。

3. 电容元件交流电路

(1) 电容的物理性质

电容器是一个能聚积电荷的导体和绝缘体的组合,最典型的电容器由两块相互绝缘的平行金属板构成。在电容器两端,即两极板间加上电压 u_C,电容器将被充电,并建立电场。由物理学知识,电容器极板上所带电荷 q 与两极板之间的电压 u_C 之比就是该电容器的电容(或称电容量)C,即

$$C = \frac{q}{u_C} \tag{3.1.21}$$

电容 C 一般是个常量,它与金属板的大小、形状、两极板间的绝缘材料有关,而与金属板的材料无关。

当加在电容上的电压 u_C 增加时,极板上的电荷 q 也增加,电容器充电;而电压 u_C 减小时,极板上电荷 q 减少,电容器放电。根据电流定义

$$i = \frac{\mathrm{d}q}{\mathrm{d}t} \tag{3.1.22}$$

将式(3.1.21)代入式(3.1.22)得

$$i = C\frac{\mathrm{d}u_C}{\mathrm{d}t} \tag{3.1.23}$$

上式表明,电容器的电流与电容外加电压的变化率成正比。电容 C 上电压 u_C 与电流 i 的参考方向如图 3.1.13 所示。

当电容器两端外加电压变化时,电路中就有电流通过。这与电流通过电阻不同,实际上电流并不能通过电容器中两金属极板间的绝缘体。当外加电压 u_C 增加时,电荷就从电源不断流向电容器进行充电;当外加电压 u_C 减小时,聚集在电容器极板上的电荷就随着电压的减小而减小,从电容器极板流出进行放电。这样不断对电容器进行充电、放电,就使电路中总是有电荷来回移动而形成电流。这就是变化的电流能"通过"电容器的物理实质。

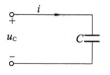

图 3.1.13 交流电容电路

在直流电路中，电压不随时间变化，$i=C\dfrac{\mathrm{d}u_C}{\mathrm{d}t}=0$，所以说电容在恒定电压作用下相当于开路。

（2）电压与电流的关系

在电容器两端加上正弦交流电压，就组成了交流电容电路，如图 3.1.13 所示。设外加在电容器两端的电压为

$$u_C=U_{Cm}\sin\omega t \tag{3.1.24}$$

由式(3.1.23)得知流过电容器的电流为 $i=C\dfrac{\mathrm{d}u_C}{\mathrm{d}t}$，所以

$$i=C\frac{\mathrm{d}(U_{Cm}\sin\omega t)}{\mathrm{d}t}=\omega C U_{Cm}\sin(\omega t+90°)$$

$$=I_m\sin(\omega t+90°) \tag{3.1.25}$$

比较式(3.1.24)和式(3.1.25)可知，在交流电容电路中，电压 u_C 和电流 i 都是同频率的正弦量，它们之间有以下关系。

① 在数值上，由式(3.1.25)得

$$I_m=\omega C U_{Cm}$$

将上式两边同除以 $\sqrt{2}$，即得电流和电压有效值之间的关系

$$I=\omega C U_C$$

令 $X_C=\dfrac{1}{\omega C}=\dfrac{1}{2\pi fC}$，则

$$I=\frac{U_C}{X_C} \tag{3.1.26}$$

上式表明，当电源频率($\omega=2\pi f$)和电容 C 为常数时，电流与电压有效值成正比例。

比较式(3.1.26)和 $I=\dfrac{U_R}{R}$，可以看出它们有相似的形式，式中 X_C 与 R 相对应，即 $X_C=\dfrac{1}{\omega C}$，它在电容电路中对电流起着阻碍作用，这种阻碍作用称为容抗(电容电抗)。若频率 f 的单位为赫兹(Hz)、电容单位为法拉(F)，则容抗单位为欧姆(Ω)。

当电压 U_C 一定时，容抗愈大，电流愈小。这是因为当电压 U_C 一定时，电容愈大，在单位时间内电容器所容纳的电量愈大，电流就愈大，所以容抗愈小("阻力"小)。当频率增加时，电容器充、放电的速度加快，使单位时间通过导线截面的电量增多，电流增大，容抗减小。当频率 $f=0$(直流)时，容抗 $X_C=\infty$，因此稳定的直流电不能通过电容器。电容器的这种"通交隔直"的特性，在电子技术中应用十分普遍。

② 在相位上，比较式(3.1.24)和式(3.1.25)可知，电流 i 超前于电压 u_C 一个 90° 角，其波形和相量如图 3.1.14 所示。

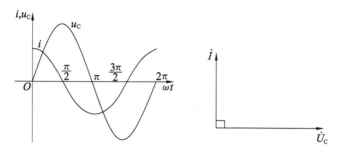

图 3.1.14 交流电容电路中电压、电流波形及相量图

③ 电容电路中的电压与电流之间的数值关系和相位关系可以表示为

$$\dot{I} = \frac{\dot{U}_C}{-jX_C} \text{ 或 } \dot{U}_C = -jX_C \dot{I}$$

上式表明,电容两端电压的有效值等于电流有效值与容抗的乘积,在相位上电压滞后于电流 $90°$,因为电流相量 $\dot{I}$ 乘上 $(-j)$ 后,即向顺时针方向旋转了 $90°$。

（3）电容上的功率关系

电容上的瞬时功率 p_C 为

$$\begin{aligned} p_C &= u_C i = U_{Cm}\sin\omega t \cdot I_m \sin(\omega t + 90°) \\ &= U_C I \sin 2\omega t \end{aligned} \quad (3.1.27)$$

其平均功率　　　$$P_C = \frac{1}{T}\int_0^T p_C \mathrm{d}t = \frac{1}{T}\int_0^T U_C I \sin 2\omega t \cdot \mathrm{d}t = 0$$

以上说明,在电容电路中没有能量的消耗,只有电容与电源之间的能量交换。为了衡量电容与电源之间能量交换的规模大小,把电容与电源之间能量交换的最大值（即瞬时功率的最大值）称为容性无功功率,用符号 Q_C 表示,则有

$$Q_C = U_C I = I^2 X_C = \frac{U_C^2}{X_C}$$

它的单位为乏（var）或千乏（kvar）

（二）多参数的交流电路

在实际电路中,单一参数电路是很少的,生产上很多重要的电气设备如电动机、变压器、接触器等,其电路都是由电阻和电感组成的,这类设备称作感性负载。一个电阻器在频率很高的情况下,常常也要考虑它的电感和电容。

下面学习电阻、电感和电容串联的交流电路,在进行分析时仍以基尔霍夫定律作为基础。需要指出的是,在交流电路中基尔霍夫定律既适合于任何瞬时电路分析,也适合于用相量表示的电压和电流的电路分析。

1. 电压和电流的关系

图 3.1.15 所示是电阻、电感和电容串联的电路,在交流电压 u 的作用下,各元件中有电流 i 通过,其参考方向如图所示。由于串联电路中通过的是同一电流,所以选电流为参考相量。

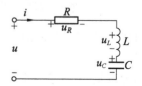

图 3.1.15 电阻、电感和电容的串联电路

电流流过电阻时,产生电阻电压 $U_R = R\dot{I}$,并与

电流同相;电流流过电感时,产生电感压降 $\dot{U}_L=jX_L\dot{I}$,相位超前于电流 90°;电流流过电容时,产生容压降 $\dot{U}_C=-jX_C\dot{I}$,相位滞后于电流 90°。根据基尔霍夫电压定律,在任何瞬时,电源电压等于各元件上的电压之和,即

$$u=u_R+u_L+u_C$$

这里的 u_R,u_L 和 u_C 都是同频率的正弦量,因此可以用相量来表示,即

$$\dot{U}=\dot{U}_R+\dot{U}_L+\dot{U}_C \qquad (3.1.28)$$

设 $U_L>U_C$,其对应的相量图如图 3.1.16 所示。图中选 $\dot{I}$ 为参考相量(初相位为零),画在水平位置。由于 $\dot{U}_L$ 与 $\dot{U}_C$ 反相,所以 $(\dot{U}_L+\dot{U}_C)$ 的值实际上是 U_L 与 U_C 的有效值之差。由相量图可知,$\dot{U}_R$,$(\dot{U}_L+\dot{U}_C)$ 和 $\dot{U}$ 三个相量组成了一个直角三角形,称为电压三角形。

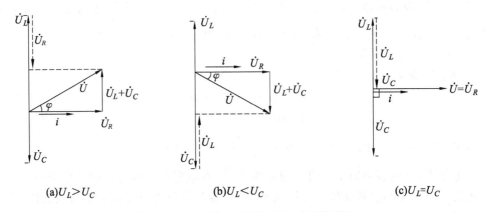

(a)$U_L>U_C$ (b)$U_L<U_C$ (c)$U_L=U_C$

图 3.1.16 R,L,C 电路的电压、电流相量图

由式(3.1.28)可推导出串联交流电路中的总电压相量 $\dot{U}$ 与电流相量 $\dot{I}$ 之间的关系式,即

$$\dot{U}=(R+jX)\dot{I}=\dot{Z}I \qquad (3.1.29)$$

上式与欧姆定律的公式相似,因此称为欧姆定律的相量形式。这里的 Z 称为复阻抗,它的实数部分代表电阻 R,虚数部分代表电抗 X(感抗 X_L 与容抗 X_C 之差)。应该指出,复阻抗是一个复数计算量,它与代表正弦量的相量意义不同,用不加点的大写字母 Z 来表示,正是为了跟电压相量和电流相量有所区别。

复阻抗的模 $|Z|$ 称为阻抗,根据 $Z=R+jX$,可求得阻抗为

$$|Z|=\sqrt{R^2+X^2}=\sqrt{R^2+(X_L-X_C)^2}=\sqrt{R^2+(\omega L-\frac{1}{\omega C})^2} \qquad (3.1.30)$$

由式(3.1.29)可得出电压有效值与电流有效值之间的关系为

$$U=|Z|I \qquad (3.1.31)$$

由此可见,阻抗是一个与电路参数及电源频率有关的量,它表示电阻、电感和电容电路中对交流电的总的阻碍作用。阻抗的单位也是欧姆(Ω)。

上述分析是在假定 $U_L>U_C$ 的条件下进行的,这时电路电抗为正值,电源电压 $\dot{U}$ 超

前于电流 $\dot{I}$ 一个 φ 角,φ 角是正值。这种电路中,电感的作用大于电容的作用,称为电感性电路。相反,当 $U_L < U_C$ 时,如图 3.1.16b 所示,电路中电容的作用大于电感的作用,称为电容性电路。当电路的 $X_L = X_C$($U_L = U_C$)时,电压与电流同相,$\varphi = 0$,$\cos\varphi = 1$,此时电路呈电阻性,这种现象称为串联谐振。

(三) 串联电路的功率关系

在分析单一参数电路时已经知道,电阻是消耗能量的,而电感和电容是不消耗能量的,仅在电源与电感、电容间进行能量的交换。因此在电阻、电感和电容串联的交流电路中必然同时存在着有功功率和无功功率。

电源供给电阻 R 消耗的有功功率 P 为

$$P = U_R I = I^2 R$$

由电压三角形可知,$U_R = U\cos\varphi$,则

$$P = UI\cos\varphi \tag{3.1.32}$$

上式是计算交流电路有功功率的公式,它说明有功功率的大小不仅与电压、电流有效值的乘积有关,还取决于电压、电流间相位差角的余弦($\cos\varphi$)。习惯上把电压与电流的相位差角 φ 称为功率因数角,把 $\cos\varphi$ 称为功率因数,它们都是由电路参数决定的。

电源供给电感和电容所需的无功功率 Q 为

$$Q = (U_L - U_C)I = I^2 X_L - I^2 X_C = Q_L - Q_C$$

由电压三角形可知,$U_L - U_C = U\sin\varphi$,则

$$Q = UI\sin\varphi \tag{3.1.33}$$

上式说明,在串联电路中,无功功率决定于有效值 U,I 的乘积和 $\sin\varphi$ 的大小。

在生产实践中,电气设备所消耗的有功功率是由发电机或变压器供给的。而有功功率是由电压、电流和 $\cos\varphi$ 的乘积决定的。但在设计发电机或变压器时,用电设备(即负载)的参数和 $\cos\varphi$ 未知,因此这些设备的额定功率不能用有功功率来表示,而用额定电压有效值与额定电流有效值的乘积来表示,称为视在功率,即

$$S = UI \tag{3.1.34}$$

为了和有功功率、无功功率相区别,视在功率的单位用伏安(V·A)或千伏安(kV·A)表示。

用电设备的有功功率只能小于或等于视在功率。因此,供电设备上标出的额定视在功率只代表它可能供给的最大有功功率。但电源究竟向负载提供多大的有功功率,不决定于电源本身,还由负载的大小和性质而定,这就意味着必须乘上功率因数 $\cos\varphi$,只有功率因数已知的用电设备,它们的额定容量才能用有功功率标出。

从式(3.1.32)、式(3.1.33)和式(3.1.34)可以看出,P,Q,S 三者刚好是一个直角三角形的三条边,组成了功率三角形。这个三角形也可以直接从电压三角形各边同乘以电流 I 得到,如图 3.1.17 所示。

需要说明的是,如果电路中接有多个负载,并且各负载的功率因数各不相同,在计算总视在功率时,不能将各负载的视在功率直接相加,而必须分别求出

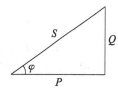

图 3.1.17 功率三角形

$$\sum P = P_1 + P_2 + P_3 + \cdots$$

$$\sum Q = Q_1 + Q_2 + Q_3 + \cdots$$

然后算出总的视在功率

$$S = UI = \sqrt{(\sum P)^2 + (\sum Q)^2}$$

式中:U 和 I 分别代表电路的总电压和总电流。

(四) 阻抗的串联与并联

1. 阻抗串联的交流电路

如果电路由若干个阻抗串联而成,如图 3.1.18 所示,根据基尔霍夫电压定律,电源总电压等于各部分电压的相量和,即

$$\dot{U} = \dot{U}_1 + \dot{U}_2 + \cdots = Z_1 \dot{I} + Z_2 \dot{I} + \cdots$$

将上式两边都除以电流相量 $\dot{I}$,得电路的等效复阻抗为

$$\begin{aligned}
Z &= Z_1 + Z_2 + \cdots \\
&= (R_1 + jX_1) + (R_2 + jX_2) + \cdots \\
&= \sum R + j \sum X
\end{aligned}$$

上式表明,在计算串联交流电路的总阻抗时,只能将各个阻抗按复数相加,然后再求复阻抗的模,切不可将几个阻抗的模直接相加。

运用相量计算,可以列出阻抗串联电路的分压公式:

$$\dot{U}_1 = \dot{I} Z_1 = \dot{U} \frac{Z_1}{Z_1 + Z_2 + Z_3}$$

$$\dot{U}_2 = \dot{I} Z_2 = \dot{U} \frac{Z_2}{Z_1 + Z_2 + Z_3}$$

(3.1.35)

上式表明,对交流串联电路应用相量法计算,可以得出与直流电路中求分压相似的公式,这简化了交流电路的计算。

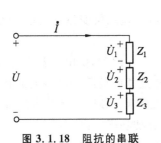

图 3.1.18　阻抗的串联

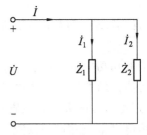

图 3.1.19　阻抗的并联

2. 阻抗并联的交流电路

图 3.1.19 所示电路中,阻抗 Z_1 和 Z_2 并联,根据基尔霍夫电流定律,并把电流电压用相量表示,得并联电路总电流

$$\dot{I} = \dot{I}_1 + \dot{I}_2 = \frac{\dot{U}}{Z_1} + \frac{\dot{U}}{Z_2} = \dot{U}\left(\frac{1}{Z_1} + \frac{1}{Z_2}\right) = \dot{U}\frac{1}{Z}$$

其中

$$\frac{1}{Z} = \frac{1}{Z_1} + \frac{1}{Z_2}$$

(3.1.36)

上式表明并联电路的等效复阻抗的倒数等于各并联支路的复阻抗的倒数之和。它与直流电路计算并联等效电阻的公式相似。

运用相量计算，可写出两个负载并联电路的分流公式：

$$\dot{I}_1 = \frac{\dot{U}}{Z_1} = \frac{\dot{I}Z}{Z_1} = \dot{I}\frac{Z_2}{Z_1+Z_2}$$

$$\dot{I}_2 = \frac{\dot{U}}{Z_2} = \frac{\dot{I}Z}{Z_2} = \dot{I}\frac{Z_1}{Z_1+Z_2} \tag{3.1.37}$$

电路的总有功功率

$$P = P_1 + P_2 \quad \text{或} \quad P = UI\cos\varphi$$

电路的总无功功率

$$Q = Q_1 + Q_2 \quad \text{或} \quad Q = UI\sin\varphi$$

电路的视在功率

$$S = UI$$

思考： 在分析阻抗串联和阻抗并联的电路时，为什么要应用相量形式的欧姆定律和基尔霍夫定律，而且用复阻抗进行串联及并联的计算，才可得出正确的结果？

四、提高功率因数

（一）提高功率因数的意义

在正弦交流电路中，负载消耗的功率为

$$P = UI\cos\varphi$$

即负载消耗的功率不仅与电压、电流的乘积有关，而且还要考虑电压与电流间的相位差 φ。其中，功率因数 $\cos\varphi$ 取决于负载的性质和参数。例如白炽灯、电阻炉等电阻负载 $\cos\varphi=1$，而异步电动机、变压器、日光灯、接触器等感性负载的 $\cos\varphi<1$，电流在相位上滞后于电压。在一般情况下，供电线路的功率因数总是小于 1 的，所以电路中出现了无功功率 $Q=UI\sin\varphi$，引起电源与负载之间的能量交换。当 $\cos\varphi$ 较小时，则 Q 较大，对电源和线路会带来以下一些问题：

（1）功率因数过低，电源设备的容量不能充分利用。

交流电源（发电机或变压器）的容量通常用视在功率 $S=UI$ 表示，它代表电源所能输出的最大有功功率。但电源究竟向负载提供多大的有功功率，不决定于电源本身，而取决于负载的大小和性质。例如，供电线路上不接入负载时，电源就不输出功率；若接的是一组电阻性负载（如白炽灯、电炉等），这时 $\cos\varphi=1$，电源就只需输出负载所需的有功功率；如果接的是一组感性负载，这时 $0<\cos\varphi<1$，电源不仅输出有功功率，还要承担负载所需要的无功功率。由此可见，同样的电源设备，同样的输电线，负载的功率因数越低，电源设备输出的最大有功功率就越小，无功功率就越大，电源设备的容量就越不能充分利用。

（2）功率因数过低，将增加电力网中输电线路上有功功率损耗和电能损耗。

当电源电压 U 和负载所需要的有功功率一定时,电源供给负载的电流(即输电线路上的电流)为

$$I = \frac{P}{U\cos\varphi}$$

显然,功率因数越低,线路上的无功功率越大,因而流过线路的电流越大,线路上损耗的电功率也越大。

综上所述,在电力系统中,功率因数的高低是关系到发电设备是否能充分利用,输电效率能否提高的重要问题。为此,我国有关部门规定工厂企业单位的负载总功率因数不得低于 0.9,但工厂中用得最多的异步电动机的功率因数 $\cos\varphi = 0.3 \sim 0.85$,日光灯的功率因数 $\cos\varphi = 0.4 \sim 0.6$,这些都不符合要求,由此可见功率因数不高的主要原因是由于电感性负载的存在。

(二) 提高功率因数的方法

1. 提高各用电设备的功率因数

采取措施降低各用电设备所需要的无功功率,可以使用电设备本身的功率因数有所提高。例如,正确选用异步电动机的容量,因为异步电动机在轻载及空载运行时功率因数很低,满载时功率因数较高,所以选用电动机的容量不要过大,以尽量减少轻载运行的情况。

2. 在感性负载上并联适当规格的电容器,以提高整个电路的功率因数

功率因数不高的根本原因是由于电感性负载的存在。如前所述,感抗的存在引起了无功功率,而在有功功率一定时,无功功率的增大必然引起视在功率的增大,从而降低了功率因数。因此,如何减少电源所负担的无功功率是关键。电感元件和电容元件在电路中都具有吸收能量和释放能量的作用,但是它们吸收和释放能量的时间正好彼此错开,相互之间可以交换无功功率。

因此感性负载接入电容就可以分担电源的一部分无功功率,这样就减轻了电源的负担,使电源能输出更多的有功功率。

提高功率因数的原则是不影响负载的正常工作,即不能影响负载本身的电压、电流和功率。接入电容器并不是改变负载本身的功率因数,而是通过改变线路电压与电流之间的相位差来提高供电线路的功率因数。具体方法是将大小适当的电容与感性负载并联,进行无功功率的补偿,如图 3.1.20 所示。其原理可以用相量图加以说明,如图 3.1.21 所示。

在图 3.1.21 中,选电压 $\dot{U}$ 为参考相量,$\dot{I}_1$ 代表负载电流,它滞后于电压的角度是 φ_1。在并联电容之前,线路上的电流就是负载电流 $\dot{I}_1$,这时的功率因数是 $\cos\varphi_1$。如果把电容器与负载并联,由于增加了一个超前于电压90°的电流 $\dot{I}_C$,所以线路上的电流已不是 $\dot{I}_1$,而是 $\dot{I}_1$ 与 $\dot{I}_C$ 的相量和 $\dot{I}$,即

$$\dot{I} = \dot{I}_1 + \dot{I}_C$$

这时 $\dot{I}$ 滞后于电压 $\dot{U}$ 的角度是 φ。这里 $\varphi < \varphi_1$,所以 $\cos\varphi > \cos\varphi_1$。只要电容选得适当,即可达到提高功率因数的目的。

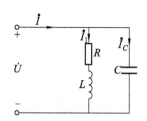
图 3.1.20　并联电容器提高功率因数

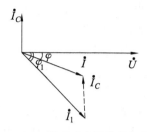
图 3.1.21　提高功率因数的相量图

上述分析说明,用并联电容器来提高功率因数,并没有去改变负载本身的电压、电流和功率因数,而是用电容器去补偿负载所需要的无功功率,减小电路上的无功电流,以改善供电系统的功率因数。

任务实施

1. 实训目的

(1)熟悉单相正弦交流电路的基本知识。

(2)掌握日光灯电路组成及其工作原理。

(3)掌握交流电路参数测试及提高功率因数的方法。

2. 实训说明

提供日光灯及镇流器等电路元器件,各小组按照图 3.1.22 所示实训电路进行日光灯运行电路的安装接线及调试,观察日光灯启动状态,测量电流电压电路参数,并进行提高功率因数实训。

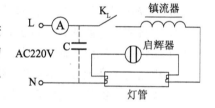
图 3.1.22　日光灯运行电路

3. 实训步骤及要求

(1)分组准备实训设备、器材及仪表工具,填入表 3.1.1。

表 3.1.1　实训设备清单

序号	名　　称	型号及规格	数量
1	日光灯、启辉器及镇流器	18 W	1 套
2	电容	3 μF,450 V	1
3	万用表		1
4	交流电流表		1
5	小型开关(按钮)		1
6	接线端子及导线		若干
7	电工辅材及工具		若干

(2)记录日光灯及镇流器的额定技术参数:_____。

(3)日光灯运行电路主要由哪几部分组成?

（4）在断电状态下，按照实训电路连线调试，检查确认无误后，闭合 K_L 开关接通电源，观察记录日光灯启辉过程。

（5）测量日光灯运行电路中各类电压值：① 电源电压：＿＿＿＿＿＿＿；② 灯管两端电压：＿＿＿＿＿＿＿；③ 镇流器两端电压：＿＿＿＿＿＿＿＿＿。试分析以上三组电压数据之间的关系。

（6）在日光灯亮的状态下取下启辉器，观察记录日光灯的运行状态。

（7）应用并联电容法，将功率因数提高到 0.9。

① 用相量图法分析提高功率因数的原理。

② 根据日光灯额定技术参数，估算所需并联的电容值 $C=$＿＿＿＿＿＿。

③ 在并联电容前后，分别测量总电流变化，并观察记录日光灯的亮度变化：

并联电容之前：$I=$＿＿＿＿＿ A；日光灯亮度＿＿＿＿＿；

并联电容之后：$I'=$＿＿＿＿＿ A；日光灯亮度＿＿＿＿＿；

注意： 电容并联后应先放电，然后再拆出线路。

（8）经指导教师检查评估实训结果后，关闭电源、做好实训台和实训室 5S 工作。

（9）小组实训总结，完成实训报告。

4. 考核要求与标准

（1）正确选择使用实训设备器材、仪表及工具（10 分）；

（2）完成实训电路连线及调试，实训结果符合项目要求（25 分）；

（3）实训报告完整正确（40 分）。

（4）小组讨论完成思考题、团队协作较好（15 分）；

（5）实训台及实训室 5S 整理规范（10 分）；

巩 固 与 提 高

1. 在电阻、电感、电容串联的电路中，当电源频率降低时，负载的感抗和阻抗怎样变化？电路性质如何变化？

2. 什么是复阻抗？引入复阻抗的概念对正弦交流电路的分析计算有什么重要意义？

3. 在具有电感的交流电路中，电源电压与自感电动势相平衡，但电路中仍有电流流过，怎样理解这个问题？

4. 在电感电路中，当电压为零时，电流却达到幅值，怎样理解这个问题？在电容电路中，当电压达到幅值时，电流却等于零，怎样理解这个问题？

5. 功率因数的含义是什么？提高功率因数有什么重要意义？功率因数过低有何不良后果？

6. 用串联电容器的方法能否提高电路的功率因数？实际上为什么不采用此法？用并联电容器的方法提高功率因数是否并联的电容器越大，功率因数提高得越多？

7. 在某电路中,$i=100\sin(6280t-\frac{\pi}{4})$ mA。(1)试指出它的频率、周期、角频率、幅值、有效值及初相位各为多少?(2)画出波形图;(3)如果 i 的参考方向选得相反,写出它的三角函数式,画出波形图,问(1)中各项有无改变?

8. 已知两正弦电流 $i_1=8\sin(\omega t+60°)$ A 和 $i_2=6\sin(\omega t-30°)$ A,试用复数计算电流 $i=i_1+i_2$,并画出相量图。

9. RL 串联电路的阻抗 $Z=(4+j3)\Omega$,试问该电路的电阻和感抗各为多少?并求电路的功率因数和电压与电流间的相位差。

10. 在习题10图所示的电路中,$R=X_L=X_C$,并已知电流表 A_1 的读数为 3 A,试问 A_2 和 A_3 的读数为多少?

11. 今有 40 W 的日光灯一个,使用时灯管与镇流器(可近似地把镇流器看作纯电感)串联在电压为 220 V、频率为 50 Hz 的电源上。已知灯管工作时属于纯电阻负载,灯管两端的电压等于 110 V。试求镇流器的感抗与电感,这时电路的功率因数等于多少?若将功率因数提高到 0.8,问应并联多大的电容?

12. ① 如果启辉器损坏了,如何使日光灯亮起来?

② 交流电三要素是指＿＿＿＿＿＿、＿＿＿＿＿＿和＿＿＿＿＿＿。

③ 某单相交流电压 $u=220\sqrt{2}\sin(314t+30°)$ V,则该电压有效值 $U=$＿＿＿＿ V,频率 $f=$＿＿＿＿ Hz,周期 $T=$＿＿＿＿ s。

④ 某单相交流日光灯额定技术参数如下:额定电流 1 A,额定电压 220 V,功率因数 0.5,则其额定功率为＿＿＿＿＿＿＿＿。

⑤ 在交流电路中,电容的电压 u_C 相位＿＿＿＿＿＿(超前/滞后)电流 i_C,电感的电压 U_L 相位＿＿＿＿＿＿(超前/滞后)电流 i_L。

⑥ 如习题12图所示交流电路,已知电流表 A_1 读数为 3 A,A_2 读数为 4 A,则 A 表读数为(   )。

A. 1A   B. 7 A   C. 12 A   D. 5 A

⑦ 一台 220 VAC,1.5 kW 的空调,如果一天使用 4 小时,其耗电量约为＿＿＿度。

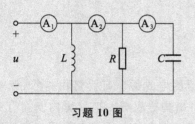

习题 10 图

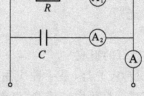

习题 12 图

任务 2
室内照明配电系统的安装与调试

任务描述

本任务以照明线路的安装与调试为例,给学生准备好所需元器件,要求学生在对日光灯的组成、工作原理与导线的种类与安全载流量等知识进行了解的基础上,掌握建筑照明电气图的组成,并能识读照明电路原理图、安装布置图、电气接线图;掌握日光灯线路的调试、检修方法。

首先准备好实验所需电工工具以及导线、电度表、双控开关、单相三极插座、日光灯等元器件;然后对按电路图连接好线路;最后对室内照明系统进行调试。

讨论与交流:

(1) 日光灯的发光原理是什么?

(2) 单股之间或多股导线之间分别是怎么进行连接的?

(3) 室内照明线路安装前需要做哪些准备? 安装步骤是什么?

(4) 安装工作完成后,通电前应该做哪些检测?

(5) 怎样排除照明线路中的常见故障?

一、认识日光灯

(一) 日光灯的组成

日光灯又称荧光灯,是一种应用较为广泛的电光源。日光灯由灯管、镇流器、启辉器、灯座等组成。灯管由玻璃管、灯丝、灯丝引出脚等组成。玻璃管内壁涂有荧光材料,管内抽成真空后充有少量的汞和惰性气体,灯丝上涂有电子发射物质。启辉器由氖泡、电容外壳等组成,如图 3.2.1 所示。氖泡内充有氖气,并装有动触片和静触片,动触片为双金属片,有受热弯曲特性。

镇流器由铁芯、电感线圈组成,如图 3.2.2 所示。镇流器的主要作用是限制通过灯管灯丝的电流,延长灯管的使用寿命以及产生脉冲电动势使日光灯迅速点亮。上述的灯管、启辉器、镇流器均应配套选用。

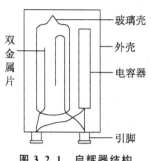

图 3.2.1　启辉器结构

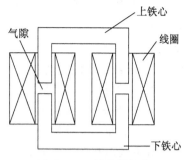

图 3.2.2　镇流器结构

(二)日光灯的发光原理

在接通电源的瞬间,电源沿日光灯管两端的灯丝,经启辉器、镇流器、电源构成回路,使灯丝预热并发射电子。同时,在电压作用下启辉器内的动、静触片间产生辉光放电而发热,动触片受热弯曲与静触片接通,两触片间的电压为零,双金属片冷却复位,使动、静两触片分断,在两触片分断瞬间,电路中形成一个触发,使镇流器两端产生感应电动势,出现瞬间的高压脉冲。在脉冲电动势的作用下,使灯管内惰性气体被电离而引起弧光放电,伴随弧光放电,灯管内温度升高,上述现象重复数次直至灯管内温度使管内液态汞气化电离,引起汞蒸气弧光放电而产生不可见的紫外线,紫外线激发灯管内壁的荧光粉后发出近似白色的灯光。

(三)日光灯的品种规格

日光灯有多种品种和规格,其规格以功率标称,有 6,8,15,20,30 W 等。一旦灯管的功率确定,那么在这日光灯线路中所需配套的镇流器、启辉器都应与灯管的功率数配套。

(四)日光灯灯座的种类

日光灯灯座的作用是固定日光灯灯管,也有多种类型,最常用的有开启式和弹簧插入式两种,如图 3.2.3 所示。

目前整套日光灯架中的灯座都采用开启式,因为它固定方便,不需使用任何工具直接插入槽内即可,如图 3.2.4 所示。

图 3.2.3　日光灯灯座的种类

图 3.2.4　整套日光灯架中的灯座

二、导线的选用

在电气安装工程中,会碰到电气线路的连接,而在电气接线过程中,会遇到各种各样的导线,这就需要我们认识各类导线,通过用千分尺测量导线线芯直径,然后套用公式,计算出线芯的截面积。

(一) 认识导线

在照明线路中,通常将导线称为绝缘导线。导线的种类很多,不同的导线有不同的用途,图 3.2.5a 所示的导线主要用于额定电压 500 V 以下的照明和动力线路的敷设;图 3.2.5b 所示的导线用作不频繁移动的电源连接,但不能用于固定敷设;图 3.2.5c 所示的导线用于电压 250 V 及以下的移动电具、吊灯等电源的连接;图 3.2.5d 所示的导线用于电压 250 V 及以下的电热移动电具,如电烙铁、电熨斗、小型加热器等;图 3.2.5e 所示的导线是二芯、三芯护套线,主要用于照明线路的敷设。

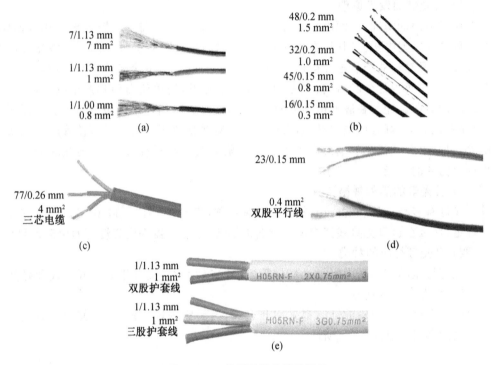

图 3.2.5 常用导线的品种规格

(二) 导线的截面积计算与安全载流量

1. 截面积计算

导线的截面积可以通过导线线芯的直径来计算,通常用千分尺测量导线直径,如图 3.2.6 所示。

若已知导线线芯的直径即可换算出导线线芯的截面积,计算公式为

$$S = \frac{\pi}{4} d^2$$

式中:S 为导线线芯的截面积,mm^2;d 为导线线芯的直径,mm。

如果导线的线芯为多股时,则计算公式为

图 3.2.6 千分尺测量线芯直径

$$S=0.785nd^2$$

式中：n 为导线线芯的股数。

2. 不同场合中的导线安全载流量

导线用来传送电流，但是当通过的电流超过导线允许范围，导线就会发热，甚至将绝缘层烧毁，导线线芯融化、烧断，甚至会引发火灾。导线的最大承载电流不仅与其截面积大小有关，还与导线的敷设形式有关。截面积越大通风散热越好，导线能承受电流的流量就越大，明装敷设就比管线线路的载流量要大。表 3.2.1 所示是塑料绝缘导线的型号、规格、安全载流量；表 3.2.2 所示是铜芯护套线的型号、规格、安全载流量；表 3.2.3 所示是多股软线的型号、安全载流量。

表 3.2.1　塑料绝缘导线安全载流量

线芯的截面积/mm²	线芯股数/单股直径，规格(铜芯)/mm	型号	钢管路线安全载流量/A		塑管线路安全载流量/A	
			一管二线	一管三线	一管二线	一管三线
1.0	1/1.13	BV-70	12	11	10	10
1.5	1/1.37	BV-70	17	15	14	13
10.0	7/1.33	BV-70	56	49	49	42
25.5	7/2.12	BV-70	93	82	82	74

表 3.2.2　护套线安全载流量

线芯的截面积/mm²	线芯股数/单股直径，规格(铜芯)/mm	型号	二线铜芯安全载流量/A	三线铜芯安全载流量/A
0.5	1/0.75	BVV-70	7	4
1.0	1/1.13	BVV-70	13	9.6
1.5	1/1.37	BVV-70	17	10
2.5	1/1.76	BVV-70	23	17

表 3.2.3　多股软件的型号、安全载流量

线芯的截面积/mm²	塑料绝缘一芯/型号		塑料绝缘二芯/型号		橡胶绝缘二芯/型号	
	载流量/A	型号	载流量/A	型号	载流量/A	型号
0.5	8	BVR	7	绞合线 RVS	7	BXS
			7	平行线 RVB		
0.75	13	BVR	10.5	绞合线 RVS	9.5	BXS
			10.5	平行线 RVB		
0.8	14	BVR	11	绞合线 RVS	10	BXS
			11	平行线 RVB		
1.0	17	BVR	13	绞合线 RVS	11	BXS
			13	平行线 RVB		

活 动 设 计

学生通过用千分尺测量导线线芯的直径,并用上述相关公式计算出导线的截面积。

准备材料:单股塑料铜芯线(BV-1/1.13 mm,BV-1/1.37 mm)、七股线(7/1.33 mm)

准备量具:0～25 mm千分尺,每3位学生一把。

(三) 导线的连接与绝缘恢复

导线连接分为导线绝缘层的剥削、导线线芯的对接、导线绝缘层的恢复三个步骤,连接过的导线仍具有原始导线同样的技术参数(主要指原始导线的安全载流量、拉力、绝缘程度等)。

1. 导线绝缘层的剥削

剥削导线绝缘层的工具有钢丝钳、电工刀和剥线钳三种。对于导线线芯截面积在 4 mm^2 以下的单股线可采用钢丝钳、剥削钳进行剥削。用钢丝钳剥削导线绝缘层有一定的技巧,须通过训练加以熟练。

(1) 用钢丝钳剥削绝缘层

① 左手捏导线,右手握钢丝钳,将须剥削绝缘层的导线根据长度放在钢丝钳的刃口上(通常剥削单股导线绝缘层的长度为线芯直径的70倍),右手要用一点力,既要卡住导线的绝缘层,又不能损伤线芯,如图3.2.7所示。

② 用手握住钢丝钳的头部用力向外勒出塑料绝缘层。

③ 检查导线的线芯,要确保完好无损,否则重新操作。

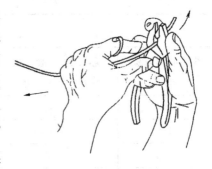

图 3.2.7 钢丝钳剥削绝缘层

(2) 用电工刀剥削绝缘层(4 mm^2 以上的导线)

① 根据要求的长度用电工刀以倾斜45°角切入导线的绝缘层(通常剥削多股导线绝缘层的长度为线芯直径的20倍),如图3.2.8a所示。

② 将刀面与线芯以倾斜25°角用力向线端推削,削去导线上面一层的绝缘层,如图3.2.8b所示。

③ 将导线的绝缘层向后翻转,用电工刀齐根割断,如图3.2.8c所示。

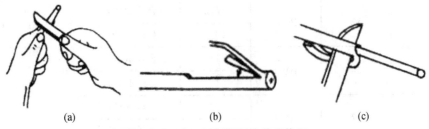

(a)　　　　　　　　(b)　　　　　　　　(c)

图 3.2.8 电工刀剥削导线的绝缘层

（3）用电工刀剥削护套线的绝缘层

① 用电工刀的刀尖按所需长度对准护套线的中间线隙（二芯护套线的中间不会碰到线芯），划开护套层，如图 3.2.9a 所示。

② 将护套线的护套层向后翻转，用电工刀齐根割断，如图 3.2.9b 所示。

③ 用电工刀按上述剥削绝缘层的方法进行剥削。

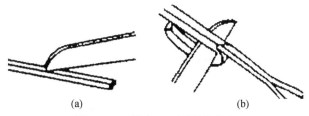

(a)　　　　　　　　　　　(b)

图 3.2.9　用电工刀剥削护套线

2. 导线的连接

（1）单股铜芯导线的连接

① 剥削好绝缘层的线芯去氧化层，去氧化层操作可用电工刀进行，即将线芯表面一层发暗氧化物轻轻刮去。

② 将两线芯呈 X 形相交，相互绞接 2～3 圈，如图 3.2.10a 所示。

③ 两线芯板呈垂直状，将一边的线芯紧贴另一边线芯缠绕 6 圈，用钢丝钳切去余下的线芯，如图 3.2.10b 所示。用同样的方法将另一边缠绕 6 圈，并钳平线根部，最后整外形，如图 3.2.10c 所示。

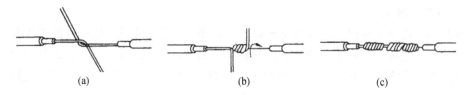

(a)　　　　　　　　　　(b)　　　　　　　　　(c)

图 3.2.10　单股导线的连接

（2）多股铜芯导线连接（以 7 股 1.13 mm 线芯为例）

① 检验 $7mm^2$ 的 7 股 1.13 mm 线芯长度是否为 120 mm，如图 3.2.11a 所示，将线芯整理拉直，把靠近绝缘层处按全长的 1/3 线芯进一步绞紧，把余下的 2/3 线芯分散成伞骨形，并将每根线芯拉直，如图 3.2.11b 所示。

② 将两股伞骨形的线芯隔根对叉，对叉后再将两端线芯捏平，如图 3.2.11c 所示。

③ 先将一端的 7 股线芯按 2,2,3 股分成三组，接着把第一组的 2 股线芯向上扳起，垂直于线芯，如图 3.2.11d 所示。然后按顺时针方向紧贴线芯并缠绕两圈，把多余的线芯扳成直角并与对方线芯平行。

④ 把第二组的 2 股线芯向上扳起，垂直于线芯，按顺时针方向紧贴线芯并接着把第二组的 2 股线芯向上扳起，垂直于线芯，也按顺时针方向紧贴线芯并缠两圈，把多余的线芯扳成直角并与对方线芯平行，接着把第三组的 3 股线芯向上扳起，垂直于线芯，如图 3.2.11e 所示，也按顺时针方向紧贴线芯并缠绕三圈，用钢丝钳切去多余的线芯，钳平线端，不留毛刺。

⑤ 按上述操作步骤的③,④以同样的方法完成另一端线芯的缠绕,如图 3.2.11f 所示。

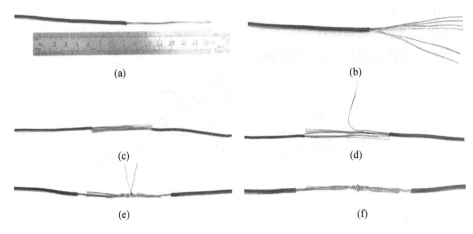

(a)

(b)

(c)

(d)

(e)

(f)

图 3.2.11 多股导线的对接

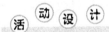

(1) 将两根已剥削的单股导线(1/1.13 mm)进行连接。

(2) 将两根已剥削的多股导线(7/1.13 mm)进行连接。

(连接好的导线在下面恢复导线绝缘任务时继续使用)。

3. 恢复导线绝缘层

导线连接后以及导线的绝缘层遭到破损都需要进行绝缘恢复,恢复后的绝缘强度不应低于原来的绝缘层。用于绝缘恢复的材料主要是黄蜡带和绝缘胶带,它们的宽度均为 20 mm。恢复导线绝缘就是用黄蜡带和绝缘胶带对破损的、连接后的导线进行包扎,包扎的方法如下:

① 将黄蜡带从导线左边完整的绝缘层开始包缠,黄蜡带与导线以 55°倾角起缠,确保在完整绝缘层缠两圈后进入绝缘恢复处,包缠时要始终保持 1/2 带宽的重叠层,如图 3.2.12a 所示。

② 黄蜡带包缠结束,将绝缘胶带接在黄蜡带的尾端以相反的 55°方向缠绕,同样绝缘胶带要始终保持 1/2 带宽的重叠层,如图 3.2.12b 所示。

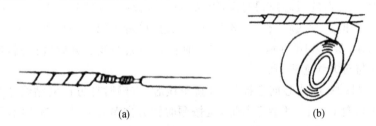

(a)

(b)

图 3.2.12 导线恢复绝缘

注意：

（1）在380 V线路上恢复导线绝缘时，黄蜡带需包缠两层，然后再包一层绝缘胶带。

（2）在220 V线路上恢复导线绝缘时，黄蜡带需包缠一层，然后再包一层绝缘胶带，或者直接用绝缘胶带包缠两层即可。

（3）用黄蜡带、绝缘胶带包缠时，要层层扎紧。

（4）绝缘胶带是带有黏性的，存放时要避高温、避沾油类。

活 动 设 计

（1）将两根已连接好的单股导线（1/1.13 mm）进行绝缘恢复。

（2）将两根已连接好的多股导线（7/1.13 mm）进行绝缘恢复。

三、日光灯电路的安装、调试与维修

图3.2.13a所示是日光灯线路电气原理图，图3.2.13b所示的是日光灯护套线线路的安装实物图。

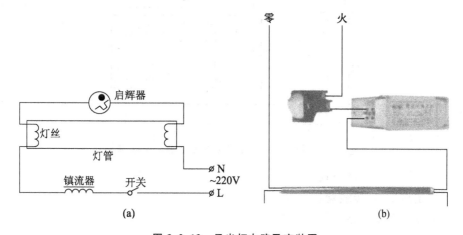

图 3.2.13　日光灯电路及安装图

（一）安装准备

日光灯安装时需用到的材料和工具有安装板（1 200 mm×600 mm），1 mm² 护套线若干、1 mm² 多股软导线若干、0 号钢精扎片、熔断器、86 型接线盒与开关、20 W 日光灯一套和万用表、卷尺以及电工常用工具等，如图3.2.14所示。

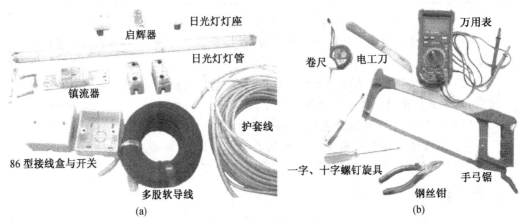

图 3.2.14　材料与工具

（二）安装步骤

1. 标划安装位置

根据要求在安装板上标划出熔断器、接线盒、开关、日光灯的位置；护套线的走向以及线卡的位置，如图 3.2.15 所示。

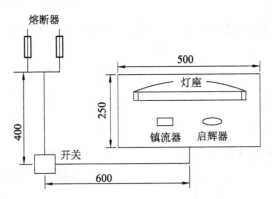

图 3.2.15　标划出安装位置

2. 固定开关、敷设护套线

（1）固定熔断器、接线盒。

（2）敷设护套线线路。

3. 安装日光灯

（1）日光灯灯座的安装与接线

① 日光灯灯座两个为一套，其中一个为固定式，另一个为带弹簧的活动式。无论是固定式还是活动式，其安装、接线方法相同。安装日光灯灯座前，先要确定日光灯灯座的位置（根据日光灯管长度确定）并画出。

② 旋下灯座的铁支架与灯脚间的连接螺钉，取下铁支架，如图 3.2.16 所示。用木螺钉将两个铁支架固定在安装板上。

图 3.2.16　取下灯座下铁支架

③ 以灯管 2/3 的长度截取 1 mm² 四根多股软导线作为日光灯电路的接线,用剥线钳剥去导线线端的绝缘层,绞紧线芯,以略大于压线螺钉的直径制作一个压线圆圈,如图 3.2.17a 所示。将压线螺钉旋入灯座的接线端如图 3.2.17b 所示。

(a)   (b)

图 3.2.17　灯座的接线

> **注意**:上述两个灯座一个为固定式,一个为活动式,在灯座接线时要注意,活动式灯座内有弹簧,接线时应先旋松灯座上方的螺钉使灯脚与外壳分离,接线完毕后恢复原状,导线应串在弹簧内。

④ 恢复灯脚支架与灯脚的连接,将灯脚引线沿灯脚下端缺口引出,旋紧灯脚支架与灯脚的紧固螺钉。

(2) 镇流器、启辉器的安装与接线

① 根据图 3.2.13b 所示位置固定日光灯镇流器,根据日光灯原理图将一端灯座中的一根引线接入镇流器的接线端,另一接线端与电源接线相连。

② 分别从两个灯座中各取出一根导线与启辉器连接,如图 3.2.18 所示。启辉器接线完成后,用木螺钉将启辉器座固定在安装板上。

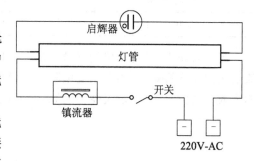

图 3.2.18　启辉器的接线与固定

③ 将启辉器插入启辉器座内,顺时针方向旋转约 60°。

④ 日光灯管结构如图 3.2.19 所示,安装时先将灯管的灯丝引脚插入活动的灯座内(有弹簧)的灯丝插孔,然后推压灯管,让灯管的另一端留有一定的空间,将另一灯管灯丝引脚对准固定式灯座的灯丝插孔,利用弹簧

图 3.2.19　日光灯管结构

力的作用使其插入灯座内。然后按日光灯原理图将电源线接入日光灯线路中。至此,日光灯安装结束。

(三) 调试

1. 通电前检验

通电前应检查线路有否短路,方法如下:

(1) 用万用表电阻 R×1 挡,将两表棒分别置于两个熔断器的出线端(下桩头)进行检测。

（2）合上照明灯开关，正常情况下万用表应有几百欧姆的电阻指示，此为白炽灯的冷态电阻。

（3）断开照明灯开关，正常情况下万用表应是无穷大的电阻指示，即开路。

2．通电检验

接通开关，观察日光灯的启动及工作情况，正常情况应看到日光灯管在闪烁数次后被点亮。

（四）日光灯线路常见故障与维修

故障现象 1　日光灯不能发光。

故障分析及检修：一般造成日光灯不能发光的原因是灯座接触不良，使电路处于断路状态，可用手将两端灯脚推紧。

如果还不能正常发光，应检查启辉器，方法如下：将该日光灯的启辉器装入能正常发光的日光灯中，重新接通电源，观察日光灯能否点亮，如果能亮，证明该启辉器正常，反之应更换启辉器。如果启辉器是好的，则应检查日光灯管。将日光灯管拆下，用万用表电阻挡分别测量灯管两端的灯丝引脚，正常阻值为十几欧姆，如果测出电阻为无穷大，说明灯丝已烧断应更换灯管。表 3.2.4 所示为常用规格灯管的冷态电阻值。

表 3.2.4　常用规格灯管的冷态电阻

灯管功率/W	6～8	15～40
冷态电阻/Ω	15～18	3.5～5

当灯管正常，日光灯出现灯管闪烁一下即熄灭，然后再也无法启动的现象，往往是镇流器内部线圈短路，可用万用表电阻挡测量确定，如图 3.2.20 所示。如测出的电阻基本为零或无穷大，应更换镇流器。表 3.2.5 所示为镇流器冷态时的电阻值。

图 3.2.20　检测镇流器

表 3.2.5　镇流器的冷态电阻

镇流器规格/W	6～8	15～20	30～40
冷态电阻/Ω	80～100	28～32	24～28

故障现象2 灯管一直闪烁。

故障分析及检修:造成上述现象的主要原因是启辉器损坏,如启辉器中电容器短路或双金属片无法断开,应更换启辉器。另外,由于线路中存在接触不良现象,造成电路时断时通,如灯座接触不良,应检查线路的各个接点,方法是用万用表按原理图逐点测量,找出故障点,重新连接该接点。

如果本地区电压不稳定,应用万用表测量日光灯电源电压,方法是将万用表置于交流250 V挡进行测量。要解决电压问题,采用交流稳压电源即可,但应考虑电路所带负载的功率。

故障现象3 日光灯在工作时有杂声。

故障分析及检修:造成上述现象的原因是镇流器铁芯松动,应更换镇流器,更换时应注意镇流器的功率与日光灯功率相匹配。

(1)按上述日光灯安装步骤,在安装板完成日光灯电路的安装、调试。
(2)教师对学生安装、调试好的日光灯设置一个故障,请学生排除故障。

四、照明电气图的识读

(一)识读照明电路原理图

图3.2.21所示为照明灯单元电路图。其中图3.2.21a为一个开关控制一盏灯电路图;图3.2.21b为一个开关控制两盏灯电路图,两盏灯并联连接,额定电压为电源电压;图3.2.21c为两个开关控制一盏照明灯电路图;图3.2.21d为一个开关控制两盏灯电路图,两盏灯串联连接,额定电压为1/2电源电压。

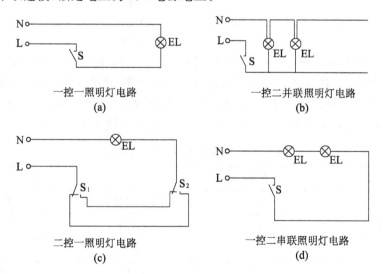

图 3.2.21 照明灯单元电路图

(二) 识读照明线路布置图

假设有一 15m² 的房间,需安装二控一照明灯与一个插座,开关、灯、插座塑料线槽的走向等布置如图 3.2.22 所示,具体位置如图 3.2.23 所示。

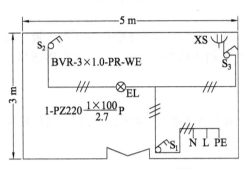

图 3.2.22　照明线路布置图

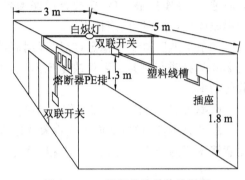

图 3.2.23　照明线路具体位置图

在照明线路布置图中,可用标注代号来标注线路的形式以及灯具、线路安装的方式,施工人员则根据标注代号进行安装。例如 BVR-3×1.0-PE-WE 即为一种线路的标注方法,其含义如下:

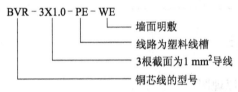

又如 $1-PZ220\frac{1\times100}{2.7}P$ 是一种照明灯具的标注方法,其含义如下:

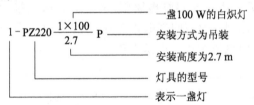

图 3.2.23 所示是由图形符号、文字符号和标注代号组成的电气照明平面图,它基本说明了开关、灯具、熔断器、插座的安装位置,塑料线槽的走向,线槽内的导线根数和截面积,也说明了灯具的型号、安装方式和高度位置。其中,线路敷设方式标注符号、线路敷设部位标注符号和照明安装方式标注符号的含义可分别查表 3.2.6,表 3.2.7 和表 3.2.8。

表 3.2.6　线路敷设方式的标注符号

配线方式	符号	配线方式	符号
暗敷	C	阻燃塑料管敷设	PVC
明敷	E	金属线槽敷设	MR
铝皮线卡敷设	AL	钢管敷设	S
电缆桥架敷设	CT	塑料管敷设	P
瓷瓶绝缘敷设	K	塑料线槽敷设	PR

表 3.2.7　线路敷设部位的标注符号

敷设部位名称	符号	敷设部位名称	符号
梁	B	构架	R
顶棚	CE	吊顶	SC
柱	C	墙	CL
地面	F		

表 3.2.8　照明器安装方式的标注符号

安装方式	符号	安装方式	符号
线吊装	CP	嵌入式	R
管吊装	P	支架安装	SP
壁装	WR	柱装安装	CL

（三）识读电气接线图

图 3.2.24 所示为电气接线图,它表示了电气的接线方式,尤其是同一个节点的连接方法或其节点的位置。例如,虽然开关 S_3 的相线既可以接到灯座内,也可以接到熔断器下端口;但在图 3.2.24 中规定了相线必须接到灯座内的相线桩头上。这些问题在设计线路走向时必须充分予以考虑,而施工人员在接线时也必须按图施工。

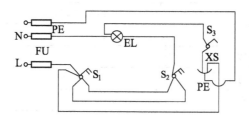

图 3.2.24　电气照明接线图

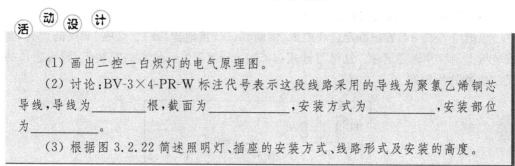

(1) 画出二控一白炽灯的电气原理图。

(2) 讨论:BV-3×4-PR-W 标注代号表示这段线路采用的导线为聚氯乙烯铜芯导线,导线为_____根,截面为_____,安装方式为_____,安装部位为_____。

(3) 根据图 3.2.22 简述照明灯、插座的安装方式、线路形式及安装的高度。

五、多功能照明系统的安装、调试与维修

1. 材料准备

根据图 3.2.25 所示照明线路布置图的要求准备相应的材料,表 3.2.9 中所列材料

清单是在安装板上进行实训的材料器件。

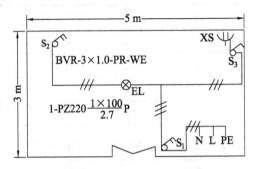

图 3.2.25 照明线路布置图

表 3.2.9 多功能照明线路材料清单

名 称	规格(型号)	数 量
安装木板	1200×600	1块
塑料线槽	30×40	3m
熔断器	RCA1(10A)	2只
一位双联开关	86型	1只
两位双联开关	86型	2只
开关盒	86型	3只
圆木	3寸(3×2,54cm)	1只
螺口平灯座	E27/35×30	1只
塑铜线	1×1,35	若干
木螺钉	4×30	若干
PE接线排	自治	1

2. 安装步骤

(1) 在安装板上画线定位

根据电气照明布置图确定进线电源、熔断器、PE接地排、开关、灯座、插座的位置,在安装板上画线并做好记号。这里可选用(1 200 mm×850 mm)实训安装板,画线定位的尺寸参考图 3.2.26。

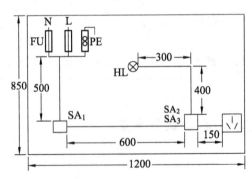

图 3.2.26 安装板上画线定位

（2）在底板上固定器件

将熔断器、灯座、插座、开关等固定在底板相应位置上。如果是在安装板上安装，则可用木螺钉直接将其固定。

（3）布线

根据各段线槽的长度布线，将 1×1.13 mm 的塑铜导线放入塑料线槽内，在线槽两端适当留有与各电器连接的余量，布线完成后即可盖上线槽盖。

（4）电气线路的接线

根据综合照明电气线路图进行接线。双联开关、电源插座的安装和接线如下：

① 双联开关安装与接线：二控一照明线路使用的是双联开关，双联开关有 3 个接线端，其中中间一端为公共端，两边分别为开关的接线端，当开关扳向下方，接通中间与下方接线端；当开关扳向上方，则接通中间与上方接线端。根据原理图将导线分别接入接线端，并将开关固定。

② 单相三眼插座的安装与接线：先安装插座的底座，然后接线，规定单相三眼插座的接线原则为"左零右相上接地"，将导线分别接入插座的接线桩内，如图 3.2.27 所示。特别要注意的是接地线的颜色（根据规定，接地线必须是黄绿双色线）。插座接线完成后，将插座盖固定在插座底座上。

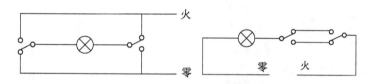

图 3.2.27　单相三眼插座的接线

根据电源电压的不同，电源插座可分为三相电源插座和单相电源插座，单相插座又有三眼或两眼插座之分；根据安装形式的不同，电源插座可分为明装式和暗装式两种。图 3.2.28 所示的是三相、单相插座的外形图。在图 3.2.24 所示的照明线路接线图中可以看出，其采用了单相接 PE 排的三眼插座，并由开关 S_3 控制。

图 3.2.28　三相、单相插座的外形图

接线完成后经复查确认正确无误，二控一照明与电源插座的接线、安装即完成。

3. 通电前的线路检测

任何线路接线完成后，都必须做一次通电前的检查，以防接线错误而引起线路短路等故障，造成不必要的事故。

（1）用万用表电阻 $R \times 1$ 挡检查电路是否存在短路。检测前，不安装熔断器盖，即不引入电源,将两表棒分别置于两个熔断器的出线端(下桩头)进行检测,如图 3.2.29 所示。同时拨动各个开关,观察万用表的数值,万用表的读数要么无穷大,要么为白炽灯的冷电阻(一般为几百欧姆),从而判断线路是否有短路现象。

(2) 如果开关无论处于断开还是闭合位置,万用表的读数始终为无穷大,则说明线路存在开路现象。

(3) 用万用表电阻 $R \times 1$ 挡检查 PE 保护接地线与三眼插座的上端孔连接是否可靠。

4. 通电试验

(1) 照明二控一白炽灯的检查:通电前先安装熔丝,并将其插入熔断器座,接上 220 V 交流电源,分别拨动两个双联开关控制白炽灯亮、暗,观察是否起到二控一的效果。

(2) 单相三眼插座的检查:将万用表置于交流 250 V 挡,两表棒分别插入相线与零线两孔内,如图 3.2.30 所示。万用表的正常读数为交流 220 V 左右,再将零线一端的表棒插入接地孔内,应显示同样的交流电压数值,如果此时显示为零,说明接地线没有接好。接地线是保证人们在使用电器设备时的有效安全措施,它直接与设备的外壳相连,一旦设备外壳带电,可通过接地线形成短路使熔体立即熔化。发现问题应先切断电源,避免触电事故的发生,所以保护接地线一定要可靠正确地连接。

图 3.2.29　用万用表检查线路　　图 3.2.30　用万用表检查插座的交流电压

5. 照明线路故障维修

照明线路在运行中,因各种原因会出现一些故障,如线路老化,开关、灯座、灯泡、插座等电器部件的损坏或线路的接触不良等。

照明灯及照明线路的故障排除程序通常可分为三个步骤:

(1) 了解故障现象。在维修时首先应了解故障现象,这是整个维修工作能否顺利进行的前提。了解故障现象可通过询问当事人、观察故障现场等方法获取。

(2) 故障现象分析。根据故障现象,利用电气原理图及布置图进行分析,确定造成故障的大致范围,为检修提供方案。

(3) 检修。通过检测手段,如用电笔、万用表等工具来检测线路,从而确定故障的发生点,针对故障发生点,找出损坏的线路或元器件进行维修或更换。

下面以室内照明系统安装为例介绍照明线路具体的维修方法。

故障现象 1　照明灯不亮,电源插座不能正常供电。

故障现象分析:造成上述故障现象的原因在电源进线部分,对插入式熔断器可直接取下熔断器盖,检查熔丝是否已被熔断。也可用验电笔检查,即用验电笔分别测试两熔断器的下桩头。正常情况是相线(火线)端验电笔应发出辉光,零线端应不发光。否则,说明熔断器熔丝熔化,应更换熔丝。

　　另外,也可用万用表进行测量:将万用表置于交流 250 V 挡,两表棒置于两个熔断器的上桩头,查看表内有无电压,正常应为 220 V,如果电压为零说明电源进线有故障或熔丝熔断,这时可继续用万用表检查熔断器的上桩头交流电压,判断电源进线是否有故障。图 3.2.31 所示的是用万用表交流挡检测熔断器上桩头的电压。如果测出的交流电压为零,说明电源进线有故障;如果测出的电压为交流 220 V,说明熔丝已被熔断。拨出熔断器盖检查熔丝,如果熔丝已断更换即可。

图 3.2.31　检测熔断器上桩头的电压

　　故障现象 2　照明灯不亮,电源插座供电正常。

　　故障现象分析:由图 3.2.32 所示的电气原理图分析可知,造成上述现象的原因应在灯泡、控制开关及相关线路,即图中的虚线框部分。通常线路故障较为少见,而白炽灯钨丝烧断的可能性最大。所以,可首先检查白炽灯灯泡中钨丝,如果钨丝烧断则更换同一电压、功率等级的灯泡即可。

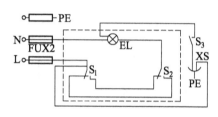

图 3.2.32　加虚线框部分为故障区域

　　如果白炽灯的钨丝没有烧断,则检查开关,带电操作时可用验电笔顺着火线 L 分别测量控制开关进出桩头,在开关闭合位置电笔均应发光,如一端电笔发光而另一端不发光,说明开关损坏,应更换开关。如果开关没有损坏,则应检查灯座,灯座故障一般发生在中心舌头偏低位置,可能是与白炽灯的灯头电接点接触不良,可用小的螺钉旋具将中心舌头往里拨动一下。

　　如果灯座也没有故障,应检查线路部分,根据原理图及线路的走向,用验电笔逐点检查,正常情况在相线的各点中验电笔均应发光,在零线的各点中均不发光,否则,说明该段线路有故障。一般情况下导线在中间断裂的可能性很小,故障一般出在导线与导线的连接处,或开关、插座等桩头的并头处,故这些部位应重点检查,发现故障部位即时进行更换。

　　(1) 在安装板上独立完成具有二控一白炽灯、带开关、PE 接地的单相电源插座的室内照明线路的安装。

　　(2) 由教师在学生已完成上述安装的基础上,设置两个故障,请学生根据故障现象,进行书面分析,然后排除故障。

1. 实训目的

(1) 掌握照明灯的多地控制。

（2）熟悉照明配电线路的安装工艺流程。

（3）熟悉基本的电气线路调试。

2. 实训说明

图 3.2.33 所示为某室内照明配电系统原理图，要求在木工板上模拟安装一套室内照明配电系统，包括电源进户线、电能计量（电度表）、配电箱、两地双控照明灯及单相三极插座等，并完成配电系统的运行调试。

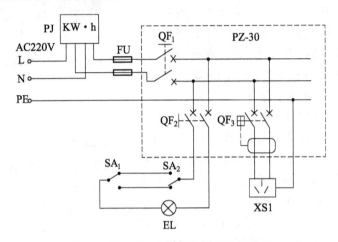

图 3.2.33　室内照明及配电系统原理图

3. 实训步骤及要求

（1）了解实训任务，准备实训设备器材、仪表及工具，列入表 3.2.10。

表 3.2.10　实训设备清单

代号	器件名称	型号规格	数量
	配电箱体	PZ30-10（10 位）	1
QF$_1$	断路器	DZ47-60 C32 2P	1
QF$_2$	断路器	DZ47-60 C10 2P	1
QF$_3$	漏电断路器	DZ47-LE20 C1630mA 2P	1
FU	螺旋式熔断器	RL1-15/5A	2
PJ	单相电度表	DDS607	1
SA$_{1-2}$	面板双控开关	CX1/02 10A,250V	2
EL	闪光警示信号灯	LTE-2071 AC220V,15W	1
XS1	单相三极插座	T3-10 10A,250V	1
	万用表		1
	工具箱		1
	木工板		1
	导线及电工辅件		若干

（2）测试所有实训元器件。

（3）按照原理图设计元件布置图及安装接线图。

（4）在木工板上安装布置元器件，按照"电气安装接线图"组装配电箱及元件接线。

（5）整理及检查线路（静态测试避免电源线路出现短路等严重故障）。

（6）通电运行调试（动态测试），检查实训结果是否符合项目控制功能要求。

（7）经过教师检查评估实训结果后，关闭电源，做好实训台 5S 整理。

（8）小组实训总结，完成实训报告。

4. 考核要求与标准

（1）正确选用实训设备器材、仪表及工具（10 分）；

（2）完成实训电路连线及调试，实训结果符合项目要求（30 分）；

（3）实训报告完整正确（30 分）；

（4）小组讨论交流、团队协作较好（10 分）；

（5）实训台及实训室 5S 整理规范（10 分）。

知识拓展

一、护套线敷设工艺

1. 护套线线路

采用护套线敷设的线路称为护套线线路。护套线绝缘层材料采用聚氯乙烯塑料，它以护套线芯线多少分双芯、三芯、四芯等品种，以护套线芯线的股数多少分单股和多股两种，单股为硬线，多股为软线。用于照明线路的护套线一般用双芯、三芯的硬线，其规格为 $2×1/1.13$ 或 $3×1/1.13$ 等，其中 2，3 表示双芯、三芯，1 表示单股，1.13 表示导线的直径。护套线线路不仅施工简单、方便，而且具有整齐美观，经济实用，防潮、耐酸和防腐蚀等性能，可直接敷设在建筑物的表面。护套线适用于明敷线路，不适宜直接埋入抹灰层内暗配敷设，也不适宜在户外露天长期敷设，更不适宜应用于大容量电路的配线。

2. 护套线线路安装工艺

安装护套线线路的规定如下：

（1）户内使用时，护套线线路的护套线铜芯线最小截面积不得小于 $1\ \text{mm}^2$，户外使用时，则不得小于 $1.5\ \text{mm}^2$。

（2）在护套线线路中不可采用导线与导线的直接连接，而应采用接线盒或借用其他电气装置的接线端子来连接导线，如图 3.2.34 所示。其中，图 3.2.34a 所示为护套线在电气装置上进行中间或分支接头，图 3.2.34b 所示为护套线在接线盒上进行中间接头，图 3.2.34c 所示为护套线在接线盒上进行分支接头。

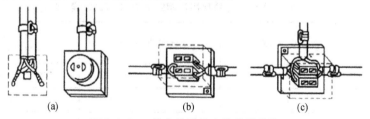

（a）　　　　　　　（b）　　　　　　　（c）

图 3.2.34　护套线线路中的导线连接

（3）护套线线路的离地最小距离不得小于 150 mm，在穿越楼板的一段以及在离地

150 mm 部分的导线,应加钢管进行保护,以防导线遭到损伤。

(4) 护套线线路在同一平面转弯时,应先用手将导线勒平服帖后,再弯曲成型,折弯半径不得小于导线直径的 3～6 倍,太小会损伤线芯,太大会影响美观。折弯处的两边都需钢精轧片夹持。

(5) 护套线进接线盒、圆木时,应保持护套层完整,在接线盒内留有 10 mm 的护套层,同时在接线盒、圆木进线处开有相应的缺口。

3. 钢精轧片的规格和安装规定

钢精轧片以不同的号码来表示大小,常用的号码有 0 号、1 号、2 号、3 号等,号码越大表示钢精轧片越大,能夹持的护套线越多。这里采用 0 号钢精轧片。在固定钢精轧片前,先需设计其钢精轧片的安装位置,支持护套线的钢精轧片。安装时的规定如下:

(1) 直线部分:两支持点的距离为 120～200 mm。

(2) 弯角部分:轧片离弯角顶点的距离为 50～100 mm。

(3) 起始部分:护套线线路的起始端或进接线盒、进灯座的圆木时,一般距离为 50 mm,均需安装一个钢精轧片。

二、导线、熔丝的规格及选用

照明线路中导线、熔丝的选用应根据照明线路的容量来确定。线路的容量指线路中能承受的负载,所以线路负载的大小决定了线路电流的大小。通常,可以通过计算来求得其电流的数值,为选择导线和熔丝提供依据。

常用铜芯导线的规格、安全载流量见表 3.2.11。常用熔丝的规格及额定电流见表 3.2.12。

表 3.2.11 常用铜芯导线的规格、安全载流量

线芯截面积/ mm²	线规 (根数/线芯直径)	明敷安全载流量/A (绝缘层为塑料)	护套线安全载流量/A (绝缘层为塑料)	钢管安装安全载流量/A (绝缘层为塑料)
1.0	1/1.13	17	13	12
1.5	1/1.37	21	17	17
2.5	1/1.76	28	23	23
4.0	1/2.24	35	30	30

表 3.2.12 常用熔丝的规格及额定电流(铅 75%,锡 25%)

直径/mm	熔断电流/A	额定电流/A	220V 线路中用电器最高功率/W
0.52	4	3	400
0.71	6	3	600
0.98	10	5	1 000
1.25	15	7.5	1 500

直径/mm	熔断电流/A	额定电流/A	220V 线路中用 电器最高功率/W
1.67	22	11	2 200
1.98	30	15	3 000
2.40	40	20	4 000

【例 3-5】　某一交流电压为 220 V 的线路,采用明装护套线敷线,在该线路上装有 1 000 W 碘钨灯两盏,500 W 碘钨灯两盏,问当这些灯全点亮时,线路中电流为多少? 选用哪一种规格的导线和熔丝最为适合?

解　　　　　　　$P = P_1 + P_2 = 1000 \times 2 + 500 \times 2 = 3\ 000$ W

线路中电流为

$$I = P/U = 3\ 000\ \text{W}/220\ \text{V} = 13.6\ \text{A}$$

根据计算可得线路电流为 13.6 A,再根据表 3.2.10 可查得,如选用截面积为 1.0 mm² 的导线,在明敷线路安装情况下其安全载流量为 17 A,可以在上述线路上使用;如采用护套线线路则应选用截面积为 1.5 mm² 的护套线,其安全载流量为 17 A,也可以在上述线路中使用。根据表 3.2.11 常用熔丝的规格及额定电流可查得,熔丝可选用直径为 1.98 mm 的铅锡合金熔丝,其额定电流为 15 A,较适合上述线路。

三、照明电气线路的检测

为了保证照明电气线路的安全可靠,线路安装完毕后,都必须经过严格的检测,检测合格后,方可通电调试,调试合格后,方可投入使用。照明电气线路的检测方法如下:

(1) 安装质量检验:通常采用人工复测的方法,如检验线路各支持点是否牢固(手工拉攀检查),同时检查线路的走向是否正确、合理。

(2) 线路的绝缘电阻检验:在没有通入交流电 220 V 的前提下,可采用万用表检查线路是否存在短路或断路。但这种方法无法检测照明线路在通入交流电 220 V 后,是否存在绝缘不良而造成的短路。这时应采用电阻摇表来检测。

在照明电气线路中需测试相线与中性线、相线与保护接地线(PE 接线排)之间的绝缘电阻(特别注意:在测试前一定要确认照明线路没有通电)。测试的第一步是卸下线路中的熔断器盖,第二步是卸下线路中的用电设备,如灯泡、插座上的各类电器设备。确认上述第一、二步完成后,方可进行测量。将摇表的两根测量线分别接入熔断器的下接线桩,对相线与零线进行测量,如图 3.2.35a 所示;然后再测量相线与 PE 接线排之间的绝缘电阻,如图 3.2.35b 所示。塑料线槽线路绝缘电阻一般不低于 0.22 MΩ 为正常,线路绝缘电阻正常后方可通电进行调试。

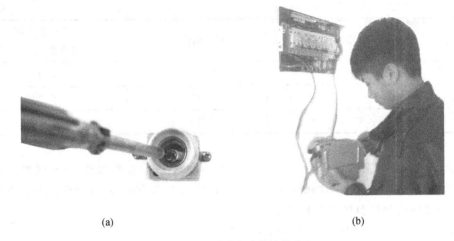

(a)   (b)

图 3.2.35　测量线路的绝缘电阻

四、线路常见故障和维修

1. 线路短路与检修

短路俗称碰线，线路中如果有短路现象，会使熔断器熔断。一旦线路中出现短路，导线中的电流会急剧增大，如果熔丝选择不当，导线会发热、烧毁，甚至引起火灾，后果不堪设想。通常引起线路短路的情况有以下几种：导线陈旧，绝缘层损坏，灯座、灯座接线盒、开关、开关接线盒等接线桩螺钉松脱造成相线与零线相碰引起短路。

检修照明线路短路的关键是找出短路故障点。用校验灯来替代熔丝是一种常用的检修方法。首先将线路中所有的开关置于断开位置，然后拔去一个熔丝盖（确保另一个熔丝是完好的），在熔断器的上下桩头间串接一个 100 W 的自炽灯，如图 3.2.36a 所示，将开关逐个闭合，并仔细观察白炽校验灯明暗情况。如果校验灯亮，即表示短路发生在刚才的那个开关所控制的线路上，从而缩小故障范围，便于找出短路所在处。直到闭合所有的开关，校验灯都不亮或仅仅有一点暗红，说明线路中的故障已排除。

用校验灯检查照明线路是否存在短路的方法操作简便、快捷。但是，它必须在通电的情况下进行检测，所以在操作时要注意安全。此外，因为检验灯是普通白炽灯，在操作时易碰破，甚至引起爆炸，所以灯泡应远离操作者的脸部，并要格外小心。

除了用校验灯进行线路检测外，还可以用万用表对照明线路进行检测。用万用表检测照明线路必须在确保线路断电的情况下进行，检测时必须先将两个熔丝盖拔下，万用表拨至欧姆挡（$R \times 100$），将两根表棒分别插入两熔丝的下桩头，如图 3.2.36b 所示，并将照明线路中的所有控制开关置于断开位置。正常情况下万用表的读数为无穷大，然后将开关逐个闭合，并仔细观察万用表的读数，如果合上某一个开关，读数为零，则说明短路就在该开关所控制的那条线路上，可重点检查，寻找故障点。

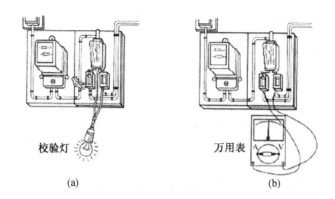

图 3.2.36　用校验灯、万用表进行短路检查

2. 线路断路与检修

断路俗称开路,照明电气线路一旦存在开路,电流就不能形成回路,电灯自然也就不能点亮。造成线路开路的原因通常有以下几种:① 较细的导线易被外力拉、勾引起机械损伤而折断。② 导线与电气桩头的连接因日久而造成松动。③ 开关、灯座、插座等电气件损坏。④ 导线与导线的连接点因松动造成氧化而接触不良等。

断路检修时一般应先仔细观察、逐段检查,如果发现有断路处,进行修复即可。如果难以找到断路处,可用校验灯进行带电查找,先从熔断器的下桩头开始查起,如图 3.2.37a 所示。如果第一步校验灯亮,而第二步校验灯不亮,则说明熔断器下桩头到开关的这条线路断。使用此法逐条线路检查,即可找出断路处。

除了用校验灯对照明线路进行断路检查外,还可以用万用表进行检测。用万用表检测有两种方法:一是用万用表的交流电压挡(交流 0~250 V 挡),在通电的情况下通过测量电压的方式来判断线路中的故障点,方法同校验灯,如图 3.2.37b 所示;另一种方法是用万用表的欧姆挡($R \times 100$)在切断电源的情况下进行检测,根据线路的走向,逐段、逐条进行通与断的测量,从而找出断路的故障点。

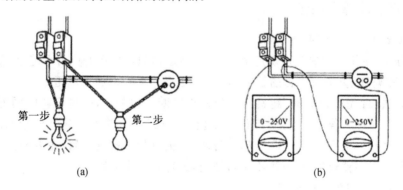

图 3.2.37　用校验灯和万用表进行断路检查

3. 线路中的漏电

照明电气线路受潮或其中部分绝缘体有较轻程度的损坏都会造成漏电如果线路中存在漏电现象,触及者轻则有麻手的感觉,重则会引起生命危险,切不可大意。通常漏电现象有以下几种:

(1) 导线与建筑物之间漏电:通常是由于导线的绝缘层与建筑物之间因摩擦而损坏,受到雨淋后又与建筑物接触而引起漏电。

(2) 电气器件受潮引起漏电:开关、灯座、插座由于安装不妥,日久受潮,造成绝缘电阻下降,当触及建筑物或墙的表面时引起漏电。

(3) 电气器件炭化引起漏电:导线与桩头的电接点松动引起发热,造成器件的胶木炭化,绝缘电阻下降,引起桩头与桩头之间的漏电,甚至造成断路。

(4) 相线与零线之间漏电:由于双绞合导线日久绝缘电阻下降,受潮时引起相线与零线间漏电。

由上可知,引起漏电的因素很多,但大都是由于绝缘电阻下降造成的。因此在照明电气设计时要严格按照相关的标准和规范进行;在安装照明电气线路时,要严格遵循相关的工艺要求。

漏电的检修方法:检查漏电主要是检查线路的绝缘电阻,通常可采用摇表对线路进行逐段检查。先将照明线路电源切断并分成若干段,用摇表检查,然后逐段将线路合上,直到找到漏电点,如图 3.2.38 所示。若查到某段的绝缘电阻下降,说明该处就是漏电点,然后根据具体情况排除漏电故障,通常是更换电气器件。

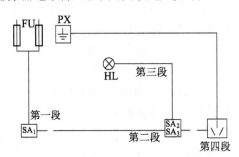

图 3.2.38　线路分成 4 段逐段进行检测

五、白炽灯的故障和检修

故障现象1　白炽灯不亮。

故障分析:在使用中遇到白炽灯突然灭掉,造成白炽灯损坏的原因可能是:① 白炽灯灯泡断丝;② 灯座、开关等电器的触电不良;③ 熔丝熔断或电源无电压等。

检修方法:首先检查灯泡,观察其灯丝是否已断。如断丝,则更换新的同等功率、电压等级的灯泡即可。若灯泡完好,应检查熔丝是否已熔断,并用校验灯校验电源是否有电。当排除这些因素后灯仍不亮,应检查灯座、开关灯相关电气装置,主要检查电气器件的电触点是否有不良现象,如发现不正常情况,进行修复或更换。

故障现象2　灯泡忽明忽暗。

故障分析:灯泡忽明忽暗的原因可能是:① 灯座、开关等电气器件的电接点松动;② 电源电压波动;③ 熔丝似断未断或接触不良;④ 导线与导线的连接不牢或氧化引起接触不良。

检修方法:首先观察附近照明灯是否存在忽明忽暗的现象,若都是这样,说明这是电源波动引起的,应请供电管理部门协助解决。若仅仅是某一条分路或个别几个照明灯有该现象,则应检查该分路或与那几个灯相关的线路。陈旧的熔断器往往会因接触不良引起灯泡忽明忽暗,检查时只需用手轻轻摇动熔断丝盖即可发现问题。此外,灯座、开关的电触点和节点松动也会引起类似故障,找到故障加以排除即可。

故障现象3　灯泡发光强烈(指超过正常的亮度)。

故障分析:引起这种故障的原因可能是灯泡的灯丝局部短路,俗称搭丝。

检修方法:若观察到灯丝搭丝,更换新灯泡即可,但须更换同等功率、电压等级的灯泡。

故障现象4　熔断器的熔丝经常熔断。

故障分析:引起这种故障的原因可能是:① 负载过大;② 熔丝偏细;③ 线路存在短路;④ 电气器件的胶木因发热炭化引起轻微的漏电。

检修方法:首先检查负载的容量与熔丝的规格是否相符。如果熔丝太细,则根据线路容量允许的范围适当加粗熔丝。注意千万不可随意加粗熔丝。如果熔丝规格与线路匹配,则应减少负载的容量。熔丝经常熔断的另一个原因可能是电器装置的胶木发热炭化,引起漏电,漏电越严重,熔丝熔断的频度就越高。当胶木发热炭化时,会发出一种臭炭味。所以在检查线路时要特别留意线路中的电气器件是否有臭炭味。如查到某电器件损害更换即可。

六、灯座、开关常见故障和检修

1. 灯座的检修

灯座分螺口和卡口两种形式。螺口灯座中间有一片弹性很强的铜片,其作用是将电源的相线与螺口灯泡中心的钨丝接点作一个电气连接。若该铜片因弹性较差不能弹起,将造成局部断路。如发现该情况,可断开电源,用螺钉旋具将铜片拨起,如图3.2.39所示。如果铜片表面有氧化物或污垢,应将其处理干净,否则会增加接触电阻,引起发热而使铜片弹性退化,进一步引发灯座的局部断路。

卡口灯座内装有两只带弹簧的弹性触点,它们往往因弹簧卡死,而使弹性触点缩在里面,不能与卡口式灯泡后的两个灯丝连接,如图3.2.40所示。如发现该现象,要断开电源,拆下灯座,将弹性触点内的弹簧修正一下,使触点在弹簧的作用下能够灵活地伸展,同时也应将触点处的污垢处理干净,否则会增加接触电阻,引起发热使弹性触点发热,进一步引发灯座的局部断路。

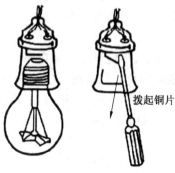

图3.2.39　螺口灯座修理

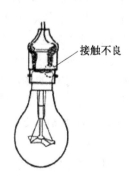

图3.2.40　卡口灯座修理

2. 照明开关的检修

用于照明电路的开关种类很多,常用的有拨动开关和拉线开关。现今家居室以86型、模数化组合式开关为主。由于86型、模数化开关为封闭结构,通常情况下损坏不再维修,以更换为主。

(1)拨动开关的维修:打开拨动式开关盖,可以看到开关的静触点为两片带有弹性的铜片,拨动开关时,动触点的铜片与静触点的铜片接通或断开,从而控制电路的通与断。两片静动片往往因日久使用而失去弹性,使动、静铜片接触不良。维修时,先断开电源,确定安全后,用小螺钉旋具把静动片向内侧拨动,使静动铜片接触良好即可。

(2)拉线开关的维修:拉线开关故障往往是开关的拉线在拉线引出处磨断,维修方法是更换拉线。更换时应先断开电源,确定安全后,先把残留在开关里的残线取出,然后将拉线剪成斜口,从拉线孔由外向内穿,并穿过动片上方的小孔,然后打一个结即可。

七、照明装置的安装规程

照明装置的安装,首先要符合相关规程,其次在安装时要符合"正规、合理、牢固和整齐"八字要求。

正规:指灯具、开关、插座以及所有附件必须按照国家相关的规程和要求进行安装。

合理:指选用的各种照明器具必须符合技术参数,且适用、经济、可靠,安装的位置要符合实际需要,操作、使用要方便。

牢固:指各种照明器具必须安装得牢固、可靠,确保使用安全。

整齐:指同一使用环境和同一要求的照明器具要安装得平齐竖直,品种规格整齐同一,形式协调。

1. 技术要求

(1)照明开关、插座、灯具等附件的性能参数要适合应用场合,如器件的耐压、额定电流、使用的环境温度等都必须适应应用场合的需要。

(2)灯具和附件应适合使用环境的需要,如在潮湿、有腐蚀气体的场所应选用防潮灯具,在易爆、易燃场所,应选用防爆灯具。

2. 照明器件安装要求

(1)各种开关、插座、灯具以及所有的附件都必须安装牢固、可靠,必须符合照明电气的安装规定。

(2)壁灯、平顶灯要牢固地敷设在建筑物平面上。吊灯必须安装挂线盒,每一个挂线盒安装一盏吊灯,挂线盒与灯头间用多股软线连接,中间不允许有接头。如果灯具重量超过1 kg,则应加装金属链。

(3)灯头距地要求:① 相对湿度经常在85%以上、环境温度经常在40 ℃以上、环境带有导电尘埃或地面导电的场所统称为潮湿或危险场所。危险场所以及户外的照明灯,其距地距离需大于2.5 m。② 一般办公室、商店、住房等场所的照明灯,其距地距离需大于2.0 m。③ 在灯座距地不足1 m的场所使用照明灯,必须采用36 V及以下的低电压安全灯。

(4)开关、插座距地要求:① 通用照明灯开关安装位置距地距离不得小于1.3 m。② 通用插座安装位置距地距离不得低于1.8 m,特殊场合需低装时,可选用安全型插座,但距地距离不得低于 0.15 m。

 **巩固与提高**

1. 低压验电笔可以检验的电压范围是多少?

2. 简述单股导线、多股导线连接的步骤以及应注意的事项?

3. 某一交流电压为 220 V 的线路,采用明装护套线敷线,在该线路上装有 100 W 白炽灯 5 盏,1000 W 电热器 2 台,当这些灯全点亮时,线路中电流为多少? 应选用哪一种规格的导线和熔丝最为适合?

4. 画出日光灯电气原理图。

5. 兆欧表主要用于测量绝缘电阻,能否测量普通电阻的阻值? 为什么?

6. 兆欧表在测量电源线路的绝缘电阻时,应注意哪几方面的问题?

7. 简述引起日光灯不亮可能产生的故障有哪些方面?

8. 简述照明线路布置图、照明电气接线图的作用。

9. 灯具安装方法的标注代号为 $8 - \dfrac{2 \times 60.6 \times 100}{2.7} \text{CL}$,请解释每个字母的含义。

10. 某一照明线路中,仅有一盏灯不亮,请分析可能产生的故障有哪些?

11. 简述照明线路有哪几种检查方法,可用哪些仪器仪表进行检测?

任务 3
三相交流电路的连接与参数测试

任务描述

所谓三相制,就是由三个频率相同、波形相同但初始相位不同的正弦交流电源组成的三相供电系统,生活中使用的单相交流电源只是三相交流电源中的一相电源。本任务介绍三相电源的连接,三相负载的连接,三相电路中的电压、电流和功率、对称三相电路的特点和计算以及不对称星形负载的特点和计算。

首先准备好导线、万用表、功率表、电机;然后对三相交流电路进行连接和参数测试。

讨论与交流:

(1)电机怎样连接称为星形连接,怎样连接称为三角形连接?

(2)电机组星形连接和三角形连接各具有什么特点?

(3)在三相四线制星形连接的电路中,负载对称或不对称时中性线有何作用?

(4)三相负载功率的测量方法有哪些?

任务准备

一、三相电源及连接

三相电源就是频率、幅值相同,而相位上互差 120° 的三个正弦电压源,这组电压源称为对称三相电源。发电厂的三相发电机就是一个对称三相电源,其中每一个电压源称为一相,分别用 A 相、B 相、C 相表示。

(一)三相对称电源的产生

图 3.3.1 所示是三相交流发电机的原理图,它的主要组成部分是定子和转子。定子由定子铁芯和定子绕组组成,定子铁芯的内圆周表面冲有槽,用以放置三相定子绕组。定子的三相绕组是完全相同的,如图 3.3.2 所示。

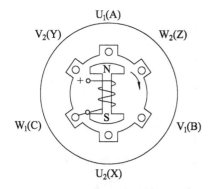

图 3.3.1 三相交流发电机

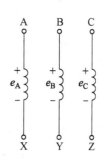

图 3.3.2 三相绕组和电动势的参考方向

定子的三相绕组按国标分别称为 U_1U_2，V_1V_2 和 W_1W_2 线圈，三个线圈在空间位置上彼此相差 120°。为与三相电源对应且叙述简便，这里统一用 A，B，C 表示。

转子由转子铁芯和转子绕组组成，转子铁芯是用铁磁性材料做成的磁极，转子绕组是绕在转子铁芯上的励磁绕组，称直流励磁。选择合适的极面形状和励磁绕组的布置，可使空气隙中的磁感应强度按正弦规律分布。

当转子由原动机带动，并以匀速按顺时针方向转动时，则每相绕组依次切割磁力线，在其中产生频率相同、幅值相等的正弦电动势 e_A，e_B 及 e_C。电动势的参考方向选定为自绕组的末端指向首端。

由图 3.3.1 可见，当 S 极的轴线转到 A 处时，A 相的电动势达到正的幅值；经过 120°后 S 极轴线转到 B 处，B 相的电动势达到正的幅值；同理，再由此经过 120°后，C 相的电动势达到正的幅值，周而复始。所以 e_A 比 e_B 在相位上超前 120°，e_B 比 e_C 超前 120°，而 e_C 又比 e_A 超前 120°。如以 A 相为参考，则可得到三相对称电动势

$$e_A = E_m \sin\omega t$$
$$e_B = E_m \sin(\omega t - 120°)$$ (3.3.1)
$$e_C = E_m \sin(\omega t - 240°) = E_m \sin(\omega t + 120°)$$

参考方向如图 3.3.2 所示。

如果将这三相对称电动势用三相对称电压源来表示，则三相对称电压源的表达式为

$$u_A = e_A = U_m \sin\omega t$$
$$u_B = e_B = U_m \sin(\omega t - 120°)$$ (3.3.2)
$$u_C = e_C = U_m \sin\omega t(\omega t + 120°)$$

电压源的参考方向为绕组的首端指向末端，如图 3.3.3 所示。三相对称电动势和三相对称电压具有相同的波形图，如图 3.3.4 所示。

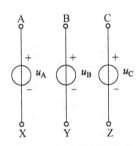

图 3.3.3　三相电压源及参考方向

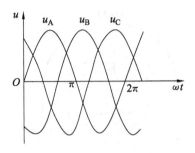

图 3.3.4　三相对称电压波形图

三相对称电动势和三相对称电压还可以用相量表示,它们的相量表达式为

$$\dot{U}_A = U\angle 0°$$

$$\dot{U}_B = U\angle -120°$$　　　　(3.3.3)

$$\dot{U}_C = U\angle +120°$$

它们的相量图如图 3.3.5 所示。

由图中可以看出对称三相正弦电压的相量和为

$$\dot{U}_A + \dot{U}_B + \dot{U}_C = 0$$　　　　(3.3.4)

由式(3.3.1)还可以证明:对称三相正弦电压的瞬时值之和恒等于 0,即

$$u_A + u_B + u_C = 0$$　　　　(3.3.5)

在三相电源中,各电压达到同一量值(例如正的最大值或者零值)的先后次序称为相序。如果 A 相超前 B

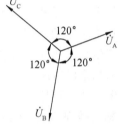

图 3.3.5　三相对称电压相量图

相,B 相又超前 C 相则称为 A→B→C 相序,又称为正相序。如果 A 相滞后于 B 相,B 相又滞后于 C 相则称为 C→B→A 相序,又称为负相序。无特别说明时,三相电源均采用正相序对称三相电源。

在电力工业中交流发电机的三相引出线及配电装置的三相母线上涂以黄、绿、红三种颜色,分别表示 A,B,C 三相。

三相电源的相序改变时,将使其供电的三相电动机改变旋转方向,这种方法常用于控制电动机使其正转或反转。

(二) 三相电源的连接

如果把三相电源中的每个电压源分别与负载相连,可以构成三个互不相关的单相供电系统,但需用六根输电线对外供电。为经济合理起见,通常把三个电压源接成星形,有时也可以接成三角形。

1. 三相电源的星形连接

在工矿企业和民用住宅的低压供电系统中,三相电压源都是作星形连接的。所谓的星形连接,就是从三个电压源的首端分别引出三根输电线 A,B,C,称为端线或相线(俗称火线),把三个电压源的尾端 X,Y,Z 连在一起,形成一个节点,称为电源的中性点或零点,用 N 表示。由三个电压源的首端 A,B,C 和中性点 N 分别引出四根线对外供电,这种供电方式称为三相四线制,连接方式如图 3.3.6 所示。由中性点 N 引出的输电线称为中性线或零线（俗称地线）。这种三相四线制的连接方式，能够给出两种供电电压：一种是端线与中线之间的电压，称为相电压，其有效值用 U_A，U_B，U_C 或一般地用 U_P 表示；另一种是端线与端线之间的电压，称为线电压，其有效值用 U_{AB}，U_{BC}，U_{CA} 或一般地用 U_L 表示。

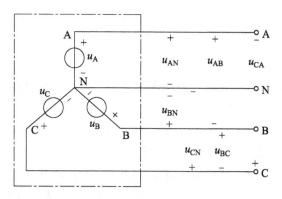

图 3.3.6　电源的星形连接

绕组相电压的参考方向，是由首端指向末端；线电压的参考方向，是由初始端线指向终点端线。各相电压、线电压的参考方向，如图 3.3.6 所示。由图中可以看出，当发电机的绕组也就是三相电压源做星形连接时，相电压和线电压是不相等的，它们之间的关系用瞬时值的关系式可表示为

$$u_{AB} = u_A - u_B$$
$$u_{BC} = u_B - u_C$$
$$u_{CA} = u_C - u_A \tag{3.3.6}$$

同理，它们之间的关系也可以用相量差来表示

$$\dot{U}_{AB} = \dot{U}_A - \dot{U}_B$$
$$\dot{U}_{BC} = \dot{U}_B - \dot{U}_C$$
$$\dot{U}_{CA} = \dot{U}_C - \dot{U}_A \tag{3.3.7}$$

对于对称的三相交流电电源，如设

$\dot{U}_A = U_P \angle 0°$，则 $\dot{U}_B = U_P \angle (-120°)$，$\dot{U}_C = U_P \angle (120°)$，代入式（3.3.7）后，可得

$$\dot{U}_{AB} = U_P \angle (0°) - U_P \angle (-120°) = \sqrt{3} U_P \angle (30°)$$
$$\dot{U}_{BC} = U_P \angle (-120°) - U_P \angle (120°) = \sqrt{3} U_P \angle (-90°)$$
$$\dot{U}_{CA} = U_P \angle (120°) - U_P \angle (0°) = \sqrt{3} U_P \angle (150°) \tag{3.3.8}$$

上式可写成一般形式

$$\dot{U}_{AB} = \sqrt{3} \dot{U}_A \angle 30°$$
$$\dot{U}_{BC} = \sqrt{3} \dot{U}_B \angle 30°$$
$$\dot{U}_{CA} = \sqrt{3} \dot{U}_C \angle 30° \tag{3.3.9}$$

由于相电压的有效值用 U_P 表示，则

$$U_A = U_B = U_C = U_P \tag{3.3.10}$$

线电压的有效值用 U_L 表示,则

$$U_{AB} = U_{BC} = U_{CA} = U_L \qquad (3.3.11)$$

线电压的有效值 U_L 与相电压有效值 U_P 之间的关系可由相量图求得,如图 3.3.7 所示。

$$U_{AB} = 2 \times U_A \cos 30° = \sqrt{3} U_A$$

则可得出一般关系式为

$$U_L = \sqrt{3} U_P \qquad (3.3.12)$$

若考虑相位关系,每一线电压超前相应的相电压30°,其相量之间的关系式为

$$\dot{U}_L = \sqrt{3} \dot{U}_P \angle 30° \qquad (3.3.13)$$

综上所述,电源作星形连接所形成的三相四线制的供电系统,可以供给负载两种不同的电压。通常工业与民用的低压供电系统中,相电压 $U_P = 220$ V,线电压 $U_L = 380$ V ($\sqrt{3} \times 220$ V $= 380$ V)。如果某一负载额定电压为 220 V,应接于三相电源的相线(火线)与中性线(零线)之间;若负载的额定电压为 380 V,则应接于电源的两根相线(火线)之间。

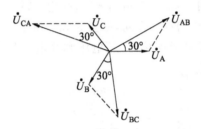

图 3.3.7　发电机绕组星形连接时相电压和线电压的相量图

2. 三相电源的三角形连接

三相电源还可以进行三角形连接,所谓的三角形连接,就是把三个电压源的首末端依次相连,构成一个闭合回路,然后由三个连接点引出三条供电线,如图 3.3.8 所示。由图可以看出,三相电源作三角形连接时,只能以三相三线制方式对外供电,且三个电源的相电压 u_A,u_B,u_C 是对称的,三个线电压 $U_{AB} = u_A$,$U_{BC} = u_B$,$U_{CA} = u_C$,也是对称的。

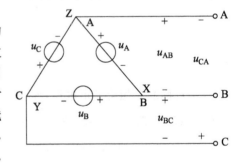

图 3.3.8　电源的三角形连接

写成一般形式就是

$$U_L = U_P \qquad (3.3.14)$$

相量形式为

$$\dot{U}_L = \dot{U}_P \qquad (3.3.15)$$

在生产实际中,发电机的绕组很少接成三角形,通常都接成星形。三相变压器的二次侧(输出侧)对于负载来说,也相当于一个三相电压源,因此对变压器而言,两种接法都有。

二、三相负载的星形连接

(一) 三相负载

交流电气设备种类繁多,但大致可以分为两大类:一类是三相负载,即必须使用三相电源才能正常工作的电气设备,如三相交流电动机、大功率的三相电炉等。这类三相负载的各相阻抗大小相等,阻抗角也相等,称为对称的三相负载;另一类是单相负载,它们是只需要单相电源就能正常工作的电气设备,如各种照明灯具、家用电器、单相电动机、电焊和变压器等,这类大批量的单相负载,总是按照它们的额定电压被均匀地分成三组按一定的连接方式接到三相电源上,以使各相电源的输出功率较为均衡。对于三相电源来说,这些大批量的单相负载在总体上也可看成三相负载,但在实际运行时往往不能保证各相负载的阻抗相等,也就是说这类三相负载是不对称的。综上所述,三相负载共分两大类:一类是真正的三相负载,称为对称三相负载;另一类是由单相负载按一定方式连接构成的三相负载,称为不对称三相负载,如图 3.3.9 所示。

三相负载的连接方式有两种——星形连接和三角形连接。在实际的应用电路中,负载采用何种连接方式取决于三相电源的电压值和每相负载的额定电压,选择连接方式的原则是每相负载承受的电压等于其额定电压。

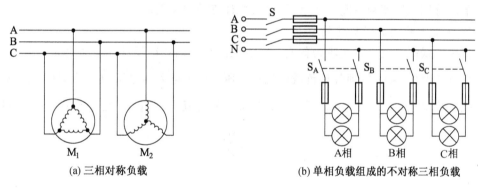

(a) 三相对称负载　　　　(b) 单相负载组成的不对称三相负载

图 3.3.9　两种三相负载

(二) 三相负载的星形连接

当三相负载的每一相额定电压等于电源相电压时,三相负载应做星形连接,即三相负载和三相电源之间组成星形连接的三相四线制电路或三相三线制电路。

设三相负载为 Z_A,Z_B,Z_C,三相负载的阻抗分别为 $Z_A = |Z_A| \angle \varphi_A$,$Z_B = |Z_B| \angle \varphi_B$,$Z_C = |Z_C| \angle \varphi_C$。负载做星形连接,就是将 Z_A,Z_B,Z_C 的一端联在一起形成一个 N' 点,另一端分别和电源的三个端线相连,如图 3.3.10 所示。

如果负载为三相不对称负载,除了向电源三根端线引出的连接线外,还要由 N' 点向电源的中性点引出一个中性线 $N'-N$,这就组成了三相四线制的连接方式,如图 3.3.11 所示。

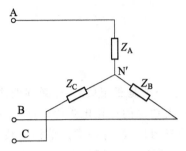

图 3.3.10　三相负载的星形连接

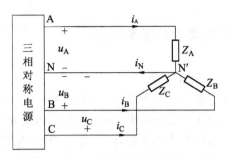

图 3.3.11　三相四线制的连接方式

如果负载为三相对称负载,则不需要由 N' 向 N 点引线,由负载至电源只有三相端线,因此组成了三相三线制的连接方式,如图 3.3.12 所示。

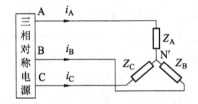

图 3.3.12　三相三线制的连接方式

下面分别叙述两种情况下的电压、电流的计算及相量图。

1. 三相四线制的星形连接

三相四线制的连接方式较为普遍。由于电源给出的线电压和相电压都是对称的,若忽略输电线路的电压降,则各相负载两端的电压就等于电源相电压 $\dot{U}_A,\dot{U}_B,\dot{U}_C$ 也是对称的。把每相负载看成一个单相电路,则各相负载的电流 $\dot{I}_A,\dot{I}_B,\dot{I}_C$ 是很容易计算的,即

$$\dot{I}_A = \frac{\dot{U}_A}{Z_A}$$

$$\dot{I}_B = \frac{\dot{U}_B}{Z_B} \qquad (3.3.16)$$

$$\dot{I}_C = \frac{\dot{U}_C}{Z_C}$$

对负载的中性点 N' 应用基尔霍夫电流定律可得中线电流 $\dot{I}_N$,即

$$\dot{I}_N = \dot{I}_A + \dot{I}_B + \dot{I}_C \qquad (3.3.17)$$

以 $\dot{U}_A$ 为参考相量的三相四线制星形连接相量图如图 3.3.13 所示。

由相量图可以看出,虽然三个相电压是对称的,但由于三相负载不对称,即 $Z_A \neq Z_B \neq Z_C$,则三相电流也不对称,即 $\dot{I}_N = \dot{I}_A + \dot{I}_B + \dot{I}_C \neq 0$,中

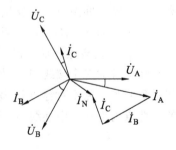

图 3.3.13　三相四线制星形连接相量图

性线上就有电流流过,因此对于不对称负载来说,必须采用三相四线制的星形连接方式,而中性线在此种连接方式中的作用有两个:

(1) 限制负载电路中性点的漂移,以保证负载两端相电压对称。

(2) 为不平衡电流提供通路。

2. 三相三线制的星形连接

三相三线制的连接方式是较为特殊的一种连接方式,只有当负载完全对称时才可以采用。因电路中每相相电压都是对称的,如果负载对称,即 $Z_A=Z_B=Z_C=Z$,则三相电流也对称。

$$I_A=I_B=I_C=I_P=\frac{U_P}{Z} \tag{3.3.18}$$

这样一来,中性线电流

$$\dot{I}_N=\dot{I}_A+\dot{I}_B+\dot{I}_C=0 \tag{3.3.19}$$

中性线上没有电流流过。以 $\dot{U}_A$ 为参考相量的三相三线制星形连接相量图如图 3.3.14 所示。

由相量图可以看出,对于对称负载来说,可以取消中性线,电路就由三相四线制变成了三相三线制。三个相电流自成回路,即使没有了中性线,中性点也不会产生漂移;负载两端的相电压也是对称的。

综上所述,负载做星形连接时分成两种情况:对称负载采用三相三线制连接,不对称负载采用三相四线制连接。不论哪种情况,负载做星形连接时的相电压和线电压均不相等,而线电流却等于相电流。对于三相四线制连接方式中的中性线需采用机械强度较高的导线,中性线上不允许接熔断器和闸刀开关,也就是说中性线不允许断开,以保证负载能够正常工作。

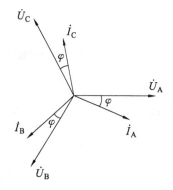

图 3.3.14 三相三线制星形连接相量图

【例 3-6】 某三层教学大楼由三相四线制电网供电,线电压 $U_L=380$ V,给大楼供电的电源每相安装 220 V,100 W 的白炽灯 60 只。① 计算白炽灯全部接入时各相及中性线的电流,并画出相量图;② 计算白炽灯只有部分接入时(A 相接入 60 只,B 相接入 40 只,C 相接入 20 只)各相及中性线的电流,并画相量图。(计算时以 A 相电压为参考量)

解 ① 每只白炽灯工作时的电阻为

$$R=\frac{U_N^2}{P_N}=\frac{220^2}{100}=484 \ \Omega$$

当白炽灯全部接入,每相 60 只白炽灯的总电阻为 $R_P=\dfrac{484}{60}=8.07 \ \Omega$。

各相负载电流的有效值为 $I_P=\dfrac{U_P}{R_P}=\dfrac{220}{8.07}=27.26$ A

因白炽灯是纯电阻负载,其各相的电压和电流同相位,故可写出各相电流的相量为

$$\dot{I}_A = 27.26\angle 0° \text{ A}$$

$$\dot{I}_B = 27.26\angle -120° \text{ A}$$

$$\dot{I}_C = 27.26\angle +120° \text{ A}$$

中性线电流 $\dot{I}_N = \dot{I}_A + \dot{I}_B + \dot{I}_C = 0$，其电压、电流相量如例 3-6a 的相量图所示。

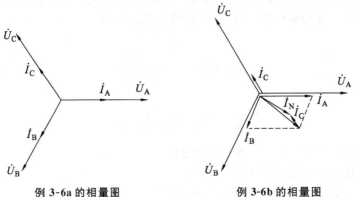

例 3-6a 的相量图   例 3-6b 的相量图

② 当白炽灯只有部分接入时：

A 相接入 60 只，$R_a = 8.07$ Ω；B 相接入 40 只，$R_b = \dfrac{R}{40} = \dfrac{484}{40} = 12.1$ Ω；C 相接入 20 只，$R_c = \dfrac{484}{20} = 24.2$ Ω。

三相负载大小不等，是不对称负载，但由于有中性线存在，各负载相电压不变，从而可以算出各相电流的有效值是

$$I_A - \frac{220}{8.07} = 27.26 \text{ A}$$

$$I_B = \frac{220}{12.1} = 181.8 \text{ A}$$

$$I_C = \frac{220}{24.2} = 9.09 \text{ A}$$

写成相量形式为

$$\dot{I}_A = 27.26\angle 0° \text{ A}$$

$$\dot{I}_B = 18.18\angle -120° \text{ A}$$

$$\dot{I}_C = 9.09\angle +120° \text{ A}$$

中性线电流

$$\dot{I}_N = \dot{I}_A + \dot{I}_B + \dot{I}_C$$
$$= 27.26\angle 0° + 18.18\angle -120° + 9.09\angle +120°$$
$$= 13.63 - j7.87 = 15.74\angle -30° \text{ A}$$

其电压、电流相量如例 3-6b 的相量图所示。

三、三相负载的三角形连接

如果负载的额定电压等于三相电源的线电压,则必须把负载接于电源的两根相线之间。把这类负载分别接于相线 A 与 B,B 与 C,C 与 A 之间,就构成了负载的三角形连接,如图 3.3.15 所示。

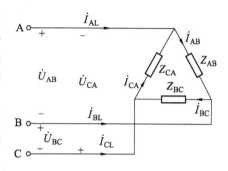

由于三相电源的线电压是对称的,而每相负载直接接于相线之间,因而各相负载所受的电压(也称负载相电压)也是对称的。

分析负载三角形连接的电路时,常以电压 $\dot{U}_{AB}$ 为参考相量,即

图 3.3.15　负载的三角形连接

$$\dot{U}_{AB}=U_L\angle 0°$$
$$\dot{U}_{BC}=U_L\angle -120° \tag{3.3.20}$$
$$\dot{U}_{CA}=U_L\angle +120°$$

流过每相负载的电流 $\dot{I}_{AB}$,$\dot{I}_{BC}$,$\dot{I}_{CA}$ 称为负载相电流,它们取决于各相负载的阻抗,即

$$\dot{I}_{AB}=\frac{\dot{U}_{AB}}{Z_{AB}}=\frac{\dot{U}_{AB}}{|Z_{AB}|\angle\varphi_{AB}}$$
$$\dot{I}_{BC}=\frac{\dot{U}_{BC}}{Z_{BC}}=\frac{\dot{U}_{BC}}{|Z_{BC}|\angle\varphi_{BC}} \tag{3.3.21}$$
$$\dot{I}_{CA}=\frac{\dot{U}_{CA}}{Z_{CA}}=\frac{\dot{U}_{CA}}{|Z_{CA}|\angle\varphi_{CA}}$$

流过相线的电流 $\dot{I}_{AL}$,$\dot{I}_{BL}$,$\dot{I}_{CL}$ 称为负载的线电流,可用基尔霍夫电流定律求得,即

$$\dot{I}_{AL}=\dot{I}_{AB}-\dot{I}_{CA}$$
$$\dot{I}_{BL}=\dot{I}_{BC}-\dot{I}_{AB} \tag{3.3.22}$$
$$\dot{I}_{CL}=\dot{I}_{CA}-\dot{I}_{BC}$$

如果三相负载对称,$Z_{AB}=Z_{BC}=Z_{CA}=|Z|\angle\varphi$,则由式(3.3.21)可知,三个相电流是对称的,它们的相位互差 120°,而有效值相等,可用 I_P 表示,即

$$I_{AB}=I_{BC}=I_{CA}=I_P=\frac{U_P}{|Z|} \tag{3.3.23}$$

式中:U_P 为每相负载的电压有效值。在负载做三角形连接时,各相负载的电压就等于电源的线电压,即

$$U_P=U_L \tag{3.3.24}$$

若以电压 U_{AB} 为参考相量,则负载对称时的电压电流相量图如图3.3.16所示。相电流 $\dot{I}_{AB}$,$\dot{I}_{BC}$,$\dot{I}_{CA}$ 分别滞后于电压 $\dot{U}_{AB}$,$\dot{U}_{BC}$,$\dot{U}_{CA}$ 一个 φ 角,而后可根据式(3.3.22)得出线

电流相量 $\dot{I}_{AL}, \dot{I}_{BL}, \dot{I}_{CL}$ 也是对称的,它们在相位上分别滞后于 $\dot{I}_{AB}, \dot{I}_{BC}, \dot{I}_{CA}$ 一个 $30°$ 角,三个线电流的有效值相等,可用 $\dot{I}_L$ 表示,即

$$\dot{I}_{AL} = \dot{I}_{BL} = \dot{I}_{CL} = \dot{I}_L$$

而且线电流的有效值 I_L 与相电流的有效值 I_P 之间有确定的关系,即

$$I_L = \sqrt{3} I_P \tag{3.3.25}$$

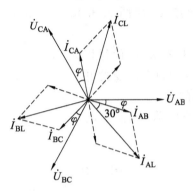

图 3.3.16　对称负载三角形连接的相量图

【例 3-7】　三相对称电源线电压 $U_L = 380$ V,对称三相负载作三角形连接,每相阻抗为 $Z = 16 + j12$ Ω,试求此负载的相电流 I_P 和线电流 I_L。

解　负载作三角形连接时,各相负载的电压就等于电源线电压,即

$$U_P = U_L = 380 \text{ V}$$

各相负载的阻抗为

$$Z = 16 + j12 \text{ Ω} = 20\angle 36.9° \text{ Ω}$$

各相电流有效值为

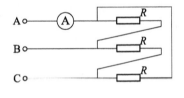

例 3-7 图

$$I_P = \frac{U_P}{|Z|} = \frac{380}{20} = 19 \text{ A}$$

各线电流为

$$I_L = \sqrt{3} I_P = \sqrt{3} \times 19 \text{ A} = 32.9 \text{ A}$$

各电压、电流相量图与图 3.3.16 类似,其中一相电压与电流的相位差为 $\varphi = 36.9°$。

四、三相负载的功率

三相负载的平均功率等于各相负载平均功率之和。负载做星形连接时,三相功率为

$$P = U_A I_A \cos\varphi_A + U_B I_B \cos\varphi_B + U_C I_C \cos\varphi_C \tag{3.3.26}$$

负载做三角形连接时,三相功率为

$$P = U_{AB} I_{AB} \cos\varphi_{AB} + U_{BC} I_{BC} \cos\varphi_{BC} + U_{CA} I_{CA} \cos\varphi_{CA} \tag{3.3.27}$$

如果负载对称,则各相负载的平均功率也相等,不论负载是三角形连接还是星形连接,三相功率都可以表示为

$$P = 3 U_P I_P \cos\varphi \tag{3.3.28}$$

式中：U_P，I_P 分别为一相负载的电压、电流有效值；φ 为相电压与电流的相位差，取决于负载的阻抗。

一般为方便起见，常用线电压 U_L 和线电流 I_L 计算三相对称负载的功率。负载星形连接时，流过相线的电流就是流过一相负载的电流，即 $I_L = I_P$，负载相电压为 $U_P = \dfrac{U_L}{\sqrt{3}}$，而负载作三角形连接时 $U_P = U_L$，$I_P = \dfrac{I_L}{\sqrt{3}}$。将上述关系代入式(3.3.28)可得

$$P = \sqrt{3}U_L I_L \cos\varphi \qquad (3.3.29)$$

对称三相负载，不论是星形连接还是三角形连接，都可以用式(3.3.28)或式(3.3.29)计算三相功率。由于线电压和线电流的值比较容易测量，因而通常式(3.3.29)用得较多。必须注意的是，式(3.3.29)中的 φ 仍为一相负载阻抗电压、电流的相位差。

三相无功功率也等于各相无功功率之和。三相对称负载的无功功率为一相无功功率的三倍，即

$$Q = 3U_P I_P \sin\varphi \qquad (3.3.30)$$

若用线电压 U_L 和线电流 I_L 计算无功功率，则有

$$Q = \sqrt{3}U_L I_L \sin\varphi \qquad (3.3.31)$$

三相负载的视在功率定义为

$$S = \sqrt{P^2 + Q^2} \qquad (3.3.32)$$

一般情况下三相负载的视在功率不等于各相视在功率之和，只有当负载对称时，三相视在功率才等于各相视在功率之和。对称三相负载的视在功率为

$$S = 3U_P I_P = \sqrt{3}U_L I_L \qquad (3.3.33)$$

【例 3-8】　三相异步电动机是一种对称三相负载，若某电动机运转时每相绕组的阻抗为 $Z = 20 + j15\ \Omega$，做星形连接，接于线电压 $U_L = 380\ \text{V}$ 的对称三相电源上，试求此电动机的电功率。

解　因为 $Z = 20 + j15 = 25\angle 36.9°$，即 $|Z| = 25\ \Omega$，$\varphi = 36.9°$，负载做星形连接时

$$U_P = \frac{U_L}{\sqrt{3}} = \frac{380}{\sqrt{3}} = 220\ \text{V}$$

$$I_L = I_P = \frac{U_P}{|Z|} = \frac{220}{25} = 8.8\ \text{A}$$

三相功率为

$$\begin{aligned}
P &= \sqrt{3}U_L I_L \cos\varphi \\
&= \sqrt{3} \times 380 \times 8.8 \times \cos 36.9° \\
&= 4634\ \text{W} = 4.634\ \text{kW}
\end{aligned}$$

 **任务实施**

1. 实训目的

（1）掌握三相交流电源的线/相电压相互关系及参数测量。

（2）熟悉三相交流负载（电动机）Y/△两种接法。

（3）掌握三相交流电路功率测试方法。

2. 实训说明

如图 3.3.17 所示，将三相交流电机连接至三相交流电源组成三相交流电路，如图 3.3.18 所示，通电测试三相交流电路的线/相电压、电流及功率等参数。

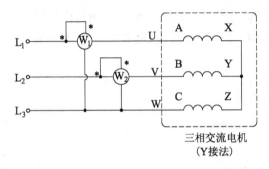

图 3.3.17　三相交流电机 Y 型接法　　　　　图 3.3.18　三相交流电压测试

3. 实训步骤及要求

（1）了解实训任务，准备实训设备、器材及仪表，列于表 3.3.1。

表 3.3.1　实训设备清单

序　号	名　　称	型号及技术参数	数　量
1	三相交流异步电动机		1
2	交流功率表		2
3	万用表		1
4	电机实训台		1
5	连接线		若干

（2）在实训台上选择两种电源插座，分别测量电源的线电压和相电压，熟悉插孔结构及接线标识，记于表 3.3.2。

表 3.3.2　电源插座线、相电压

	插孔接线标识	线电压	相电压
单相三极插座			
三相四极插座			

（3）选择一个三相交流电动机，记录其铭牌技术参数：

额定电压为＿＿＿＿＿＿＿＿＿＿；额定接法为＿＿＿＿＿＿＿＿＿＿。

（4）按照实训电路图连接电路,检查确认无误后接通电源,观察三相电动机运行状态。

（5）分别测量三相交流电路中各类电压,记于表 3.3.3。

表 3.3.3 电压记录

线电压	U_{AB}	U_{BC}	U_{CA}
相电压	U_A	U_B	U_C

试分析各电压之间关系（用相量法图分析其大小及相位关系）。

（6）功率测试。

功率表测量值：$P_1 = $ _____ ；$P_2 = $ _____ 。

三相电路总功率：$P = $ _____ 。

（7）经过教师检查评估实训结果后,关闭电源,做好实训室 5S 整理。

（8）小组实训总结,完成实训报告。

4. 考核要求与标准

（1）正确使用实训设备器材、仪表及工具（10 分）；

（2）完成实训电路连线及调试,实训结果符合项目要求（25 分）；

（3）实训报告完整正确（40 分）；

（4）小组讨论完成思考题、团队协作较好（15 分）；

（5）实训台及实训室 5S 整理规范（10 分）。

 小组讨论

① 分别指出以下两种电源插座的插孔接线标识。

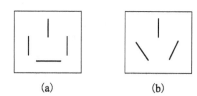

(a)　　　　　　　(b)

② 下图所示三相交流电路中各类负载的电源连线是否正确？如有错误请修改。

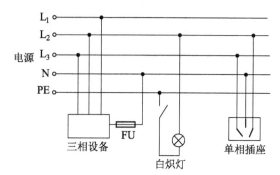

③ 在三相五线制低压配电线路可提供_____和_____两种电源电压,其中火线与零线间电压为_____ V。

巩 固 与 提 高

1. 在国内通用的输配电系统中,架空输电线上一般都是四根导线,这四根导线都是什么线?

2. 交流发电机的三相引出线及变压器的三相母线上涂以黄、绿、红三种颜色,分别表示什么?

3. 三相对称电源线电压 $U_L = 380$ V,负载为星形连接的三相对称电炉,每相电阻为 $R = 22$ Ω,试求此电炉工作时的相电流 I_P。

4. 有人说:"三相四线制供电系统中,中性线电流等于三相负载电流之和,因此中性线的截面积应选得比相线的截面积更大些。"这种说法对吗? 为什么?

5. 对称三相电源,线电压 $U_L = 380$ V,对称三相电阻炉作三角形连接,如例 3-7 图所示。若已知电流表读数为 33 A,试问此电炉每相电阻 R 为多少? 以 U_{AB} 为参考相量画出各电压、电流的相量图。

6. 三相阻抗相同的负载,先后接成星形和三角形,并由同一对称三相电源供电,试问哪种连接方式的线电流大? 大多少倍?

项目四

磁路与变压器

电路是电工基础课程所研究的基本对象,而磁路也是电工基础理论中不可缺少的内容。因为在很多电工设备如电机、变压器、电磁铁、电工测量仪表以及各种控制元件中,不仅有电路的问题,同时还有磁路问题。只有同时掌握电路和磁路的基本理论和分析方法,才能够更好地应用各种电工仪器和电工设备。

➤ 知识目标

1. 了解磁路的基本概念及铁芯线圈的电路和磁路。
2. 掌握变压器的基本结构、工作原理和运行特性等。

➤ 技能目标

1. 熟悉常用变压器电气符号。
2. 选择其中一台变压器,识别并记录其型号规格及额定技术参数。
3. 应用交流法测定变压器各绕组的极性(同名端)。
4. 了解变压器的选用原则,能为小型广播站选择与扩音机相匹配的音响。
5. 用铁磁性材料及导线自制电磁铁。

任务 1
认识磁路

 **任务描述**

通过学习本任务使学生对磁路的基本概念有所了解,掌握磁路的基本物理量、磁路欧姆定律,了解磁性材料的磁性能,掌握直流铁芯线圈和交流铁芯线圈的特点等,从而为变压器的学习奠定了基础。

讨论与交流:

(1)描述磁场中各点磁场强弱和方向的物理量是什么?

(2)试比较磁路的欧姆定律和电路的欧姆定律,说明其异同点。

(3)若将交流铁芯线圈接到与其额定电压相等的直流电压上,或将直流铁芯线圈接在有效值与其额定电压相同的交流电压上,各会产生什么问题,为什么?

 **任务准备**

一、磁路的基本概念

电流产生磁场,通有电流的线圈内部及周围也有磁场存在。在变压器、电动机等电工设备中,为了用较小的电流产生较强的磁场,通常把线圈绕在由铁磁性材料制成的铁芯上。由于铁磁性材料的导磁性能比非磁性材料好得多,因此当线圈中有电流流过时,产生的磁通绝大部分集中在铁芯中,沿铁芯而闭合,这部分磁通称为主磁通,用字母 Φ 表示。只有很少一部分磁通沿铁芯以外的空间而闭合,称为漏磁通,用 Φ_o 表示。由于 Φ_o 很小,在工程上常将它忽略不计。

主磁通所通过的闭合路径为磁路。图 4.1.1 所示是几种常见的电工设备的磁路。

电流有直流和交流之分,磁路也可分为直流磁路和交流磁路,它们各自具有不同的特点。

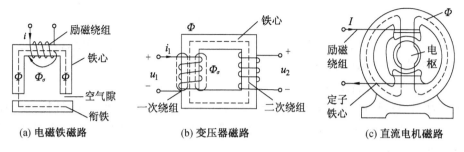

图 4.1.1　几种常见电工设备的磁路

（一）磁路的基本物理量

磁路问题实质上是局限于一定路径内的磁场问题，因此磁场的各个基本物理量也适用于磁路。

1. 磁感应强度 B

磁感应强度 B 是表示磁场内某点的磁场强弱以及方向的物理量。它是一个矢量，其方向与该点磁力线的切线方向一致，与产生该磁场的电流之间的方向关系符合右手螺旋法则。若磁场内各点的磁感应强度大小相等、方向相同，则为均匀磁场。在我国法定计量单位中，磁感应强度的单位是特斯拉（T），简称特，以前在工程上也常用电磁制单位高斯（Gs）表示，它们的关系是

$$1 \text{ T} = 10^4 \text{ Gs}$$

2. 磁通 Φ

在均匀磁场中，磁感应强度 B 与垂直于磁场方向的面积 A 的乘积，称为通过该面积的磁通 Φ，即

$$\Phi = B \cdot A \text{ 或 } B = \frac{\Phi}{A} \tag{4.1.1}$$

如果不是均匀磁场，则 B 取平均值。

由式（4.1.1）可知：磁感应强度 B 在数值上等于与磁场方向垂直的单位面积上通过的磁通，故 B 又称为磁通密度。在我国法定计量单位中，磁通的单位是韦伯（Wb），简称韦，以前在工程上有时用电磁制单位麦克斯韦（M_x 表示），其关系是

$$1 \text{ Wb} = 10^8 \text{ M}_x$$

3. 磁导率 μ

磁导率 μ 是表示物质导磁性能的物理量。它的单位是亨/米（H/m）。由实验测出，真空的磁导率 $\mu_0 = 4\pi \times 10^{-7}$ H/m。其他任意一种物质的导磁性能用该物质的相对磁导率 μ_r 来表示，某物质的相对磁导率 μ_r 是其磁导率 μ 与 μ_0 的比值。即

$$\mu_r = \frac{\mu}{\mu_0} \tag{4.1.2}$$

$\mu_r \approx 1$，即 $\mu \approx \mu_0$ 的物质称为非磁性材料；$\mu_r \gg 1$ 的物质称为铁磁性材料。

4. 磁场强度 H

磁场强度 H 是进行磁场计算时引用的一个物理量，也是矢量，它与磁感应强度的关系是

$$H = \frac{B}{\mu} \text{ 或 } B = \mu H \qquad (4.1.3)$$

磁场强度只与产生磁场的电流以及这些电流的分布情况有关,而与磁介质的磁导率无关,它的单位是安/米(A/m)。

(二) 磁性材料的磁性能

铁磁性材料包括铁、钢、镍、钴及其合金以及铁氧体(又称铁淦氧)等材料,它们的磁导率很高($\mu_r \geqslant 1$)是制造变压器、电机、电器等各种电工设备的主要材料。铁磁性材料具有以下一些磁性能。

1. 高导磁性

铁磁性材料的磁导率很高,μ_r 可达 $10^2 \sim 10^4$ 数量级。在外磁场的作用下,其内部的磁感应强度大大增强,这种现象称为磁化。铁磁性材料的磁化现象与其内部的分子电流有关。所谓分子电流是指物质内部电子绕原子核旋转及电子本身自转所形成的回路电流,这个电流会产生磁场。同时,铁磁性材料内部的分子之间有一种相互作用力,使得若干个原子的磁场具有相同的方向,组成许多小磁体,具有磁性,这些小磁体称为磁畴。在没有外磁场作用时,这些磁畴的排列是不规则的,它们所产生磁场的平均值等于零,或者非常微弱,对外不显示磁性,如图 4.1.2a 所示。在一定强度的外磁场作用下,这些磁畴将顺着外磁场的方向转动,作有规则的排列,显示出很强的磁性,如图 4.1.2b 所示,这就是铁磁性材料的磁化现象。

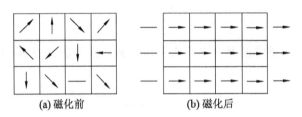

(a) 磁化前　　　　　　　　(b) 磁化后

图 4.1.2　铁磁性材料的磁化

非磁性材料没有磁畴结构,所以不具有磁化特性。

2. 磁饱和性

铁磁性材料的磁饱和性表现在其磁感应强度 **B** 不会随外磁场(或励磁电流)增强而无限地增强。因为当外磁场(或励磁电流)增大到一定值时,其内部所有的磁畴都已基本转向与外磁场一致的方向,再增大励磁电流其磁性不能继续增强。

材料的磁化特性可用磁化曲线,即 $B = f(H)$ 曲线来表示。铁磁性材料的磁化曲线如图 4.1.3 中曲线①所示,它不是直线。在 oa 段,B 随 H 线性增大;在 ab 段,B 增大缓慢,开始进入饱和;b 点以后,B 基本不变,为饱和状态。由图可见,铁磁性材料的 μ $\left(\mu = \dfrac{B}{H}\right)$ 不是常数,如图 4.1.3 中曲线②所示,B 和 H 的关系是非线性的。非磁性材料的磁化曲线是通过坐标原点的直线,如图 4.1.3 中曲线③所示。

3. 磁滞性

磁滞性表现在铁磁性材料在交变磁场中反复磁化时,磁感应强度 **B** 的变化滞后于磁场强度 **H** 的变化,其磁滞回线如图 4.1.4 所示。由图可见,当 H 减小时,B 也随之减小,

但当 $H=0$ 时，B 并未回到零值，而等于 B_r。其中 B_r 称为剩磁感应强度，简称剩磁。若要使 $B=0$，则应使铁磁材料反向磁化，即使磁场强度为 $(-H_c)$，H_c 称为矫顽磁力，如图 4.1.4 所示，由于 $B=f(H)$ 回线表现了铁磁材料的磁滞性，故称为磁滞回线。

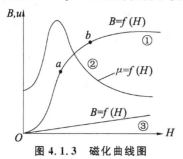 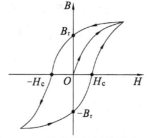

图 4.1.3　磁化曲线图　　　　　图 4.1.4　铁磁性材料的磁滞回线

铁磁性材料的磁滞性是由于其分子热运动而产生的。在交变磁化过程中，其磁畴在外磁场作用下不断转向，但它的分子热运动又阻止它转向，因此磁畴的转向跟不上外加磁场的变化，从而产生磁滞现象。

根据铁磁性材料磁滞性的不同，即其磁滞回线也不同。铁磁性材料又分为软磁材料和硬磁材料两种，如图 4.1.5 所示。软磁材料的剩磁及矫顽力小，磁滞回线窄，所包围的面积小，如图 4.1.5a 所示。软磁材料比较容易磁化，但去掉外磁场后，磁性大部分消失。例如硅钢、坡莫合金、铁氧体等都属于软磁材料，常用来制造变压器、交流电机等各种交流电工设备。硬磁材料如碳钢、钴钢、铝镍钴合金等，其特点是剩磁及矫顽力大，磁滞回线较宽，所包围的面积大，如图 4.1.5b 所示。它需有较强的外磁场才能磁化，但去掉外磁场后，磁性不易消失，因而适用于制造永久磁铁、电信仪表、永磁式扬声器及小型直流电机中的永磁铁芯等。

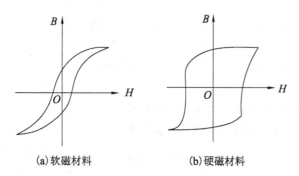

(a)软磁材料　　　　　(b)硬磁材料

图 4.1.5　软磁与硬磁材料的磁滞回线

（三）磁路的欧姆定律

磁场中磁场强度与励磁电流的关系遵循安培环路定律，又称全电流定律，即在磁场中沿任何闭合曲线磁场强度矢量 **H** 的线积分等于穿过该闭合曲线所围曲面的电流的代数和，其数学表达式为

$$\oint H \cdot \mathrm{d}l = \sum I \qquad\qquad (4.1.4)$$

计算电流 $\sum I$ 时，以预先任取的闭合曲线绕行的方向为准，凡参考方向符合右手螺旋法则的电流为正，反之为负。

图 4.1.6 所示理想磁路(无漏磁)是由一种材料构成的,其各处截面积相等。若取铁芯中心线作为积分路径 l,沿路径 l 各点的 $\boldsymbol{B}$ 和 $\boldsymbol{H}$ 均有相同的值,其方向处处与积分路径的绕行方向一致(即 H 与 $\mathrm{d}l$ 同方向)。匝数为 N 的励磁线圈绕在铁芯上,其中电流为 I,即线圈中电流 I 穿绕磁路 N 次,因此式(4.1.4)可写为

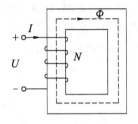

图 4.1.6 理想磁路

$$\int H \cdot \mathrm{d}l = Hl = NI \text{ 或 } H = \frac{NI}{l} \qquad (4.1.5)$$

式中:乘积 NI 称为磁动势,用 F_m 表示,即 $F_\mathrm{m} = NI$,其单位为安培(A)。

因为 $\Phi = BA, B = \mu H$,则

$$\Phi = \mu HA$$

将式(4.1.5)代入上式可得

$$\Phi = \mu \frac{NI}{l} A = \frac{NI}{\dfrac{l}{\mu A}} = \frac{F_\mathrm{m}}{\dfrac{l}{\mu A}}$$

令 $R_m = \dfrac{l}{\mu A}$ 则

$$\Phi = \frac{F_\mathrm{m}}{R_\mathrm{m}} \qquad (4.1.6)$$

式(4.1.6)在形式上与电路中的欧姆定律 $\left(I = \dfrac{U}{R}\right)$ 相似,称为磁路的欧姆定律。磁路中的磁通对应于电路中的电流;磁动势 F_m 反映通电线圈励磁本领的大小,它对应于电路中的电动势;$R_\mathrm{m} = \dfrac{l}{\mu A}$ 称为磁阻,对应于电路中的电阻 $R = \dfrac{l}{rA}$,是表示磁路的材料对磁通起阻碍作用的物理量,反映磁路导磁性能的强弱,它只与磁路的尺寸及材料的磁导率有关。对于铁磁性材料,由于其 μ 不是常数,其 R_m 也不是常数。故式(4.1.6)主要用来定性分析磁路,一般不能直接用于磁路计算。

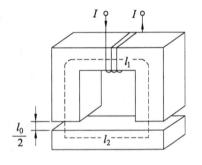

图 4.1.7 带有空气隙的磁路

对于由不同材料或不同截面的几段磁路串联而成的磁路,如带有空气隙的磁路,磁路的总磁阻为各段磁阻之和,如图 4.1.7 所示。由 $R_\mathrm{m} = \dfrac{l}{\mu A}$ 可知,对于空气隙这段磁路,其 l_0 虽小,但因 μ_0 很小,故 R_m 很大,从而使整个磁路的磁阻大大增加。若磁动势 $F_\mathrm{m} = NI$ 不变,则磁路中空气隙愈大,磁通 Φ 就愈小;反之,如果线圈的匝数 N 一定,要保持磁通 Φ 不变,则空气隙愈大,所需的励磁电流 I 也愈大。

二、铁芯线圈

将线圈绕制在铁芯上便构成了铁芯线圈。根据线圈所接电源的不同,铁芯线圈分为两类,即直流铁芯和交流铁芯线圈,它们构成的磁路即为直流磁路和交流磁路。

(一)直流铁芯线圈

将直流铁芯线圈接到直流电源,线圈中通过直流电流,在铁芯及空气中产生主磁通 Φ 和漏磁通中 Φ_σ,如图 4.1.8a 所示。工程中直流电机、直流电磁铁及其他各种直流电磁器件的线圈都是直流铁芯线圈,其特点如下:

(1)励磁电流 $I=\dfrac{U}{R}$,I 由外加电压 U 及励磁绕组的电阻 R 决定,与磁路特性无关。

(2)励磁电流 I 产生的磁通是恒定磁通,不会在线圈和铁芯中产生感应电动势。

(3)直流铁芯线圈中磁通 Φ 的大小不仅与线圈的电流 I(即磁动势 NI)有关,还决定于磁路中的磁阻 R_m。例如,对有空气隙的铁芯磁路,在 $F_m=NI$ 一定的条件下,当空气隙增大,即 R_m 增加时,磁通 Φ 减小;反之,当空气隙减小,即 R_m 减小时,磁通 Φ 增大。

(4)直流铁芯线圈的功率损耗 $\Delta P=I^2R$ 由线圈中的电流和电阻决定。因为磁通恒定,所以在铁芯中不会产生功率损耗。

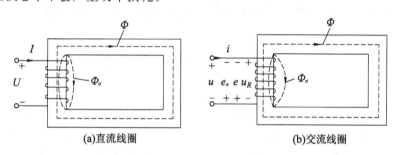

图 4.1.8 铁芯线圈

(二)交流铁芯线圈

将交流铁芯线圈接交流电源,线圈中通过交流电流,产生交变磁通,并在铁芯和线圈中产生感应电动势,如图 4.1.8b 所示。变压器、交流电机以及其他各种交流电磁器件的线圈都是交流铁芯线圈,其特点如下。

1. 电磁关系

交流铁芯线圈中,外加交流电压 u,在线圈中产生交流励磁电流 i。磁动势 Ni 产生两部分交变磁通,即主磁通 Φ 和漏磁通 Φ_σ,如图 4.1.8b 中虚线所示。这两个磁通又分别在线圈中产生两个感应电动势,即主磁电动势 e 和漏磁电动势 e_σ,其参考方向根据图 4.1.8b 中主磁通 Φ 的方向,由右手螺旋法则决定。其电磁关系可表示为

$$u \to i(iN) \begin{array}{c} \nearrow \Phi \to e \\ \searrow \Phi_\sigma \to e_\sigma \end{array}$$

根据基尔霍夫电压定律,铁芯线圈的电压平衡方程是

$$u=Ri-e_\sigma-e$$

由于线圈电阻上的电压降 $Ri(u_R)$ 和漏磁电动势 e_σ 都很小,与主磁电动势 e 比较,均可忽略不计,故上式可写成

$$u\approx-e \tag{4.1.7}$$

由电磁感应定律,在规定的参考方向下

$$e = -N \frac{\mathrm{d}\Phi}{\mathrm{d}t}$$

故
$$u \approx N \frac{\mathrm{d}\Phi}{\mathrm{d}t}$$

当电源电压 u 为正弦量时，Φ 与 e 都为同频率的正弦量。

令
$$\Phi = \Phi_{\mathrm{m}} \sin\omega t$$

则
$$u \approx N \frac{\mathrm{d}\Phi}{\mathrm{d}t} = N \frac{\mathrm{d}}{\mathrm{d}t}(\Phi_{\mathrm{m}}\sin\omega t)$$

$$= N\omega\Phi_{\mathrm{m}}\cos\omega t$$

$$= 2\pi f N\Phi_{\mathrm{m}}\sin\left(\omega t + \frac{\pi}{2}\right)$$

$$= U_{\mathrm{m}}\sin\left(\omega t + \frac{\pi}{2}\right)$$

由上式可见，铁芯中的磁通的相位滞后于外加电压 90°。由该式还可求出外加电压的有效值为

$$U = \frac{U_{\mathrm{m}}}{\sqrt{2}} \approx \frac{2\pi f N\Phi_{\mathrm{m}}}{\sqrt{2}} = 4.44 f N\Phi_{\mathrm{m}}$$

$$= 4.44 \ fNB_{\mathrm{m}}A \tag{4.1.8}$$

式中：U 的单位为伏（V），f 的单位为赫兹（Hz），Φ_{m} 的单位为韦伯（Wb），B_{m} 的单位为特斯拉（T），A 的单位为平方米（m²）。式（4.1.8）表明，在忽略线圈电阻及漏磁通的条件下，当线圈匝数及电源频率 f 一定时，主磁通的幅值 Φ_{m} 决定于励磁线圈外加电压的有效值，而与铁芯的材料以及尺寸无关，也就是说，当外加电压 U 与 f 一定时，主磁通的最大值 Φ_{m} 几乎是不变的，与磁路的磁阻 R_{m} 无关。这是交流磁路的一个重要特点，式（4.1.8）是分析、计算交流电磁器件的重要公式。

2. 功率损耗

在交流铁芯线圈中的功率损耗包括两部分：一是线圈电阻 R 通电后所产生的发热损耗，称为铜损，用 ΔP_{Cu} 表示（$\Delta P_{\mathrm{Cu}} = I^2 R$）；二是铁芯在交变磁通作用下产生的磁滞损耗和涡流损耗。以上两者合称为铁损，用 ΔP_{Fe} 表示，铁损将使铁芯发热，从而影响设备绝缘材料的使用寿命。

（1）磁滞损耗。磁滞损耗是因铁磁性物质在交变磁化时磁畴来回翻转，克服彼此间的阻力而产生的发热损耗，常用 ΔP_{b} 表示。可以证明，铁芯中的磁滞损耗与该铁芯磁滞回线所包围的面积成正比，同时励磁电流频率 f 愈高，磁滞损耗也愈大。当电流频率一定时，磁滞损耗与铁芯磁感应强度最大值的平方成正比。

采用磁滞回线窄小的铁磁材料可以降低磁滞损耗，如变压器、交流电机中的硅钢片，磁滞损耗就较小。

（2）涡流损耗。如图 4.1.9a 所示，当线圈中通入交变电流时，铁芯中的交变磁通将在铁芯中产生感应电动势和感应电流，这种电流就称为涡流。因铁芯有一定的电阻，故涡流将在铁芯中产生发热损耗，称为涡流损耗，用 ΔP_{e} 表示。

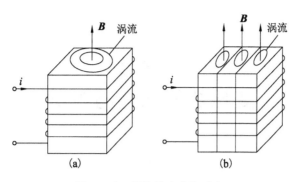

图 4.1.9　涡流的产生和减少

为了降低涡流损耗,当线圈用于一般工频交流时,可采用由彼此绝缘且顺着磁场方向的硅钢片叠成铁芯,如图 4.1.9b 所示,将涡流限制在较小的截面内流通;因铁芯含硅,电阻率较大,也使涡流及其损耗大为减小。一般电机和变压器的铁芯常采用厚度为 0.35 mm 或 0.5 mm 的硅钢片叠成。对高频铁芯线圈,常采用铁氧体磁心,其电阻率很高,可大大降低涡流损耗。

涡流也有有利的一面,可用其热效来冶炼金属,如中频感应炉便是利用涡流工作的。

可以证明,涡流损耗与电源频率的平方及铁芯磁感应强度最大值的平方成正比。

综上所述,交流铁芯线圈工作时的功率损耗为

$$\Delta P = \Delta P_{\mathrm{Cu}} + \Delta P_{\mathrm{Fe}} = I^2 R + \Delta R_{\mathrm{b}} + \Delta P_{\mathrm{e}} \tag{4.1.9}$$

1. 描述磁场中各点磁场强弱和方向的物理量是什么?

2. 铁磁性材料有哪些特性? 试应用磁畴的概念来解释。

3. 试比较磁路的欧姆定律和电路的欧姆定律,说明其异同点。

4. 若将交流铁芯线圈接到与其额定电压相等的直流电压上,或将直流铁芯线圈接在有效值与其额定电压相同的交流电压上,各会产生什么问题,为什么?

5. 为什么直流电工设备(如直流电机、直流继电器等)的铁芯一般用整块的铁磁性材料(如铸铁、铸钢等)制成,而不用硅钢片叠成?

6. 在交流电磁铁运行时,制造厂家对其每小时的最高通、断次数都作了具体的规定,这是为什么? 若交流电磁铁接入电源后,其衔铁被卡住不能吸合,试问后果将会如何?

7. 交流铁芯线圈在额定电压下正常工作时,其磁通密度一般接近饱和值,如线圈外加电压超过额定值,将会出现什么现象?

任务 2
变压器的认知与测试

任务描述

本任务主要以变压器为例,教师给学生准备一些实验物品,通过理论与实践的结合使学生熟悉各类变压器结构、额定参数及应用,识别各类常用变压器的电气符号,掌握变压器极性(同名端)测试方法。

讨论与交流:
(1) 你知道哪些常用变压器电气符号?
(2) 变压器的用途及工作原理是什么?
(3) 如何应用交流法,测定变压器各绕组的极性(同名端)?
(4) 变压器的选用原则是什么?

任务准备

一、变压器的基本知识

(一) 变压器的用途与分类

变压器是根据电磁感应原理制成的一种电气设备,它具有变换电压、变换电流和变换阻抗的功能,因而在各个领域获得广泛的应用。

在电力系统中输送一定的电功率时,由于三相电功率 $P=\sqrt{3}UI\cos\varphi$,在功率因数一定时,电压 U 愈高,电流 I 就愈小,这样不仅可以减缩小输电导线的截面,节省材料,而且还可降低功率损耗,故电力系统中均用高电压输送电能。图 4.2.1 是输配电系统示意图,图中发电机的电压通常为 6.3 kV,10.5 kV 等,不可能将电能送到很远的地区,故用升压变压器将电压升高到 35~500 kV 进行远距离输电。例如 220 kV 输电线路可将 100~500 MW 的电力输送 200~300 km 的距离。当电能送到用电地区后,用降压变压器将电压降低到较低的配电电压(一般为 10 kV),分配到各工厂、用户。最后再用配电变压器将电压降低到用户所需的电压等级(如 380 V/220 V),供用户使用。

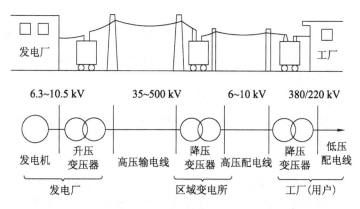

图 4.2.1　输配电系统示意图

在电子电路中，变压器不仅可作为获得合适电压的电源，还可用来传递信号和实现阻抗匹配。

变压器的种类很多，按交流电的相数不同，可分为单相变压器、三相变压器或其他相数的变压器；按用途不同，可分为输配电用的电力变压器，局部照明和控制电路用的控制变压器，调节电压用的自耦变压器，电加工用的电焊变压器和电炉变压器，测量电路用的仪用互感器以及电子设备中常用的电源变压器、耦合变压器、脉冲变压器等。

（二）变压器的基本结构

虽然变压器种类很多，形状各异，但其基本结构是相同的，其主要部件是铁芯、绕组和油箱等。

1. 铁芯

铁芯构成变压器的磁路部分。按照铁芯结构的不同，变压器可分为心式与壳式两种，如图 4.2.2 所示。图 4.2.2a 为心式铁芯变压器，绕组套在铁芯柱上，结构较为简单，绕组的装配和绝缘都比较方便，且用铁量较少，因此多用于容量较大的变压器，如电力变压器都采用心式铁芯结构。

图 4.2.2b 所示为壳式铁芯变压器，它具有分支的磁路，铁芯把绕组包围在中间，故不要专门的变压器外壳，但它的制造工艺较复杂，用铁量也较多，常用于小容量的变压器中，如电子线路中的变压器多采用壳式铁芯结构。

为了减少铁芯中的磁滞和涡流损耗，铁芯采用 0.35～0.5 mm 厚的硅钢片叠成，叠装之前，硅钢片上还需涂一层绝缘漆。在叠片时一般采用交错叠装方式，即将每层硅钢片的接缝错开，这样可以降低磁路的磁阻，减少励磁电流。

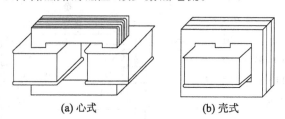

(a) 心式　　　　　(b) 壳式

图 4.2.2　变压器的铁芯结构

2. 绕组

绕组构成变压器的电路部分。一般小容量变压器的绕组可用高强度漆包线绕成,大容量变压器可用绝缘扁铜线或铝线制成。铝线的导电能力虽然比铜线略差,但其资源丰富,价格比较便宜,故获得广泛应用。

电力变压器的高、低绕组多做成圆筒形,同心地套在铁线柱上,绕组之间及绕组与铁芯之间都隔有绝缘材料。同心式绕组的低压绕组在里面,高压绕组在外面,这样排列可降低绕组对铁芯的绝缘要求。

3. 油箱

除了铁芯与绕组外,变压器还有其他的一些部件。例如,电力变压器的铁芯绕组通常浸在盛有变压器油的油箱中,变压器油有绝缘和散热的作用。为增强散热作用,油箱外设有散热油管。此外,邮箱上还装有为引出高低压绕组使用的高低压绝缘套管以及防爆管、油枕、调压开关、温度计等附属部件。图 4.2.3 所示是一台三相油浸式电力变压器外形图。

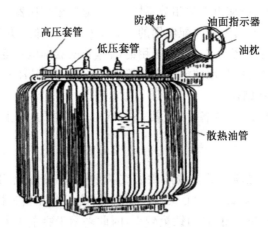

图 4.2.3 三相油浸式电力变压器

二、变压器的工作原理

图 4.2.4 所示是一台单相变压器的原理图。该变压器有两个绕组,为了分析方便,将高压绕组和低压绕组分别画在两边。接交流电源的绕组称为一次绕组(又称原边或原绕组),匝数为 N_1,其电压、电流和电动势用 u_1,i_1,e_1 表示;与负载相接的称为二次绕组(又称副边或副绕组),匝数为 N_2,其电压、电流和电动势用 u_2,i_2,e_2 表示。图中画出了它们的参考方向。下面分别讨论变压器在空载和负载时的运行情况,从而说明其变换电压、电

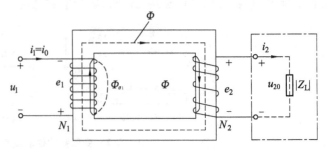

图 4.2.4 单相变压器的原理图

流和阻抗的原理。

（一）电压变换原理（变压器空载运行）

变压器空载运行是指变压器一次绕组接交流电源电压 u_1，二次绕组开路，不接负载时的运行情况，如图 4.2.3 所示（负载用虚线表示）。在 u_1 作用下，一次绕组有电流 i_1 通过，$i_1 = i_0$，这个电流称为空载电流或称励磁电流。磁动势 $N_1 i_0$ 将在铁芯中产生，同时交链着一次、二次绕组的主磁通 Φ 以及只和本身绕组交链的漏磁 $\Phi_{\sigma 1}$，因 $\Phi_{\sigma 1}$ 在数量上远远小于主磁通 Φ，故在分析计算时，常忽略不计。

根据电磁感应原理，主磁通在一次、二次绕组中分别产生频率相同的感应电动势 e_1 和 e_2，有

$$e_1 = -N_1 \frac{\mathrm{d}\Phi}{\mathrm{d}t} \tag{4.2.1}$$

$$e_2 = -N_2 \frac{\mathrm{d}\Phi}{\mathrm{d}t} \tag{4.2.2}$$

二次绕组的开路电压记为 u_{20}，空载时 $i = 0$。

图中各个物理量的参考方向是这样选定的：电源电压 u_1 的参考方向可以任意选定，当 u_1 为正值时，上端电位高，下端电位低，电流 i_0 的参考方向与 u_1 的参考方向一致，电流 i_0 和主磁通 Φ 的参考方向符合右手螺旋法则，感应电动势 e_1 和 e_2 的参考方向与磁通的参考方向符合右手螺旋法则。因此，图中 u_1, i_0, e_1 的参考方向是一致的。

变压器空载时一次绕组的情况与交流铁芯线圈中的情况类似。根据图示参考方向，忽略一次绕组的电阻及漏磁通的影响时，根据式（4.2.1）可得

$$u_1 \approx -e_1$$

由于变压器空载，其二次绕组的空载端电压 u_{20} 即等于 e_2。对负载来说，变压器的二次绕组是一个电源，可写为

$$u_{20} = e_2$$

上面两式如用相量表示，则为

$$\dot{U}_1 \approx -\dot{E}_1 \tag{4.2.3}$$

$$\dot{U}_{20} \approx \dot{E}_2 \tag{4.2.4}$$

由式（4.2.2）可得

$$U_1 \approx E_1 = 4.44 f N_1 \Phi_{\mathrm{m}}$$
$$U_{20} \approx E_2 = 4.44 f N_2 \Phi_{\mathrm{m}}$$

式中：Φ_{m} 是主磁通的幅值。由此可以推出变压器的电压变换关系为

$$\frac{U_1}{U_2} \approx \frac{E_1}{E_2} = \frac{N_1}{N_2} = K \tag{4.2.5}$$

式中：K 称为变压器的变压比。

此式表明：变压器一次、二次绕组的电压与一次、二次绕组的匝数成正比。当 $K > 1$ 时为降压变压器，当 $K < 1$ 时为升压变压器。

【例 4-1】 某单相变压器接到电压 $U_1 = 220$ V 的电源上，已知二次空载电压 $u_{20} = 20$ V，二次绕组匝数为 100 匝，求变压器变比 K 及 N_1 的匝数。

解
$$K=\frac{U_1}{U_{20}}=\frac{220}{20}=11$$
$$N_1=KN_2=11\times100=1\,100\ \text{匝}$$

(二) 电流变换原理(变压器负载运行)

变压器的一次绕组接电源,二次绕组接负载$|Z_L|$,变压器向负载供电,这称为变压器的负载运行,如图 4.2.5 所示。图中一次绕组的电流为 i_1,二次绕组的电流为 i_2,i_2 的参考方向与 e_2 及 u_2 的参考方向一致。

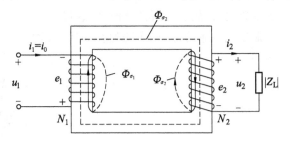

图 4.2.5 变压器的负载运行

铁芯中的交变主磁通 Φ 在二次绕组中感应出电动势 e_2,而 e_2 又产生 i_2 及磁动势 i_2N_2(漏磁通 $\Phi_{\sigma1}$,$\Phi_{\sigma2}$ 数值很小,其作用可略去不计)。根据楞次定律,i_2N_2 对主磁通的作用是反抗主磁通的变化,例如当 Φ 增大时,i_2N_2 就应使 Φ 减小。但由式(4.1.8)知,当电源电压 u_1 及其频率 f 一定时,Φ_m 不变。因此,随着 i_2 的出现及增大,一次绕组电流 i_1 及其磁动势 i_1N_1 也应随之增大,以抵消 i_2N_2 的作用。这就是说,变压器负载运行时,一次、二次绕组的电流 i_1,i_2 是通过主磁通紧密联系在一起的。当负载变化,i_2 增加或减少时,必然引起 i_1 的增加或减少。

变压器空载时,主磁通由磁动势 i_0N_1 产生;变压器负载运行时主磁通由合成磁动势 $(i_1N_1+i_2N_2)$ 产生。如前所述,在 u_1 和 f 一定时,变压器的主磁通幅值 Φ_m 恒定不变,因此,变压器在空载及负载运行时磁动势应相等,即
$$i_1N_1+i_2N_2=i_0N_1$$
用相量表示为
$$\dot{I}_1N_1+\dot{I}_2N_2=\dot{I}_0N_1 \tag{4.2.6}$$
即
$$\dot{I}_1=\dot{I}_0+\left(-\frac{N_2}{N_1}\dot{I}_2\right)=\dot{I}_0+\dot{I}_2'$$

式中:$\dot{I}_2'=-\dfrac{N_2}{N_1}\dot{I}_2$。此式说明,变压器负载运行时,一次绕组电流 $\dot{I}_1$ 由两个分量组成:其一是 $\dot{I}_0$ 产生主磁通;其二是 $\dot{I}_2'$ 对主磁通的影响,以保持 Φ_m 不变。无论 $\dot{I}_2$ 怎样变化,$\dot{I}_1$ 均能按比例自动变化。

变压器的空载电流 I_0 很小,在变压器接近满载(即额定负载)时,I_0 约为一次绕组额定电流 I_{1N} 的 $2\%\sim10\%$,即 I_0N_1 远小于 I_1N_1 和 I_2N_2,故 $\dot{I}_0N_1$ 可略去不计,即
$$\dot{I}_1N_1+\dot{I}_2N_2\approx0$$
$$\dot{I}_1N_1\approx-\dot{I}_2N_2 \tag{4.2.7}$$
一次、二次绕组电流有效值之比为

$$\frac{I_1}{I_2} \approx \frac{N_2}{N_1} = \frac{1}{K} \qquad (4.2.8)$$

上式说明,变压器负载运行时,其一次绕组和二次绕组电流有效值之比近似等于它们匝数比的倒数,即变压比的倒数,这就是变压器的电流变换作用。

式(4.2.7)中的负号说明 $\dot{i}_1$ 和 $\dot{i}_2$ 的相位相反,即 $\dot{i}_2 N_2$ 对 $\dot{i}_1 N_1$ 有去磁作用。

(三)阻抗变换原理

由以上分析可以看出,虽然变压器一次、二次绕组之间只有磁的耦合,没有电的直接联系,但实际上一次绕组的电流 i_1 会随着二次绕组的负载阻抗 Z_L 的大小而变化:若 $|Z_L|$ 减小,则 $i_2 = \frac{u_2}{|Z_L|}$ 增大,$i_1 = \frac{i_2}{K}$ 也增大。因此,从一次电路来看变压器,可以设想一次电路存在一个等效阻抗 Z_L',它能反映二次侧负载阻抗 Z_L 的大小发生变化时对一次绕组电流 i_1 的作用。在图 4.2.6a 中,负载阻抗 Z_L 接在变压器的二次侧,而图中点画线框中部分的总阻抗可用图 4.2.6b 中的等效阻抗 Z_L' 来代替。所谓等效,就是图 a 和 b 中的电压、电流均相同。Z_L' 与 Z_L 的数值关系为

$$|Z_L'| = \frac{u_1}{i_1} = \frac{Ku_2}{\frac{1}{K}i_2} = K^2 \frac{u_2}{i_2} = K^2 |Z_L| \qquad (4.2.9)$$

上式说明,接在变压器二次侧的负载阻抗 $|Z_L|$ 反映到变压器一次侧的等效阻抗是 $|Z_L'| = K^2 |Z_L|$,即增大 K^2 倍,这就是变压器的阻抗变换作用。

变压器的阻抗变换常应用于电子电路中。例如,收音机、扩音机中扬声器(喇叭)的阻抗一般为几欧或十几欧,而其功率输出级要求负载阻抗为几十或几百欧时,才能使负载获得最大输出功率,这叫作阻抗匹配。实现阻抗匹配的办法,就是在电子设备功率输出级和负载(如喇叭)之间接入一个输出变压器,适当选择其变压比,就能获得所需要的阻抗。

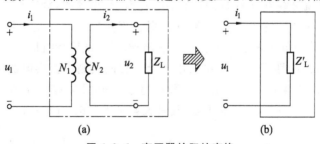

图 4.2.6 变压器的阻抗变换

【例 4-2】 交流信号源电压源 $U_a = 80$ V,内阻 $R_0 = 400\ \Omega$,负载电阻 $R_L = 4\ \Omega$。

求:① 负载直接接在信号源上,信号源的输出功率;

② 接入输出变压器,电路如例 4-2 图所示,要使折算到一次侧的等效电阻 $R_L' = R_0 = 400\ \Omega$,求变压器变压比及信号源输出功率。

解 ① 负载直接接到信号源上,信号源的输出电流为

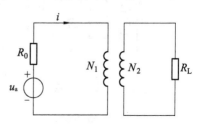

例 4-2 图

$$I=\frac{U_a}{R_0+R_L}=\frac{80}{400+4}=0.198 \text{ A}$$

输出功率为

$$P=I^2R_L=0.198^2\times4=0.156\ 8\text{ W}$$

② 根据负载获得最大功率的条件，当 $R'_L=R_0$ 时输出变压器的变压比为

$$K=\sqrt{\frac{R'_L}{R_L}}=\sqrt{\frac{400}{4}}=10$$

输出电流为

$$I=\frac{U_a}{R'_L+R_0}=\frac{80}{400+400}=0.1\text{ A}$$

输出功率最大值为

$$P=I^2R'_L=(0.1)^2\times400=4\text{ W}$$

(四) 三相电压的变换

目前在电力系统中普遍采用三相制供电，用三相电力变压器来变换三相电压。变换三相电压可以采用三台技术数据相同的单相变压器组成三相变压器组（又称组式变压器）来完成，但通常用一台三相变压器来实现。三相变压器有三个一次绕组和三个二次绕组，其铁芯有三个心柱，每相的一次、二次绕组同心地装在一个心柱上。高压绕组（一次绕组）首端用 U_1，V_1，W_1，末端用 U_2，V_2，W_2 标明；低压绕组（二次绕组）的首端用 u_1，v_1，w_1，末端用 u_2，v_2，w_2 标明，如图 4.2.7a 所示。

三相变压器的高、低压绕组可以接成星形（Y）或三角形（△）。若绕组接成 Y 形，则其每相绕组端电压是相电压（$1/\sqrt{3}$线电压），这样可以降低绕组绝缘的要求；若绕组接成△，则其绕组中电流是线电流的 $1/\sqrt{3}$，当输出一定的线电流时，绕组导线的截面可以适当减小。工厂供电用电力变压器三相绕组常用的连接方式有 Y/△ 和 Y/Y₀ 两种，如图 4.2.7b，c 所示。其中分子表示高压绕组接法，分母表示低压绕组接法，Y/Y₀ 表示接成星形，并从中性点引出中性线。Y/△接法用于给三相四线制电路供电的配电变压器，高压不超过35 kV，低压为 400/230 V，容量一般不超过 1 800 kV·A。Y/Y₀ 接法常应用于高压为35 kV，低压为 3～10 kV 的变压器，其最大容量为 5 600 kV·A。

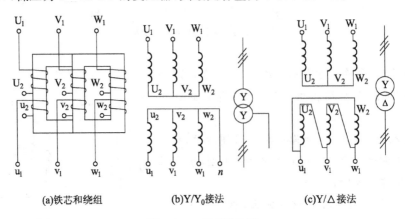

(a)铁芯和绕组　　(b)Y/Y₀接法　　(c)Y/△接法

图 4.2.7 三相变压器

三相变压器的一次绕组和二次绕组相电压之比与单相变压器一样,等于一次、二次绕组的每相匝数比,即

$$\frac{U_{P1}}{U_{P2}} = \frac{N_1}{N_2} = K$$

但一次、二次绕组线电压的比值不仅与变压器的变比有关,还与变压器绕组的连接方式有关。

在 Y/△ 连接时 $$\frac{U_{L1}}{U_{L2}} = \frac{\sqrt{3}U_{P1}}{\sqrt{3}U_{P2}} = \frac{N_1}{N_2} = K$$

在 Y/Y₀ 连接时 $$\frac{U_{L1}}{U_{L2}} = \frac{\sqrt{3}U_{P1}}{U_{P2}} = \sqrt{3}\frac{N_1}{N_2} = \sqrt{3}K$$

式中:U_{L1},U_{L2} 为一次、二次绕组的线电压;U_{P1},U_{P2} 为一次、二次绕组的相电压。

三、变压器的运行

(一) 变压器的外特性和电压调整率

前面对变压器的工作原理进行了分析,但忽略了一次、二次绕组中的电阻及漏磁通感应电动势对变压器工作情况的影响。实际上,在变压器运行过程中,随着输出电流 I_2 的增大,变压器绕组本身的电阻压降及漏磁感应电动势都将增大,从而使变压器输出电压 U_2 降低。

在电源电压 U_1 及负载功率因数 $\cos \varphi_2$ 不变的条件下,二次绕组的端电压 U_2 随二次绕组输出电流 I_2 变化的曲线 $U_2 = f(I_2)$,称为变压器的外特性。对电阻性或电感性负载,变压器的外特性是一条稍向下降低的曲线,如图 4.2.8 所示。负载功率因数愈低,U_2 下降愈大。

变压器外特性变化的程度,可以用电压调整率 $\Delta U\%$ 来表示。电压调整率定义为:变压器由空载到满载(额定负载 I_{2N})二次绕组端电压 U_2 的变化程度,即

$$\Delta U\% = \frac{U_{20} - U_2}{U_{20}} \times 100\% \tag{4.2.10}$$

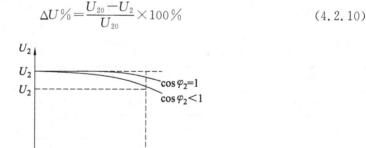

图 4.2.8 变压器的外特性

电压调整率表征了变压器运行时输出电压的稳定性,是变压器的主要性能指标之一。电力变压器的电压调整率一般是 5% 左右。

为了提高供电电压的稳定性,保证供电质量,应该设法提高变压器负载的功率因数。同时,电力变压器上一般装有调压分接开关,在停电的条件下,旋转分接开关,可改变一

次绕组的有效匝数,即改变变压器的变压比,以调整输出电压 U_2。配电变压器的无载调压范围是 ±5%。有些变压器还装有有载调压分接开关,即可在变压器运行中调节输出电压。

(二)变压器的损耗和效率

变压器的内部损耗与交流铁芯线圈一样,包括铜损和铁损两部分,即 $\Delta P = \Delta P_{Cu} + \Delta P_{Fe}$。变压器的铜损是变压器运行时,其一次、二次绕组电阻 R_1 和 R_2 上所消耗的电功率,即 $\Delta P_{Cu} = I_1^2 R_1 + I_2^2 R_2$,它与负载电流的大小有关。铁损是主磁通在铁芯中交变时所产生的磁滞损耗和涡流损耗,即 $\Delta P_{Fe} = \Delta P_b + \Delta P_e$,它与铁芯的材料及电源电压 U_1、频率 f 有关,与负载电流的大小无关。

变压器的效率是变压器的输出功率 P_2 与对应的输入功率 P_1 的比值,通常用百分数表示,即

$$\eta = \frac{P_2}{P_1} \times 100\% = \frac{P_2}{P_2 + \Delta P_{Cu} + \Delta P_{Fe}} \times 100\% \qquad (4.2.11)$$

$$P_1 = P_2 + \Delta P_{Cu} + \Delta P_{Fe}$$

式中,变压器没有旋转部分,内部损耗也较小,故效率较高。经分析,变压器的负载为满载的 70% 左右时,其效率可达最高值。小型变压器的效率约为 60%～90%,大型电力变压器的效率可达 99%。为了变压器能经济运行,其负载不能过低。

(三)变压器的额定值

额定值是制造厂根据国家技术标准,对变压器正常可靠工作所作的使用规定,额定值通常标注在变压器的铭牌上,故也称为铭牌值。为了正确选择和使用变压器,必须了解和掌握其额定值。变压器的铭牌如表 4.2.1 所示,现将它所标注的主要数据介绍如下。

表 4.2.1 变压器的铭牌

铝线电力变压器					
产品标准:			型号: SL7－1000/10		
额定容量: 1000 kV·A			相数: 3	频率: 50 Hz	
额定电压	高压: 1000 V		额定电流	高压: 57.7 A	
	低压:400/230V			低压: 1442 A	
阻抗电压		4.5%	冷却方式:油浸自冷式		

接线连接图		矢量图		连接组标号	开关位置	分接头电压
高压	低压	高压	低压			
U₁ V₁ W₁	u₁ v₁ w₁ n	W (U V)	v (u w)	Y/Y-12	I	10 500
U₂ V₂ W₂	u₂ v₂ w₂				II	10 000
					III	9 500

1. 型号

型号表示变压器的特征和性能。例如 SL7－1000/10,其中 SL7 是基本型号("S"表

示三相,"D"表示单相;"F"表示油浸风冷,油浸自冷无文字表示;"L"表示铝线,铜线无文字表示;"7"表示设计序号),"1000"是指变压器的额定容量为 1000 kV·A,"10"表示变压器高压绕组额定线电压为 10 kV。

2. 额定电压

原绕组的额定电压是指变压器在额定运行情况下,根据变压器的绝缘强度和容许温升所规定的电压值,用符号 U_{1N} 表示。二次绕组的额定电压是指变压器空载、一次绕组加上额定电压 U_{1N} 时,二次绕组两端的端电压,用符号 U_{2N} 表示。U_{1N} 和 U_{2N} 对单相变压器是电压的有效值,对三相变压器是线电压的有效值。

由于考虑变压器运行时其绕组及线路上有电压降存在,故规定 U_{2N} 比线路及负载的额定电压高 5% 或 10%。例如,我国低压配电线路额定电压一般为 380/220 V,则变压器二次绕组的 U_{2N} 应为 400/230V。

3. 额定电流

额定电流是指变压器在额定运行情况下,根据容许温升所规定的电流值,用 I_{1N} 和 I_{2N} 表示,对三相变压器是指线电流值。

4. 额定容量

额定容量是指变压器二次绕组输出的额定视在功率,单位为 V·A 或 kV·A,用符号 S_N 表式。

单相变压器　　　　　　　　$S_N = U_{2N} I_{2N} = U_{1N} I_{1N}$

三相变压器　　　　　　　　$S_N = \sqrt{3} U_{2N} I_{2N} = \sqrt{3} U_{1N} I_{1N}$

5. 阻抗电压(又称短路电压)

阻抗电压是指将变压器二次绕组短路,在一次绕组通入额定电流时,加到一次绕组上的电压值,常用该绕组额定电压的百分数表示,符号是 $U_d\%$。电力变压器阻抗电压一般为 5% 左右。$U_d\%$ 越小,变压器输出电压 U_2 随负载变化的波动也越小,也就是它的电压调整率越小。

变压器的额定值还有频率、相数、容许温升、冷却方式、连接组标号等,这里不再一一介绍。

【例 4-3】　有三相配电变压器,其连接组标号为 Y/Y₀,额定电压为 10 000/400 V,现向额定电压 $U_2 = 380$ V,功率 $P_2 = 60$ kW,$\cos \varphi_2 = 0.82$ 的负载供电。求变压器一次、二次绕组的电流,并选择变压器的容量。

解　变压器供给负载的电流

$$I_2 = \frac{P_2}{\sqrt{3} U_2 \cos\varphi_2} = \frac{60 \times 10^3}{\sqrt{3} \times 380 \times 0.82} = 111.2 \text{ A}$$

因变压器是星形连接,绕组相电流 I_{P2} 等于线电流 I_{L2},故二次绕组相电流也是 111.2 A。变压器的变压比 $K = \dfrac{U_{1N}}{U_{2N}} = \dfrac{10\ 000}{400} = 25$,因此,一次绕组的电流 I_{P1}(等于线电流 I_{L1})为

$$I_{L1} = I_{P1} = \frac{I_{P2}}{K} = \frac{111.2}{25} = 4.448 \text{ A}$$

变压器的容量 S_N 应不小于 $S_2 = P_2/\cos\varphi_2 = \dfrac{60}{0.82} = 73.17$ kV·A,选变压器容量为

100 kV·A。

四、变压器的其他类型和应用

变压器的种类很多它们的基本工作原理虽然相同,但又各具特点。这里对自耦变压器和仪用互感器作简单的介绍。

(一)自耦变压器

双绕组变压器的一次、二次绕组是分开的,它们之间只有磁的耦合而无电的直接联系,但自耦变压器只有一个绕组,如图 4.2.9 所示。这个绕组的总匝数为 N_1 作为一次绕组,U_1 和 U_2 接电源;绕组的一部分(匝数为 N_2)作二次绕组,u_1 和 u_2 接负载。电路中各电压、电流用相量表示,其参考方向如图所示。这样,一次、二次绕组不仅有磁的耦合,而且还有电的直接联系。

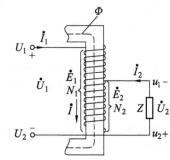

图 4.2.9 单相自耦变压器原理图

自耦变压器的工作原理与普通双绕组变压器基本相同。电源电压 U_1 产生电流 I_1 及铁芯中的主磁通 Φ,于是在匝数为 N_1 及 N_2 的一次、二次绕组中产生感应电动势 E_1 和 E_2,如略去绕组的阻抗压降,则

$$\frac{U_1}{U_2} \approx \frac{N_1}{N_2} = K \tag{4.2.12}$$

磁动势平衡方程式为

$$\dot{I}_1(N_1 - N_2) + (\dot{I}_1 + \dot{I}_2)N_2 = \dot{I}_0 N_1$$

故

$$\dot{I}_1 N_1 + \dot{I}_2 N_2 = \dot{I}_0 N_1$$

忽略空载电流 $\dot{I}_0$,则

$$\dot{I}_1 \approx -\frac{N_2}{N_1}\dot{I}_2 \tag{4.2.13}$$

上式说明 $\dot{I}_1$ 和 $\dot{I}_2$ 相位相反,在数量上

$$\frac{I_1}{I_2} \approx \frac{N_2}{N_1} = \frac{1}{K} \tag{4.2.14}$$

根据图示的电流参考方向,在匝数为 N_2 的这段绕组中电流为 $\dot{I}_2 + \dot{I}_1 = \dot{I}_2 - \frac{N_2}{N_1}\dot{I}_2 = \dot{I}_2 - \frac{\dot{I}_2}{K}$。当变压比 K 不大(一般 K 为 1.5~2)时,这个电流很小,故这一段绕组导线的截面可以选小一些,以节约有色金属。

上述二次绕组的分接头 u_1 是固定的,这种自耦变压器为不可调式。若将分接头 u_1 做成能沿着径向裸露的绕组表面自由滑动的电刷触头,移动电刷位置就能平滑地改变 N_2 的匝数及输出电压的大小,这就是可调式自耦变压器,常称为调压器,其外形及原理如图 4.2.9a 所示。当输入电压 U_1 为 220 V 时,输出电压为 0~250 V 可调。

自耦调压器有单相和三相之分。三相调压器的原理如图 4.2.10a 所示。

使用自耦调压器时应注意以下几点:

(1) 一次、二次绕组不能对调使用,如把电源接到二次绕组,可能烧坏调压器或使电源短路。一般输入端有三个接线头,如图 4.2.10b 所示,在接线时一定要注意。

(2) 接通电源前,先将滑动触头旋至零位,接触电源后再逐渐转动手柄,将输出电压调到所需数值。用毕,应使滑动触头回到零位。

(3) 连接电源时,"1"端必须接中性线。否则,即使滑动触头旋在低压位置,当人触及输出的任一端时,都有触电的危险。因此规定:自耦变压器不允许用作安全变压器(如 220/36 V 的行灯变压器),安全变压器一定要是双绕组的。

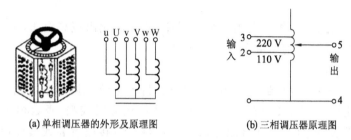

(a) 单相调压器的外形及原理图   (b) 三相调压器原理图

图 4.2.10   自耦调压器

(二) 仪用互感器

仪用互感器是在交流电路中专供电工测量和自动保护装置使用的变压器。它的作用是扩大测量仪表的量程,为高压电路的控制、保护设备提供所需的低电压、小电流,同时可使仪表、设备与高压电路隔离,保证仪表、设备和工作人员的安全,并可使仪表、设备的结构简单,价格低廉。

根据不同用途,仪用互感器可分为电压互感器和电流互感器两种。

1. 电压互感器

电压互感器是一台小容量的降压变压器,其结构原理及电路如图 4.2.11 所示。它的一次绕组 $U_1 U_2$ 匝数较多,并联在被测电路上;二次绕组 $u_1 u_2$ 匝数较少,接到电压表或其他保护、测量装置反应电压大小的线圈上。

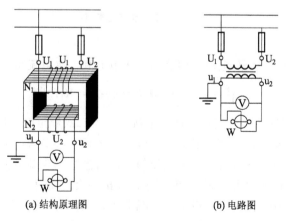

(a) 结构原理图   (b) 电路图

图 4.2.11   电压互感器图

根据变压器的工作原理,电压互感器一次绕组和二次绕组的电压和匝数成正比,即

$$\frac{U_1}{U_2}=\frac{N_1}{N_2}=K_u \tag{4.2.15}$$

$$U_1=K_u U_2$$

式中:K_u 是电压互感器的变压比。通常电压互感器二次额定电压均设计为 100 V。例如电压互感器的额定电压等级有 6 000 V/100 V,10 000 V/100 V 等。

如果选用与电压互感器变压比相配合的专用电压表,其表盘按一次侧的高压值刻度,则可直接读出一次侧的电压值。

使用电压互感器时,应注意以下几点:

(1) 电压互感器的二次侧(低压侧)不允许短路,故在一次侧(高压侧)应接入熔断器进行保护。

(2) 为防止电压互感器一次绕组绝缘损坏,使二次侧出现高电压,电压互感器的铁芯、金属外壳和二次绕组的一端必须可靠接地。

2. 电流互感器

电流互感器是利用变压器交换电流的作用,将大电流变换成小电流的升压变压器。其结构原理及电路如图 4.2.12 所示。它的一次绕组导线较粗,匝数很少(甚至只有一匝),与被测电路负载串联;二次绕组导线较细,匝数多,接电流表或其他保护、测量装置反应电流大小的线圈上。

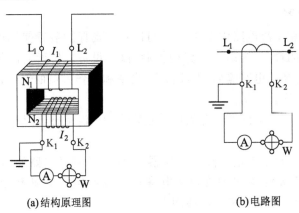

(a)结构原理图　　　　　　　　　(b)电路图

图 4.2.12　电流互感器

根据变压器的工作原理,电流互感器的一次电流和二次电流与其匝数成反比,即

$$\frac{I_1}{I_2}=\frac{N_2}{N_1}=K_i \ \text{或} \ I_1=\frac{N_2}{N_1}I_2=K_i I_2 \tag{4.2.16}$$

式中:K_i 称为电流互感器的变流比。通常电流互感器二次额定电流设计成标准值 5 A 或 1 A。如电流互感器额定电流等级有 30/5 A,75/5 A,100/5 A 等。将测量仪表的读数乘以电流互感器的变流比,就可得到被测电流值。通常选用与电流互感器变流比相配合的专用电流表,其表盘按一次电流刻度,就可直接读出一次电流值。

由于电流表的内阻抗很小,所以电流互感器正常工作时,其二次侧处于短路状态。

使用电流互感器时,应注意工作时其二次绕组不允许开路。因为电流互感器一次绕

组串联于被测电路,其一次电流即等于负载电流,而与其二次电路是否接通无关。正常工作时,二次绕组磁动势 i_2N_2 抵消一次绕组的磁动势 i_1N_1,故铁芯中的磁通很少。如果二次开路 i_2N_2 等于零,而磁动势 i_1N_1 大小不变,则会使铁芯中的磁通猛增,使铁损急剧增加,铁芯发热,而且将在二次绕组感应出数百甚至上千伏的电压,它可能使绕组绝缘击穿,并危及工作人员的安全。为此在电流互感器二次电路中不允许装设熔断器,在二次电路中拆卸仪表时,必须先将绕组短路。

任务实施

1. 实训目的

(1) 熟悉各类变压器结构、额定参数及应用。

(2) 掌握单相变压器极性(同名端)测试方法。

2. 实训说明

分组识别各类常用变压器的电气符号、结构、工作原理及额定技术参数,对单相变压器进行测试,正确判别其极性(同名端)。

3. 实训步骤及要求

(1) 了解实训任务,准备实训设备器材及仪表,列入表 4.2.2。

表 4.2.2 实训设备清单

序 号	名 称	型号及技术参数	数 量
1	低压电器实训台		若干
2	各类变压器		若干
3	数字式万用表		1
4	连接线		若干

(2) 熟悉常用变压器电气符号。

电力变压器 TM:_____。

三相变压器:_____。

三相调压器:_____。

单相控制变压器 TC:_____。

单相自耦变压器:_____。

单相调压器:_____。

(3) 选择其中一台变压器,记录其型号规格及额定技术参数。

型号规格:_____;额定容量:_____ VA;

一次侧(初级)额定电压_____ V,额定电流:_____ A;

二次侧(次级)额定电压_____ V,额定电流:_____ A。

(4) 应用交流法,测定变压器各绕组的极性(同名端)。

如图 4.2.13 所示,将初级、次级绕组任意两端相连(如 2 与 4 相连),然后在初级绕组 1,2 两端加入电压 U_{12}(约为初级额定电压 U_{1N} 的 70%),测试各绕组电压 U_{34},U_{13}:

若 $U_{13}=U_{12}-U_{34}$,则 1 与 3 是同名端;

若 $U_{13}=U_{12}+U_{34}$,则 1 和 4 是同名端。

（5）选择如图 4.2.14 所示多绕组控制变压器,应用交流法测定各绕组的同名端。

将次级两个绕组串联,当初级绕组 1,2 端加入电压 $U_{12}=220$ V 时,测量此时次级两绕组串联后输出的电压值。

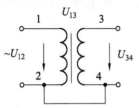

图 4.2.13　交流法示意　　　　图 4.2.14　多绕组控制变压器

（6）经过教师检查评估实训结果后,关闭电源,做好实训台 5S 整理。

（7）小组实训总结,完成实训报告。

4．考核要求与标准

（1）正确使用实训设备器材、仪表及工具（10 分）;

（2）完成实训电路连线及调试,实训结果符合项目要求（25 分）;

（3）实训报告完整正确（40 分）;

（4）小组讨论完成思考题、团队协作较好（15 分）;

（5）实训台及实训室 5S 整理规范（10 分）。

 小组讨论

（1）变压器主要出哪两部分组成,其在交流电路中具有_____、_____和变阻抗三个作用。

（2）变压器的额定容量 S_N 是指_____。

单相变压器　$S_N=$_____;三相变压器　$S_N=$_____。

（3）选用变压器的 4 个原则:_____、_____、_____和_____。

（4）现有一台单相变压器,其额定容量 $S_N=800$ V·A,额定电压为 220 V/36 V。

试求:① 初级、次级额定电流 I_{1N},I_{2N};

② 如果在该变压器次级连接 36 V,50 W 白炽灯,最多可接几盏?

（5）现有一台电力变压器的额定技术参数为:55 kV·A,10 kV/400 V,如果应用该变压器驱动一台大功率三相交流电动机（该电机为三相对称负载,其额定参数 $U_N=400$ V,$P_N=45$ kW,$\cos\varphi=0.87$）。试分析计算并说明该变压器能否驱动这台大容量电机?

巩固与提高

1. 三相油浸式电力变压器主要由哪些部件构成？各有什么作用？

2. 变压器的铁芯为什么要用涂有绝缘漆的硅钢片叠成？如果不要铁芯能不能变压？为什么？

3. 有一台 220/24 V 的变压器，如果把一次绕组接 220 V 直流电源，问能否变压？会产生什么后果？

4. 有一台 220/110 V 的变压器，可否把变压器一次绕组绕 2 匝，二次绕组绕 1 匝来满足变压比的要求？为什么？

5. 进口一台配电变压器，其变压比为 10/0.4 kV·A，额定频率 $f=60$ Hz，能否使用在我国相同电压等级的电网上（$f=50$ Hz），为什么？

6. 为什么变压器铁芯中的主磁通基本上不随负载电流的变化而变化？为什么变压器的 I_1 随 I_2 而变化。

7. 已知某收音机输出变压器的 $N_1=600$ 匝，$N_2=300$ 匝，原接阻抗为 16 Ω 的扬声器，现要改接成 4 Ω 的扬声器，问变压器的 N_2 应为多少匝？

8. 三相电力变压器绕组常有哪几种接法？试述其应用范围。

9. 变压器能变换电压、电流和阻抗，能不能变换功率？

10. 什么是变压器的外特性和电压调整率？负载性质对外特性有何影响？

11. 一台电压为 10/0.4 kV·A 的变压器，负载的功率因数 $\cos \varphi_2=0.9$，变压器铁损 $\Delta P_{Fe}=419$ W，额定负载时，铜损 $\Delta P_{Cu}=1\,330$ W，求变压器满载时的效率。

12. 变压器铭牌上的额定值有什么意义？为什么变压器额定容量 S_N 的单位是千伏安（或伏安），而不是千瓦（或瓦）？

项目五

电动机控制线路的安装与调试

在电能的生产、转换、传输、分配、使用与控制等方面,都必须通过能够进行能量(或信号)传递与变换的电磁机械装置,这些电磁机械装置被广义地称为电机。电机是生产、传输、分配及应用电能的主要设备。

> **知识目标**
>
> 　1. 掌握低压电器的作用、原理及选配原则。
> 　2. 掌握电气国家标准的符号与文字符号。
> 　3. 掌握基本电力拖动控制原理图。

> **技能目标**
>
> 　1. 能执行电气安全操作规程。
> 　2. 能识读相关电气原理图,并会选择电气元件。
> 　3. 能完成电力拖动控制线路的安装、调试。

任务 1
常用低压电器认知

任务描述

对常用低压电器进行学习,要求学生能够掌握常用低压电气的原理、结构、使用场合、选用标准以及图形符号,为后续的电气控制学习打下基础。

任务准备

一、常用低压电器的分类与作用

低压电器是对工作在交流 1 200 V、直流 1 500 V 及以下的电路中,能自动或手动接通和断开电路以及能检测、变换电路信号、控制执行部件、保护电路的元件的统称。

低压电器元件根据其动作方式不同可分为非自动切换电器和自动切换电器两种,见表 5.1.1。

表 5.1.1　低压电器按动作方式分类

名称	动作方式
非自动切换电器 (刀开关、转换开关、主令电器等)	依靠外力进行切换
自动切换电器 (自动开关、接触器、控制继电器等)	依靠本身参数变化或外来信号 自动进行切换

低压电器元件根据其所起的作用可以分为配电电器和控制电器两类,见表 5.1.2所示。

表 5.1.2　低压电器按所起的作用分类

名　称		作　用
配电电器	开关电器	用于不频繁地接通和分断电路
	熔断器	用于线路或设备的短路和过载保护
控制电器	接触器	用于远距离频繁地启动或控制交直流电机以及接通或分断电路
	控制继电器	用于控制系统中,控制其他电器动作或主电路保护
	启动器	用于交直流电动机启动和正反转控制
	控制器	用于控制电动机的启动、换向、调速
	主令电器	用于发布命令或程序控制以接通、分断电路
	电阻器	用于改变电路参数
	变阻器	用于发电机调压以及电动机平滑启动和调速
	电磁铁	用于起重、操纵或牵引机械装置

　　这里以图 5.1.1 所示的电力拖动控制线路为例介绍低压电器元件的作用。该电路控制过程如下:三相交流电由低压开关通过接线端子 1 引入,经过熔断器 2 到达接触器 3,从接触器 3 流向热继电器 4,再通过接线端子引出到三相异步电动机。在这一过程中,按钮 5 实现电路的工作与停止。

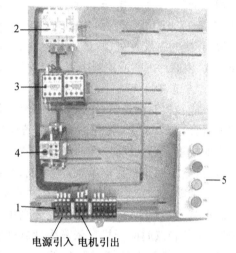

图 5.1.1　电力拖动控制线路

（一）开关电器

　　常用的低压开关类电器包括刀开关、转换开关和自动开关等。

　　1. 刀开关

　　普通刀开关是一种结构最简单且应用最广泛的手控低压电器,主要用于隔离电源和不频繁地接通和分断电路。这里主要介绍瓷底胶盖闸刀开关。胶盖闸刀开关的主要结构及图形符号如图 5.1.2 所示。该类型的闸刀开关安装在一块瓷底板上,上面覆着的胶盖用于保证用电安全。安装刀开关时,应注意将电源进线装在静触座上,用电负荷接在闸刀的下出线端上,当开关断开时,闸刀和熔丝上不带电,可保证更换熔丝时的安全。闸刀在合闸状态时,瓷柄应向上,不可倒装或平装,以防误合闸。负荷较大时,为防止出现闸刀本体相间短路,可与熔断器配合使用,闸刀本体不再装熔丝,此时闸刀开关只做开关使用,短路保护由熔断器完成。

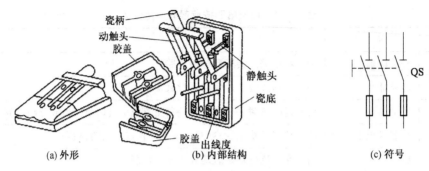

图 5.1.2　瓷底胶盖闸刀开关

2. 组合开关

组合开关是由若干动触片和静触片分别装于数层绝缘件内组成的。组合开关实际上是一个多触头、多位置、可用于控制多回路的主令电器。由于其操作机构采用了扭簧储能，故可使开关实现快速闭合及分断，从而使触头闭合及分断速度与手柄旋转速度无关。

图 5.1.3 所示为 HZ10 系列普通型组合开关，适用于交流 50 Hz、电压 380 V 及以下、直流电压 220 V 及以下的电气线路，作手动非频繁接通、断开电源、换接电源或负荷、测量三相电压、改变负荷连接方式(串联、并联)或控制小容量交直流电动机用。

3. 万能转换开关

万能转换开关是具有多挡位、多触头的手动控制电器，由接触系统(具有许多装了若干对双断点触头的接触元件)、操作机构、转轴、手柄、定位机构(采用滚轮卡棘轮幅射形结构)等组成，并用螺栓紧固为一个整体。接触系统采用双断触点对接式，动静触点装嵌在触头座上，每个触点分别由单独凸轮控制，避免触点间的干扰。依靠手柄旋转转轴上的凸轮控制动静触点的接通和分断。定位系统采用滚轮卡棘轮多位限制件结构，可用开关角度有 30°，45°，90°，操作器可获得 2～12 个位置。

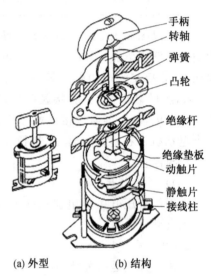

(a) 外型　　(b) 结构

图 5.1.3　HZ10-10/3 型转换开关

万能转换开关主要作为电气控制线路的转换、电气测量仪表的转换以及配电设备的遥控开关用，也可用于不频繁启动的小容量三相异步电动机的控制。

图 5.1.4 所示为 LW5-15 万能转换开关。

(a) 外形

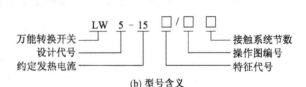

(b) 型号含义

图 5.1.4　LW5-15 万能转换开关外形及型号标示

4. 低压断路器

低压断路器,简称断路器,按用途分为配电(照明)、限流、灭磁、漏电保护等几种;按动作时间分为一般型和快速型;按结构分为框架式(万能式)DW 系列和塑料外壳式(装置式)DZ 系列。DZ 系列断路器动作时间低于 0.02 s,DW 系列断路器动作时间大于 0.02 s。低压断路器从功能上,相当于刀开关、熔断器、热继电器、过电流继电器及欠电压继电器的组合,是一种既有手动开关作用又能自动进行欠压、失压、过载和短路保护的电器。

(1) 低压断路器的结构

常用低压断路器外形及结构如图 5.1.5,图 5.1.6 所示。

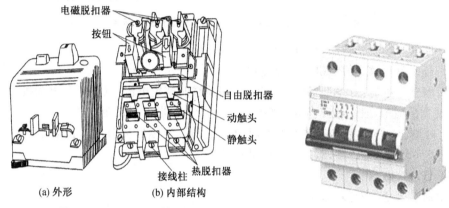

图 5.1.5 DZ5-20 型低压断路器   图 5.1.6 常用 ABB 型断路器外形

由图 5.1.5,图 5.1.6 可见,各种低压断路器在结构上都由如下三部分组成:

① 主触头及灭弧装置是断路器的执行部件,用于接通和分断主电路。

② 脱扣器是断路器的感受元件,当电路出现故障时,脱扣器感测到故障信号后经自由脱扣机构使断路器主触头分断。脱扣器种类有分励脱扣器、欠压/失压脱扣器、过电流脱扣器和过载脱扣器等。

③ 自由脱扣机构和操作机构用于联系操作机构与触头系统。当操作机构处于闭合位置时可由自由脱扣机构脱扣,将触头断开。操作机构是实现断路器闭合、断开的机构,有手动、电磁铁、电动机操作机构等。

(2) 低压断路器的工作原理

如图 5.1.7 所示,断路器主触头串接于主电路中且处于闭合状态,带分闸弹簧的传动杆由锁扣钩住,分闸弹簧已被拉伸,当主电路出现过电流故障且达到过电流脱扣器动作电流时,过电流脱扣器衔铁吸合,顶杆向上将锁扣顶开,在分闸弹簧作用下使主触头断开。若主电路出现欠压、失压及过载时对应的脱扣器分别将锁扣顶开,使主触头断开。

(3) 低压断路器的选用

断路器常用作电动机的过载与短路保护,其选择原则如下:

① 断路器额定工作电压≥线路额定电压。

② 断路器额定电流≥线路计算负荷电流。

③ 断路器通断能力≥线路中可能出现的最大短路电流(一般按有效值计算)。

④ 断路器欠压脱扣器额定电压＝线路额定电压。

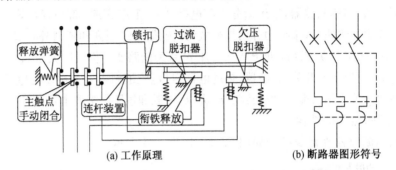

(a) 工作原理　　　　(b) 断路器图形符号

图 5.1.7　低压断路器工作原理图及电路图形符号

⑤ 断路器分励脱扣器额定电压＝控制电源电压。

⑥ 长延时电流整定值＝电动机额定电流。

⑦ 瞬时整定电流：对笼型感应电动机，断路器瞬时整定电流＝(8～15)电动机额定电流；对绕线型感应电动机，断路器瞬时整定电流＝(3～6)电动机额定电流。

⑧ 6 倍长延时电流整定值的可返回时间≥电动机实际启动时间。按启动时负载的轻重可选返回时间为 1,3,5,8,15 s 中的某一挡。

（二）低压熔断器

1. 熔断器用途、分类及结构

熔断器是一种用于过载与短路保护的电器，具有结构简单、体积小、重量轻、使用维护方便、价格低廉等特点。熔断器担负的主要任务是为电线电缆作过载与短路保护，其次也适宜用作设备和电器的保护。

熔断器由熔体、熔管（座）、导电部件等组成，其外形结构和图形符号如图 5.1.8 所示。熔断器的主要部件是熔体，熔体既是感测元件又是执行元件，常做成丝状或片状，由低熔点材料（铅锡合金、锌）或高熔点材料（银、铜、铝）制成。

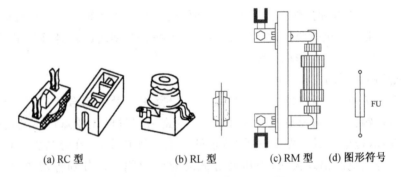

(a) RC 型　　　　(b) RL 型　　　　(c) RM 型　　(d) 图形符号

图 5.1.8　熔断器外形结构和图形符号

熔断器按结构形式可分为半封闭插入式、无填料密封管式和有填料密封管式等；按工业用途可分为一般工业用熔断器、半导体器件保护用快速熔断器和特殊快速熔断器。

2. 熔断器原理及技术参数

(1) 熔断器原理。熔断器接入电路时熔体串接在电路中，负载电流流经熔体。当电路发生过载或短路时,电流超过熔体允许的正常发热电流,使熔体温度急剧上升,因超过其熔点而熔断,将电路切断,从而有效保护电路和设备。

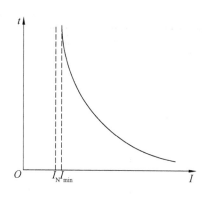

熔断器的保护特性(也称熔化特性、安秒特性)是指熔体的熔断电流与熔断时间的关系具有反时限特性,如图 5.1.9 所示,熔体电流 $I_{FN} \leqslant I_N$ 时,不会熔断,可以长期工作。熔体电流超过 I_N 持续一定时间后熔体熔断,熔断时间与熔体电流成反比。

图 5.1.9 熔断器的安秒特性曲线

常用熔体安秒特性见表 5.1.3 所示。

表 5.1.3 常用熔体安秒特性

熔断电流	$1.25\sim1.3\,I_N$	$1.6\,I_N$	$2\,I_N$	$2.5\,I_N$	$3\,I_N$	$4\,I_N$
熔断时间	∞	1 h	40 s	8 s	4.5 s	2.5 s

不同熔体的熔断器在电路中有不同的保护侧重点,需合理选择。过载主要是熔体的熔化过程,需要反时限保护特性;短路是电弧的熄灭过程,需要瞬动保护特性。

(2) 主要技术参数。

① 额定电压:是指从灭弧角度出发,熔断器长期工作时和分断后能正常工作的电压。熔断器额定电压应不小于所接电路额定电压。

② 额定电流:熔断器长期工作,各部件温升不超过允许值时所允许通过的最大电流。熔体的额定电流应不大于熔管的额定电流。

③ 熔体额定电流:应根据负载的额定电流及其类型选择。

a. 对于照明或阻性负载:熔体电流 $I_{FN} \geqslant I_L$;b. 只有单台电机:$I_{FN} \geqslant (1.5\sim2.5)I_N$;c. 多台电机不同时启动:$I_{FN} \geqslant (1.5\sim2.5)I_{Nmax} + \sum I_N$。

④ 极限分断能力:是指熔断器在规定的额定电压下能分断的最大电流值。极限分断能力取决于熔断器的灭弧能力,而与熔体的额定电流无关。

> **注意**:只有选择合适的熔体,才能起到保护电路的作用!
>
> 安装更换保险丝时,应先切断电源,并严格按照图纸规定的电流值安装。不得擅自更换过大或过小的电流值,检修时可使用万用表电阻挡检测保险丝的通断状态。

常用熔断器的技术参数见表 5.1.4。

表 5.1.4 常用熔断器技术参数

型 号	额定电压值 U_e/V	额定电流值 I_e/A	熔体额定电流值 I_e/A
RC1A	380	5	2,4,5
		10	2,4,6,10
		15	6,10,15
		30	15,20,25,30
		60	30,40,50,60
		100	60,80,100
		200	100,120,150,200
RL1	380	15	2,4,5,6,10,15
		60	20,25,30,35,40,50,60
		100	60,80,100
		200	100,125,150,200
RT0	380	100	30,40,50,60,80,100
		200	80,100,120,150,200
		400	150,200,250,300,350,400
		600	350,400,450,500,550,600
		1 000	700,800,900,1 000

(三) 电磁式接触器

1. 电磁式接触器概述

接触器是一种适用于远距离频繁接通和分断交直流主电路和控制电路的自动控制电器。其主要控制对象是电动机,也可用于其他电力负载,如电热器、电焊机等。接触器还具有欠电压释放保护、零压保护、控制容量大、工作可靠、寿命长等优点,是机电控制系统中应用最多的一种电器。接触器按主触头接通或分断电流性质分为直流接触器与交流接触器;按接触器电磁线圈励磁方式分为直流励磁方式和交流励磁方式;按接触器主触头的极数,直流接触器有单极与双极两种,交流接触器有三极、四极和五极三种。

2. 电磁式接触器的结构及工作原理

电磁式接触器由电磁机构、触头系统、弹簧、灭弧装置及支架底座等部分组成,其外形及图形符号如图 5.1.10 所示。

(1) 电磁式接触器的主要结构有:① 电磁机构:由铁芯、衔铁、电磁线圈组成;② 主触头:按容量大小有桥式触头和指形触头两种形式;③ 灭弧装置:直流接触器和 20 A 以上的交流接触器对主触头均装有灭弧罩;④ 辅助触头:用在控制电路中起连锁控制作用的触头,容量较小,桥式双断点结构,不装灭弧罩,有常开与常闭触头之分;⑤ 反力装置:由释放弹簧和触头弹簧组成;⑥ 支架和底座:用于接触器的固定和安装。

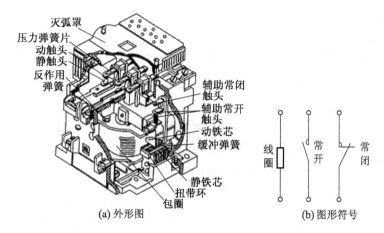

(a) 外形图   (b) 图形符号

图 5.1.10 CJ10-20 型交流接触器的外形结构图及图形符号

（2）电磁式接触器的工作原理

电磁式接触器的工作原理如图 5.1.11 所示，电磁线圈通电后在铁芯中产生磁通,在衔铁气隙处产生电磁吸力使衔铁吸合,经传动机构带动主触头与辅助触头动作,主触头接通主电路;常开辅助触头闭合,常闭辅助触头断开,在控制电路中起连锁作用。当电磁线圈断电或电压显著降低时,电磁吸力消失或减弱,衔铁在释放弹簧作用下释放,使主触头与辅助触头均恢复到原来状态。

由上可见,接触器是利用电磁铁吸力及弹簧反作用力配合动作,使触头接通或断开的。按其触头控制交流电还是直流电,分为交流接触器和直流接触器,二者之间的差异主要是灭弧方法不同。

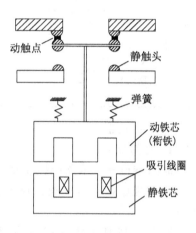

图 5.1.11 电磁式接触器工作原理

3. 电磁式接触器的主要技术参数

① 额定电压:是指主触头之间的正常工作电压值。常用的有交流接触器 220,380,660 V,直流接触器 220,440,660 V。

② 额定电流:是指主触头正常工作电流值。常用的有交流接触器 10,20,40,60,100,150,250,400,600 A,直流接触器 40,80,100,150,250,400,600 A。

③ 线圈额定电压:是指电磁线圈正常工作电压值。常用的有交流线圈 127,220,380 V,直流线圈 110,220,440 V。

④ 主触头接通与分断能力:是指主触头在规定条件下能可靠地接通和分断的电流值。在此电流值下,接通电路时主触头不会发生熔焊;断开电路时主触头不应产生长时间燃弧。在电路中,若电流大于此值,则电路中的熔断器、自动开关等保护电器应起作用。

⑤ 机械寿命:修理或更换机械零件前所能承受的无载操作循环次数。电气寿命是指在规定的正常工作条件下不需修理或更换机械零件的带负载操作循环次数。

⑥ 操作频率:在每小时内可能实现的最高动作次数。交流接触器为 600 次/h,直流

接触器为 1200 次/h。

⑦ 接触器线圈的启动功率和吸持功率。

交流接触器：启动视在功率≈(5～8)吸持视在功率,线圈工作功率＝吸持有功功率;
直流接触器：线圈启动功率＝吸持功率。

接触器使用类别和典型用途见表 5.1.5。

表 5.1.5 接触器使用类别和典型用途

触点	电流种类	使用类别代号	要求主触头允许接通和分断额定电流的倍数	典型用途举例
主触点	AC（交流）	AC－1	1	无感或微感负载、电阻炉
		AC－2	4	绕线转子感应电动机启动/制动
		AC－3	6	鼠笼型感应电动机启动、运转中分断
		AC－4	6	鼠笼型感应电动机启动、点动、反接制动、反向
	DC（直流）	DC－1	1	无感或微感负载、电阻炉
		DC－3	4	并励电动机启动、点动、反接制动
		DC－5	4	串励电动机启动、点动、反接制动

（四）继电器

1. 时间继电器

时间继电器是电路中控制动作时间的继电器,它是一种利用电磁原理或机械动作原理来实现触点延时接通或断开的控制电器。图 5.1.12 所示是一种时间继电器的实样。

图 5.1.13 所示的为 JS7－A 系列时间继电器,其主要技术参数有瞬时触点数量、延时触点数量、触点额定电压、触点额定电流、线圈电压及延时范围等。

图 5.1.12 时间继电器实样

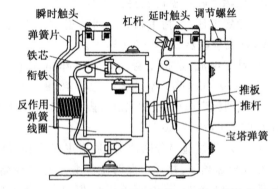

图 5.1.13 JS7－A 系列空气阻尼式时间继电器结构示意图

（1）时间继电器的图形符号

时间继电器的图形符号如图 5.1.14 所示。

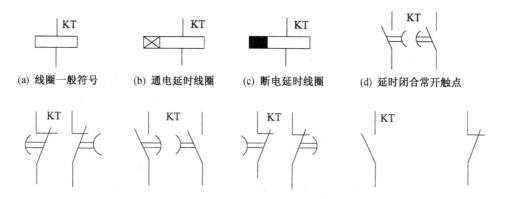

(a) 线圈一般符号　(b) 通电延时线圈　(c) 断电延时线圈　(d) 延时闭合常开触点

(e) 延时断开常闭触点　(f) 延时断开常开触点　(g) 延时闭合常闭触点　(h) 瞬动常开触点　(i) 瞬动常闭触点

图 5.1.14　时间继电器的图形符号

（2）时间继电器的选用

① 对延时精度要求不高的场合，一般用电磁阻尼式或空气阻尼式时间继电器；对延时要求高的场合，一般用电动机式或电子式时间继电器。

② 选用的时间继电器，其线圈电流种类和电压等级应与控制电路相同。

③ 按控制电路要求选择通电延时型或断电延时型以及触头延时形式（延时闭合或延时断开）和数量。

④ 考虑操作频率是否符合要求。

2. 电磁式继电器

电磁式继电器是自动控制电路中常用的一种元件，其结构和动作原理与接触器基本相同，是一种用较小电流控制较大电流的自动开关。

（1）电磁式电压继电器

电磁式电压继电器线圈并接在电路电压上，其触头动作与否与线圈上的电压 U_N 大小直接相关。电磁式电压继电器在电力拖动控制系统中起电压保护和控制作用。其按线圈所接电压种类可分为交流电压继电器和直流电压继电器；按吸合电压大小可分为过电压继电器和欠电压继电器。

① 过电压继电器。线圈在额定电压时衔铁不吸合，处于释放状态。当线圈电压高于其额定电压时衔铁动作吸合。在衔铁吸合后，当电路电压降到继电器释放电压时，衔铁返回释放状态。过电压继电器释放值小于动作值。

由于直流电路一般不会出现过电压，故没有直流过电压继电器。交流过电压继电器在电路中起过电压保护作用，其吸合电压调节范围为 $(1.05\sim1.2)U_N$。

② 欠电压继电器。当线圈电压低于其额定电压时衔铁动作吸合。在衔铁吸合后，当电路电压降到很低时，衔铁才返回释放状态。

直流欠电压继电器的吸合电压 $U_O=(0.3\sim0.5)U_N$，释放电压 $U_r=(0.07\sim0.2)U_N$。

交流欠电压继电器的吸合电压 $U_O=(0.6\sim0.85)U_N$，释放电压 $U_r=(0.1\sim0.35)U_N$。

（2）电磁式电流继电器

电磁式电流继电器线圈串接在电路中，反映电路电流大小，其触头动作与否与线圈中的电流大小直接相关。电磁式电流继电器在电力拖动控制系统中起电流保护和控制作用。其按线圈中的电流种类可分为交流电流继电器和直流电流继电器;按吸合电流大小可分为过电流继电器和欠电流继电器。

① 过电流继电器。正常工作时继电器线圈中流过负载电流,即使是额定电流,衔铁也不吸合,处于释放状态。当线圈中电流比额定电流大一定值时,衔铁动作吸合,从而带动触头动作。

在电力拖动控制系统中常采用过电流继电器作电路的过电流保护。通常交流过电流继电器吸合电流 $I_O=(1.1\sim3.5)I_N$,直流过电流继电器吸合电流 $I_O=(0.75\sim3)I_N$。

② 欠电流继电器。正常工作时继电器线圈中流过负载电流大于继电器的吸合电流,衔铁处于吸合状态。当负载电流低至继电器释放电流时,衔铁释放,使触头动作。

由于直流电路中直流电动机励磁回路断线会引起直流电动机飞车事故,故电器产品有直流欠电流继电器而无交流欠电流继电器,直流电路中有欠电流保护而交流电路中无交流欠电流保护。

直流欠电流继电器的吸合电流 $I_O=(0.3\sim0.65)I_N$,释放电流 $I_r=(0.1\sim0.2)I_N$。

（3）电磁式中间继电器

电磁式中间继电器实质上是一种电压继电器,其触头数量较多,在控制电路中起增加触头数量和中间放大作用。中间继电器要求线圈电压为零时能可靠释放,对动作参数无要求,故中间继电器没有调节弹簧装置。

3. 热继电器

热继电器是利用电流通过发热元件产生热量使检测元件受热弯曲而推动机构动作的继电器。热继电器主要用于电动机的过载保护、断相保护、三相电流不平衡运行保护及其他电气设备发热状态的控制。由于其发热元件有热惯性,在电路中热继电器不能做瞬时过载保护,更不能做短路保护。图 5.1.15 所示为热继电器的外形和结构。

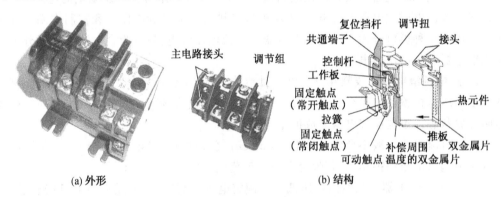

(a) 外形　　　　　　　　　　　(b) 结构

图 5.1.15　热继电器的外形和结构

（1）热继电器的结构

热继电器常用的形式有如下三种:

● 双金属片式:利用双金属片受热弯曲去推动杠杆而使触头动作;

● 热敏电阻式:利用热敏电阻阻值随温度变化而变化的特性制成的热继电器;

● 易熔合金式:利用过载电流发热使易熔合金达到某温度值使合金熔化从而使继电

器动作。

其中双金属片式热继电器用得最多。图5.1.16所示为双金属片式热继电器外形、结构及图形符号。双金属片是将两种线膨胀系数不同的金属片用机械压辗方式使之形成一体,线膨胀系数大的为主动层,线膨胀系数小的为被动层。双金属片受热后产生线膨胀,使其向被动层一侧弯曲,由此产生的机械力经传动机构使触头动作。

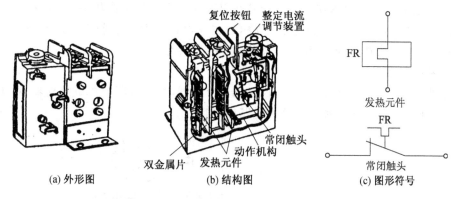

图5.1.16 双金属片式热断电器外形、结构和图形符号

当电动机在额定负载下正常运行时,发热元件给予的热量不足以使双金属片产生所需要的形变,一旦发热元件因电动机过载而产生了超过其"规定值"的热量,双金属片就会在此热量作用下产生弯曲位移。当双金属片弯曲到一定程度时,克服弹簧的顶力,带动拉板向左方移动而拉开触头。

① 双金属片式热继电器分类。

按相数分,有单相、两相、三相式,其中三相式又分为带或不带断相保护装置两种;按复位方式分,有自动复位(触头断开后能自动返回原位)和手动复位两种;按电流调节分,有电流调节和无电流调节两种;按温度补偿分,有温度补偿和无温度补偿两种;按控制触头分,有只带常闭触头的和既带常闭又带常开触头的两种。

② 双金属片式热继电器基本性能要求。

a. 应具有可靠合理的保护特性,以便用于电动机的过载保护。热继电器应具有如同电动机过载特性那样的反时限特性。b. 具有一定的温度补偿,以避免环境温度变化引起双金属片弯曲误差。c. 具有手动复位与自动复位功能。当热继电器动作后,可在2 min之内按下手动按钮复位或在5 min之内可靠地自动复位。d. 热继电器动作电流可以调节,要求通过调节凸轮,可在热元件额定电流66%～100%范围内进行调节。

(2)热继电器的正确使用

① 热继电器额定电流等级不多,但其发热元件编号很多,每种编号对应一定的电流整定范围。使用时应使发热元件电流整定范围中间值与保护电动机的额定电流值相等,再根据电动机运行情况通过调节按钮调节整定值。

② 对重要设备,一般应采用手动复位方式;热继电器动作后必须待故障排除后方可重新启动电动机;若电气控制柜距操作地点较远,又易于看清过载情况,则可采用自动复位方式。

③ 热继电器和被保护电动机周围介质温度尽量相同。

④ 热继电器必须按产品说明书中规定的方式安装。与其他电器安装在一起时应将热继电器置于其他电器下方,以免其动作特性受其他电器发热的影响。

⑤ 使用中应定期去除尘埃和污垢,并定期通电校验其动作特性。

(五) 主令电器

主令电器主要用来切换控制电路,即用来控制接触器、继电器等电器的线圈得电与失电,从而控制电力拖动系统的启动与停止以及改变系统的工作状态,如正转与反转等。由于它是一种专门发号施令的电器,故称为主令电器。主令电器应用广泛,种类繁多。常用的主令电器有按钮开关、位置开关和主令控制器等。

1. 按钮开关

控制按钮是一种结构简单、运用广泛的主令电器,用以远距离操纵接触器、继电器等电磁装置或用于信号电路和电气联锁电路中,如图 5.1.17 所示。

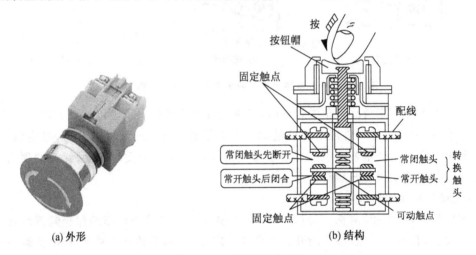

(a) 外形   (b) 结构

图 5.1.17 按钮开关实样

(1)控制按钮的结构

控制按钮一般由按钮帽、复位弹簧、支柱连杆、触头和外壳等部分组成,如表 5.1.6 所示。按钮中触头的形式和数量根据需要可装配成 1 常开 1 常闭到 6 常开 6 常闭等形式。

按下按钮时,先断开常闭触头,后接通常开触头。松开按钮时在复位弹簧作用下,常开触头先断开,常闭触头后闭合。

表 5.1.6　控制按钮的名称、符号与结构

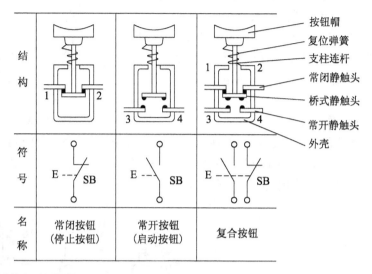

结构			按钮帽 复位弹簧 支柱连杆 常闭静触头 桥式静触头 常开静触头 外壳
符号			
名称	常闭按钮 (停止按钮)	常开按钮 (启动按钮)	复合按钮

（2）控制按钮的分类

控制按钮按保护形式分，有开启式、保护式、防水式、防腐式等；按结构形式分，有嵌压式、紧急式、钥匙式、带信号灯式、带灯揿钮式、带灯紧急式等。

按钮的颜色有红、黑、绿、黄、白、蓝等。控制按钮主要技术参数有规格、结构形式、触头数、按钮颜色、是否带信号灯等。常用的按钮规格为交流电压 380 V、额定工作电流 5 A。

（3）3SB3 带信号灯按钮

3SB3 是一种用于板前安装、板后接线的控制装置，其采用现代化工业设计，结构扁平，有塑料和金属两个系列，一人就可快速安装。3SB3 是为全球市场而设计的产品，防护等级可以达到 IP67/NEMA4，如图 5.1.18 所示。

3SB3 具有如下特点：① 采用环保型材料，工作可靠性高；② 使用超亮度 LED；③ 塑料系列防护等级达 IP66/NEMA4X，金属系列防护等级达 IP67/NEM4；④ 急停蘑菇形按钮，带防磨自锁，符合 EN418 标准，安全有保障；⑤ 无需专用工具和防旋转保护，一人可快速安装；⑥ 使用螺钉、焊脚或笼卡式接线端子，可快速、可靠连接。

图 5.1.18　3SB3 按钮

2．行程开关

行程开关是根据生产机械的行程，发出命令以控制其运动方向和行程长短的主令电器。若将行程开关安装于生产机械行程的终点处，用以限制其行程，则又称为限位开关或终端开关。

（1）行程开关的结构

行程开关的内部结构如图 5.1.19 所示。

① 操作头:开关的感测部分,用以接收生产机械发出的动作信号,并将其传递到触头系统。

② 触头系统:将开关的执行部分、操作头传来的机械信号通过机械可动部分的动作,变换为电信号,输出到有关控制电路,实现相应的电气控制。

③ 外壳。

(2) 行程开关图形符号

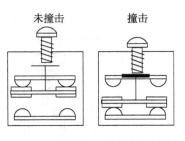

图 5.1.19　行程开关的内部结构

行程开关的图形符号如图 5.1.20 所示。行程开关按结构可分为直动式、滚轮式、微动式三种。图 5.1.21 所示为 JLXK1 系列行程开关,有按钮式、单轮旋转式、双轮旋转式等,触头数量为 1 常开 1 常闭,交流接通电流 5 A。

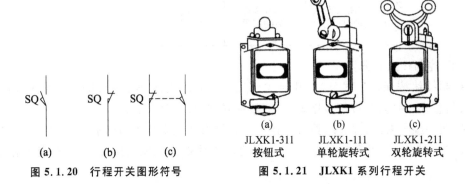

图 5.1.20　行程开关图形符号　　　　图 5.1.21　JLXK1 系列行程开关

二、电气原理图的绘制与识读

按照国家电气设计行业标准规定,电气控制原理图是采用标准图形、符号及连线形式设计的工程图,详细表达电气控制系统的组成和工作原理。它是机电设备的电气设计人员、安装调试人员及维护人员之间交流的工程语言。

(一)电气原理图的绘制

任何复杂的控制线路,都是由一些比较简单的基本控制线路和基本环节组合而成的,在分析生产机械电气原理图时,首先应了解绘制、识读电气控制线路图的原则。下面以图 5.1.22 为例加以说明。

(1) 电路图中各电器元器件,一律采用国标规定的图形符号、文字符号和回路标号绘出。

(2) 电路图在布局上采用功能布局法,将电路划分为若干功能组。电路图应按照主电路、控制电路、照明电路及信号电路分类绘制。主电路一般以粗实线绘在图的左侧或上部;控制电路和辅助电路以细实线绘在图的右侧或下部。

(3) 同一电器元件的各部分可分别绘在它们完成作用的地方,并不按照它的实际位置情况绘制,但同一元件需用相同的文字符号标注。若有多个同一种类的电器元件,可在文字符号的后面加上数字序号的下标,如 KM_1,KM_2 等。

(4) 电路图中所有电器元件的可动部分均应在非激励或不工作时的状态和位置表

示。即断路器和隔离开关在断开位置；接触器、继电器、制动器等线圈处在非激励状态；各类按钮和手动控制开关均在未按动或零位位置；行程开关等机械操作开关应处于其未受外力压合的状态；保护用电器处在设备正常工作状态。

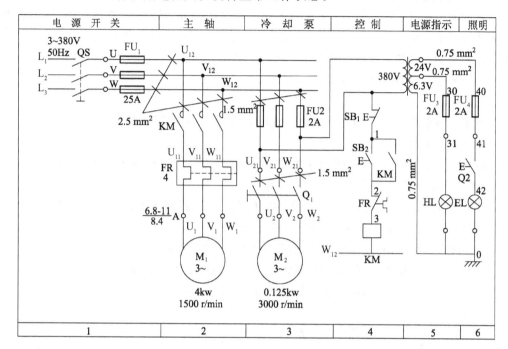

图 5.1.22　电气原理图

（5）控制电路的单相电源或直流电源用水平线绘出。

（6）应尽可能减少线条和避免线条交叉；两线交叉连接时需在连接点处用黑点标出。

（7）电路图中接线端子标记规则。

电气图中各电器接线端子（terminal）用字母数字符号标记。按国家标准 GB4026－83《电器接线端子的识别和用字母数字符号标志接线端子的通则》规定：① 三相交流电源引入线用 L_1，L_2，L_3，N，PE 标记；② 直流系统的电源正、负、中间线分别用 L^+，L^- 与 M 标记；③ 三相动力电器引出线分别按 U，V，W 顺序标记；④ 三相感应电动机的绕组首端分别用 U_1，V_1，W_1 标记，绕组尾端分别用 U_2，V_2，W_2 标记，电动机绕组中间抽头分别用 U_3，V_3，W_3 标记。

对于数台电动机，在字母前冠以数字来区别。如对 M_1 电动机其三相绕组接线端标以 1U，1V，1W，对 M_2 电动机其三相绕组接线端则标以 2U，2V，2W 来区别。两三相供电系统的导线与三相负荷之间有中间单元时，其相互连接线用字母 U，V，W 后面加数字来表示，且从上至下由小至大的数字表示。控制电路各线号采用数字标志，其顺序一般为从左到右、从上到下，凡是被线圈、触点、电阻、电容等元件所间隔的接线端点，都应标以不同的线号。

（8）在图的上部，应设有标明每段电路用途的用途栏。

（9）电路图中应标出下列数据：① 各个电源电路的电压值、极性或频率及相数；② 某些元件的特性（电阻、电容的量值等）；③ 所有电机、电器元件的型号、文字符号、用途、数量、技术数据,均应填写在元件明细表内。

例如,电动机应标明其用途、型号、额定功率、额定电压、额定电流、额定转速等。

(二) 电路图的阅读

阅读前,首先应了解该机电设备的生产工艺等控制要求及系统总体结构,熟悉各类电机及控制电器的工作原理。对于机械、气动、液压、电气配合密切的机电一体化设备,需熟悉相关的机械传动和气动液压传动原理,再结合电路图,才能完全读懂该设备电气控制系统的控制原理及工作过程。

1. 阅读方法

首先应分析机电设备的电气控制系统组成,再按照主电路→控制电路→辅助电路的顺序分析设备的控制原理及工作过程。

(1) 阅读主电路。从主电路的接触器入手,初步分析对控制对象的拖动控制。例如,直接/降压启动方式、正/反转、调速、制动等。

(2) 阅读控制电路。从接触器和各类继电器的线圈控制入手,找出基本、典型控制环节(起保停等),先局部分析,再结合主电路进行整体分析。

(3) 阅读辅助电路,通常包括照明灯、指示灯等控制电路。

(4) 分析电路中各类保护环节,通常包括短路、过载、欠压、失压等基本保护。

(5) 分析设备的工作过程,包括启动过程、停止过程。

2. 阅读示例

有一电气控制原理图如图 5.1.23 所示。

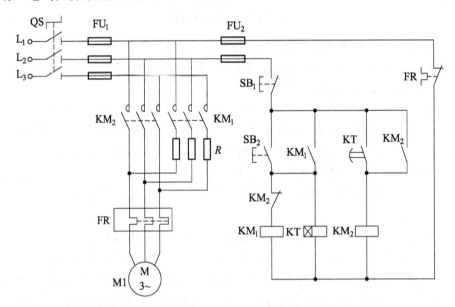

图 5.1.23　电气控制原理图

(1) 电气控制电路的组成。

动力源:主电路需三相交流电源,控制电路需单相交流电源。

控制对象:三相异步电动机 M_1。

中间控制环节:由 QS,KM,FR,KT 等组成的继电接触器控制电路。

（2）电路组成元件表。

其电路组成元件见表 5.1.7。

表 5.1.7　电路组成元件

序号	元件名称	电气符号	在电路中作用
1	隔离开关	QS	控制设备总电源的通、断
2	熔断器	FU_{1-2}	分别对主电路、控制电路作短路保护
3	交流接触器	KM_{1-2}	控制电机 M_1 的启动运行
4	热过载继电器	FR	对电机 M_1 起过载、断相保护
5	时间继电器	KT	电机启动时，起延时转换控制作用
6	按钮	SB_{1-2}	发出"启动/停止"的控制命令
7	电阻	R	在电机降压启动过程中，起限流降压作用

（3）控制原理分析。

主电路：由 KM_1，KM_2 主触点及 R 组成定子串电阻降压启动电路。

控制电路：由 SB_2，SB_1 和 KM_1，KM_2 线圈组成"启保停"控制电路，由 KT 实现电机从启动到额定运行的自动转换控制。

（4）工作过程分析。

启动：闭合 QS→按动 SB_2 →
- KM_1 线圈得电并自锁→KM_1 主触点闭合→降压启动电动机运行
- KT 线圈得电→开始计时 t_1 →
  - 当定时时间到→
    - KM_2 线圈得电自锁→KM_2 主触点闭合→
    - 电机在额定状态连续运行
    - KM_1，KT 线圈失电

停止：按动 SB_1→KM_1，KM_2，KT 线圈失电→所有触点复位→电机停转

（5）分析电路中应用的控制规律及保护环节。

以上电路中应用了"自锁、按照时间原则控制"等控制规律；电路中具有"短路、过载、欠压、失压"等基本保护环节。

（6）说明"电气控制电路"所实现的控制功能。

以上电气控制电路实现了对"三相异步电动机的定子串电阻降压启动"控制。

任务实施

1. 实训目的

（1）熟悉低压电器结构及工作原理。

（2）熟悉低压电器元件电路符号、功能、基本原理及安装接线等。

（3）熟悉各类元器件额定技术参数及选型。

2. 实训说明

分组实训，识别常用低压电器元件如断路器、接触器、各类继电器、按钮、指示灯、转换开关及变压器等（如图 5.1.24 所示）的电气符号、结构原理及额定技术参数，熟悉元器件的外部接线，通过简单电气控制电路的安装接线及通电调试，理解掌握低压电器控制

原理。

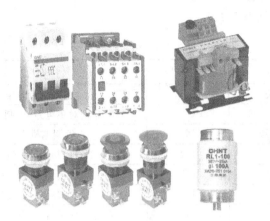

图 5.1.24　实训元器件

3．实训步骤及要求

（1）了解实训任务，准备实训设备器材及仪表，列入表 5.1.8。

表 5.1.8　实训设备清单

序　号	名　称	型号及技术参数	数　量
1	低压电器实训台		若干
2	各类低压电器		若干
3	数字式万用表		1
4	连接线		若干

（2）熟悉常用低压电器电气符号、技术参数及其控制作用，完成表 5.1.9。

表 5.1.9　常用低压电器电气符号、图形符号、技术参数及控制作用

序号	名称	电气符号	图形符号	型号规格和技术参数	控制作用
1	隔离开关				
2	断路器				
3	熔断器				
4	交流接触器				
5	热过载继电器				
6	中间继电器				
7	时间继电器				
8	行程开关				
9	转换开关				
10	按钮				
11	信号指示灯				

（3）选择以下常用低压电器，记录额定参数，观察接线端子结构，画出元件外部接线

图,完成表 5.1.10。

表 5.1.10 常用低压电器额定参数与外部接线

低压电器	额定参数	外部接线图
断路器 QF		
熔断器 FU		
交流接触器 KM		
热过载继电器 FR		
中间继电器 KA		
时间继电器 KT		
按钮 SB		
指示灯 HL		
行程开关 ST		

（4）简易电气控制电路的接线与调试。

① 按照图 5.1.25 所示实训电路,正确选择电源及元器件,并且测试所有元件。

② 画出实训电路的接线图。

③ 按照接线图接线,检查确认线路无误后接通电源。

④ 运行调试:通电后,分别按动 SB₁ 和 SB₂,观察记录指示灯 HL 的运行状态,分别测试 KM,KA 线圈电压值及 HL 两端电压值。

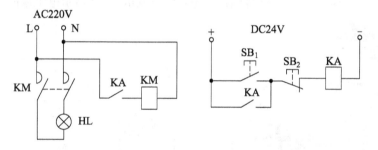

图 5.1.25 简易电气控制电路

（5）实训总结,简述交流接触器、中间继电器的工作原理。

（6）经过教师检查评估实训结果后,关闭电源,做好实训台 5S 整理。

（7）小组实训总结,完成实训报告。

4. 考核要求与标准

（1）正确选用实训设备器材、仪表及工具（10 分）;

（2）完成实训电路连线及调试,实训结果符合项目要求（30 分）;

（3）实训报告完整正确（40 分）。

（4）小组讨论交流、团队协作较好（10 分）;

（5）实训台及实训室 5S 整理规范（10 分）。

知识拓展

一、兆欧表

兆欧表又称摇表,主要用于测量电机、电器、线路等的绝缘电阻。以判定电机、电气设备和线路的绝缘是否良好,这些关系到设备能否安全运行。由于绝缘材料常因发热、受潮、污染、老化等原因使其电阻值降低,泄漏电流增大,甚至绝缘损坏,从而造成漏电和短路等事故,因此必须对设备的绝缘电阻进行定期检查。各种设备的绝缘电阻都有具体要求。一般来说,绝缘电阻越大,绝缘性能越好。

兆欧表通常有 500 V 和 1 000 V 两种,在测量低压线路的绝缘电阻时,应选用 500 V 的,其外形如图 5.1.26 所示。若用万用表测量线路中的绝缘电阻,测得的仅仅是低电压下的绝缘电阻,不能真实地反应线路在高电压工作条件下的绝缘性能。而兆欧表本就是一个手摇发电机,能产生 500～5 000 V 高压电,因此在照明线路、380 V 的电动机等电器中,用兆欧表测量的绝缘电阻符合实际工作条件。

(一) 兆欧表的结构

兆欧表主要由两部分组成:磁电式比率表和手摇发电机。手摇发电机能产生 500,1 000 ,2 500,5 000 V 的直流高压,以便与被测设备的工作电压相对应。目前,有一些兆欧表采用晶体管直流变换器,可以将电池的低压直流转换成高压直流。图 5.1.27 所示是兆欧表的外形平面图,L,E,G 是它的三个接线柱,一个为"线路(L)",一个为"接地(E)",另一个为"屏蔽(G)"。手柄转动,手摇发电机发电,指针显示电阻值的读数。

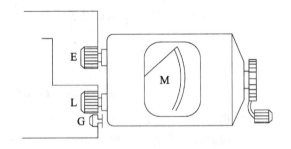

图 5.1.26　兆欧表　　　　　　图 5.1.27　兆欧表外形平面图

(二) 兆欧表的选用

选用兆欧表测试绝缘电阻时,其额定电压一定要与被测电气设备或线路的工作电压相适应,兆欧表的测量范围也应与被测绝缘电阻的范围相吻合。在《施工验收规范的测试篇》中有明确规定的,应按其规定标准选用。一般低压设备及线路使用 500～1 000 V 的兆欧表;1 000 V 以下的电缆用 1 000 V 的兆欧表;1 000 V 以上的电缆用 2 500 V 的兆欧表。在测量高压设备的绝缘电阻时,一般需要 2 500 V 以上的兆欧表才能测量,否则测量结果不能反映工作电压下的绝缘电阻。同时还要注意,不能用电压过高的兆欧表测量低压设备的绝缘电阻,以免设备的绝缘受到损坏。

各种型号的兆欧表,除了有不同的额定电压外,还有不同的测量范围,如 ZC11－5 型兆欧表,额定电压为 2 500 V,测量范围为 0～10 000 MΩ,选用兆欧表的测量范围,不应过多地超出被测绝缘电阻值,以免读数误差过大。有的仪表,其标尺不是从零开始,而是从 1 MΩ 或 2 MΩ 开始,就不宜用来测量低绝缘电阻的设备。

(三) 兆欧表的使用

1. 使用前

兆欧表使用前应先进行校验,将兆欧表放平,将测量表棒分开或暂时不接,摇动手柄几圈,表针应该指向"＋",然后把测量表棒相互接触,再摇手柄几圈,正常情况下指针应指到"0"位。经校验确定兆欧表完好后,方可进行测量。

2. 使用时

左手握住兆欧表,右手摇动手柄(转速应均匀,保持约 120 r/min,否则测出的数据不正确)。兆欧表测量的数值是一个范围,而不是一个精确的值。

3. 测量电源线路绝缘电阻

在单相线路中,需测相线与零线(中性线)、相线与接地线之间的绝缘电阻,如图 5.1.28 所示。

其中,图 5.1.28a 是测量相线与中性线间的绝缘电阻;图 5.1.28b 是测量相线与接地线间的绝缘电阻。线路的绝缘电阻不得小于 0.22 MΩ,管线的绝缘电阻不得小于0.5 MΩ。

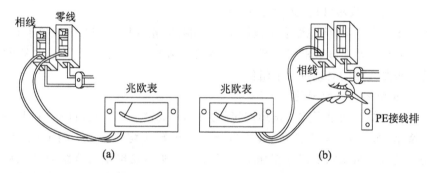

图 5.1.28　兆欧表测线路的绝缘电阻

4. 测量电动机绝缘电阻

各相绕组之间的绝缘电阻以及绕组与电动机外壳之间的绝缘电阻的测量如图 5.1.29 所示。其中图 5.1.29a 是测绕组之间的绝缘电阻;图 5.1.29b 是测绕组与电动机外壳之间的绝缘电阻。绝缘电阻不得小于 0.5 MΩ。

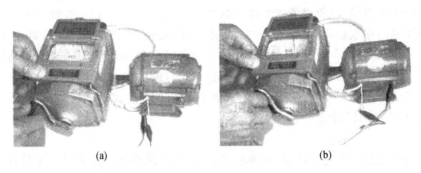

(a)   (b)

图 5.1.29   兆欧表测量电动机绝缘电阻

> **注意：**
>
> （1）测量线路绝缘电阻时，必须先切断电源，确保安全。
>
> （2）测量电动机绝缘电阻时，必须先断开电动机的连接线。
>
> （3）摇动兆欧表手柄时，测量棒有 500～5 000 V 电压输出，手不可以触摸，以免触电。

（四）兆欧表的接线方法

一般测量时，应将被测绝缘电阻接在"L"和"E"接线柱之间。在测量电缆芯线的绝缘电阻时，就要用 L 接芯线，E 接电缆外皮、G 接电缆绝缘包扎物。

1. 照明及动力线路对地绝缘电阻的测量

如图 5.1.30a 所示，将兆欧表接线柱 E 可靠接地，接线柱 L 与被测线路连接，按顺时针方向由慢到快摇动兆欧表的发电机手柄，待兆欧表指针读数稳定后，这时兆欧表指示的数值就是被测线路的对地绝缘电阻值。

2. 电动机绝缘电阻的测量

拆开电动机绕组的星形或三角形连接的连线，用兆欧表的两接线柱 E 和 L 分别接电动机两相绕组，如图 5.1.30b 所示。以 120 r/min 的转速均匀摇动手柄，待指针稳定后，读数就是电动机绕组相间的绝缘电阻。图 5.1.30c 所示是电动机绕组对地绝缘电阻的测量接线，接线柱 E 接电动机机壳上的接地螺钉或机壳（勿接在有绝缘漆的部位），接线柱 L 接电动机绕组，摇动兆欧表发电机手柄，测出的是电动机绕组对地的绝缘电阻。

3. 电缆绝缘电阻的测量

测量接线如图 5.1.30d 所示，将兆欧表接线柱 E 接电缆外皮，接线柱 G 接在电缆线芯与外皮之间的绝缘层上，接线柱 L 接电缆线芯，摇动兆欧表发电机手柄并读数，测出的是电缆线芯与外皮之间的绝缘电阻值。

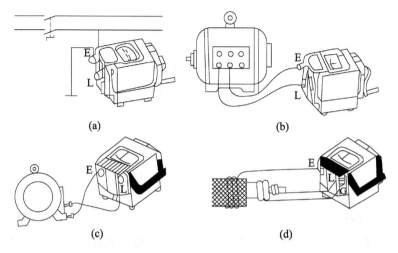

图 5.1.30　兆欧表测量绝缘电阻的接法

（五）使用兆欧表应注意的事项

使用兆欧表测量设备和线路的绝缘电阻时，须在设备和线路不带电的情况下进行；测量前须先将电源切断，并使被测设备充分放电，以排除被测设备感应带电的可能性。

兆欧表在使用前须进行检查，检查的方法如下：将兆欧表平稳放置，先使"L""E"两个端钮开路，摇动手摇发电机的手柄并使转速达到额定值，这时指针应指向标尺的"∞"处；然后再把"L""E"端钮短接，再缓缓摇动手柄，指针应指在"0"位上。如果指针不指在"∞"或"0"刻度上，必须对兆欧表进行检修后才能使用。

在进行一般测量时，应将被测绝缘电阻接在"L"和"E"接线柱之间。如测量线路对地的绝缘电阻，则将被测端接到"L"接线柱，而"E"接线柱接地。

接线时，应选用单根导线分别连接"L"和"E"接线柱，不可以将导线绞合在一起，因为绞线间的绝缘电阻会影响测量结果。

测量电解电容器的介质绝缘电阻时，应按电容器耐压的高低选用兆欧表，并要注意极性。电解电容的正极接"L"，负极接"E"，不可反接，否则会使电容击穿。测量其他电容器的介质绝缘电阻时可不考虑极性。

测量绝缘电阻时，发电机手柄应由慢渐快地摇动。若表的指针指零，说明被测绝缘物有短路现象，此时就不能继续摇动，以防止表内动圈因发热而损坏。摇柄的速度一般规定为 120 r/min，切忌忽快忽慢，以免指针摆动加大而引起误差。当兆欧表没有停止转动和被测物没有放电之前，不可触及被测物的测量部分，尤其是在测量具有大电容的设备的绝缘电阻之后，必须先将被测物对地放电，然后再停止兆欧表的发电机转动，以防止电容器放电而损坏兆欧表。

<h1>任务 2
电动机认知</h1>

任务描述

通过对三相异步电动机的学习,要求学生能够掌握三相异步电动机的结构原理、铭牌数据以及启动、制动、反转特性,通过设计原理图能正确接线,并能迅速排除故障。

讨论与交流:

在日常生活中都遇到什么种类的电动机? 工厂中的电动机有哪些种类? 电动机的控制要求是什么? 如何实现?

任务准备

一、交流电动机概述

1. 交流电动机的分类

交流电动机是将交流电能转换为机械能做功的最通用的重要旋转机电设备。交流电动机按使用电源的相数可分为单相电动机和三相电动机,三相电动机又可分为同步电动机和异步电动机两种。

单相(异步)电动机是用单相交流电源供电的异步电动机,广泛用于工业和人民生活的许多方面(如洗衣机、冰箱、风扇、空调器等家用电器,功率不大的电动工具及医疗器械等)。

2. 电动机转子转动的必要条件

如图 5.2.1 所示,在装有手柄的一对磁极间放入装有铜条的鼠笼型转子,转子可沿固定的轴自由转动。转子铜条一般做成笼形,铜条两端分别用铜环连接起来,磁极和转子之间无机械连接。当摇动手柄使磁铁旋转时,会看到转子跟着磁铁转动。

(a) 旋转磁场带动鼠笼型转子旋转的模型　　(b) 转子旋转原理示意图

图 5.2.1　旋转磁场鼠笼型转子旋转

　　当磁极向顺时针方向旋转时磁极的磁力线切割转子铜条,在铜条中感应出电动势,其方向由右手定则确定。

　　在电动势的作用下,闭合的铜条中产生电流,该电流又与磁场相互作用,使转子铜条受到电磁力,电磁力的方向由左手定则确定。该电磁力又产生电磁转矩,转子就转动了起来。由此可见,转子转动的必要条件是要有一个旋转的磁场。

二、三相异步电动机

　　三相异步电动机是用三相交流电源供电的异步电动机,常作为各种现代生产机械,诸如切削机床、起重、锻压、输送、铸造、通风、水泵等机械的原动机,应用非常广泛。

(一)三相异步电动机的基本结构

　　三相异步电动机主要由定子和转子两个部分组成,定子是不动的部分,转子是旋转部分,在定子和转子之间有一定的气隙,如图 5.2.2 和图 5.2.3 所示。

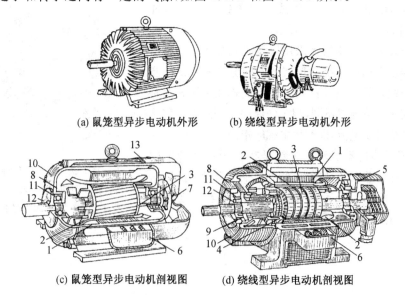

(a) 鼠笼型异步电动机外形　　(b) 绕线型异步电动机外形

(c) 鼠笼型异步电动机剖视图　　(d) 绕线型异步电动机剖视图

1—定子;2—定子绕组;3—转子;4—转子绕组;5—滑环;6—接线盒;7—风扇;
8—轴承;9—轴承盖;10—端盖;11—内盖;12—外盖;13—风扇罩

图 5.2.2　三相异步电动机的外形和剖视图

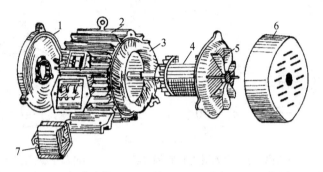

1—端盖；2—定子；3—定子绕组；4—转子；5—风扇；6—风扇罩；7—接线盒盖

图 5.2.3　电动机的基本结构

1. 定子

定子由定子铁芯、绕组以及机座组成。

定子铁芯是磁路的一部分，它由 0.5 mm 的硅钢片叠压而成，片与片之间是绝缘的，以减少涡流损耗。定子铁芯的硅钢片的内圆冲有定子槽，槽中安放线圈。硅钢片铁芯在叠压后成为一个整体，固定于机座上。

定子绕组是电动机的电路部分。三相电动机的定子绕组分为三个部分对称地分布在定子铁芯上，称为三相绕组，分别用 AX，BY，CZ 表示，其中，A，B，C 称为首端，而 X，Y，Z 称为末端。三相绕组接入三相交流电源，三相绕组中的电流使定子铁芯中产生旋转磁场。机座主要用于固定与支撑定子铁芯。根据不同的冷却方式采用不同的机座形式，中小型异步电动机一般采用铸铁机座。

2. 转子

转子由铁芯与绕组组成。转子铁芯也是电动机磁路的一部分，由硅钢片叠压而成。转子铁芯装在转轴上。硅钢片冲片如图 5.2.4 所示。

异步电动机转子绕组多采用鼠笼式和绕线式两种形式。因此异步电动机按绕组形式的不同分为鼠笼式异步电动机和绕线式异步电动机两种。绕线式和鼠笼式两种电动机的转子构造虽然不同，但工作原理是一致的。转子的作用是产生转子电流，即产生电磁转矩。

鼠笼式异步电动机转子绕组是在转子铁芯槽里插入铜条，再将全部铜条两端焊在两个铜端环上而组成，如图 5.2.5a 所示。小型鼠笼式转子绕组多用铝离心浇铸而成，如图 5.2.6 所示。

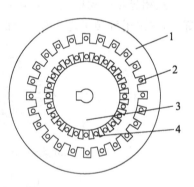

1—定子铁芯；2—定子绕组；
3—转子铁芯；4—转子绕组

图 5.2.4　定子和转子的钢片

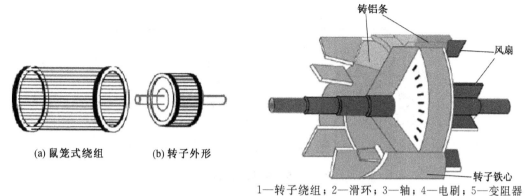

(a) 鼠笼式绕组   (b) 转子外形

图 5.2.5 鼠笼式转子

1—转子绕组；2—滑环；3—轴；4—电刷；5—变阻器

图 5.2.6 铝铸的鼠笼式转子

绕线式异步电动机转子绕组由线圈组成绕组放入转子铁芯槽内,并分为三相对称绕组,与定子产生的磁极数相同。绕线式转子通过轴上的滑环和电刷在转子回路中接入外加电阻,用以改善启动性能与调节转速,如图 5.2.7 所示。

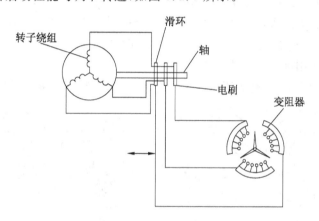

图 5.2.7 绕线式转子绕组与外加变组器的连接线

(二) 三相异步电动机的工作原理

1. 定子旋转磁场

为了简便起见,假设每相绕组只有一个线匝,分别嵌放在定子内圆周的 6 个凹槽之中。现将三相绕组的末端 X,Y,Z 相连,首端 A,B,C 接三相交流电源,且三绕组分别叫作 A,B,C 相绕组,如图 5.2.8 所示。

假定定子绕组中电流的正方向规定为从首端流向末端,且 A 相绕组的电流 i_A 作为参考正弦量,即 i_A 的初相位为零,则三绕组 A,B,C 电流(相序为 A—B—C)的瞬时值为

$$i_A = I_m \sin \omega t$$

$$i_B = I_m \sin(\omega t - \frac{2\pi}{3})$$

$$i_C = I_m \sin(\omega t - \frac{4\pi}{3})$$

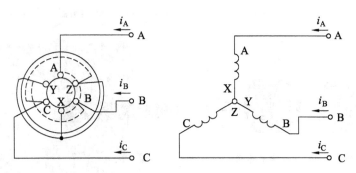

图 5.2.8　定子三相绕组

图 5.2.9 所示是这些电流随时间变化的曲线。

下面分析不同时间的合成磁场。

① $t=0$ 时：$i_A=0$；i_B 为负，电流实际方向与正方向相反，即电流从 Y 端流到 B 端；i_C 为正，电流实际方向与正方向一致，即电流从 C 端流到 Z 端。

按右手螺旋法则确定三相电流产生的合成磁场，如图 5.2.10a 箭头所示。

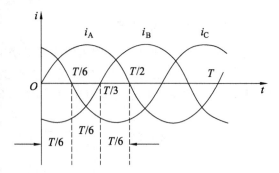

图 5.2.9　三相电流的波形图

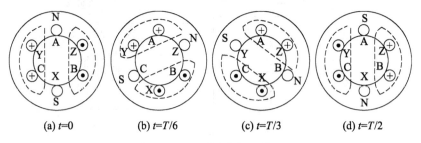

(a) $t=0$　　(b) $t=T/6$　　(c) $t=T/3$　　(d) $t=T/2$

图 5.2.10　两极旋转磁场

② $t=\dfrac{T}{6}$ 时：i_A 为正，电流从 A 端流到 X 端；i_B 为负，电流从 Y 端流到 B 端；$i_C=0$。此时的合成磁场如图 5.2.10b 所示，合成磁场已从 $t=0$ 瞬间所在位置顺时针方向旋转了 $\dfrac{\pi}{3}$。

③ $t=\dfrac{T}{3}$ 时：i_A 为正，电流从 A 端流到 X 端；$i_B=0$；i_C 为负，电流从 Z 端流到 A 端。此时的合成磁场如图 5.2.10c 所示，合成磁场已从 $t=0$ 瞬间所在位置顺时针方向旋转了 $\dfrac{2\pi}{3}$。

④ $t=\dfrac{T}{2}$ 时：$i_A=0$；i_B 为正，电流从 B 端流到 Y 端；i_C 为负，电流从 Z 端流到 C 端。此时的合成磁场如图 5.2.10d 所示。合成磁场从 $t=0$ 瞬间所在位置顺时针方向旋转了 π。

以上分析可以证明:当三相电流随时间不断变化时,合成磁场也在不断旋转,故称旋转磁场。

2. 旋转磁场的旋转方向

从图 5.2.8 和图 5.2.9 可见,A 相绕组内的电流超前 B 相绕组内的电流 $2\pi/3$,而 B 相绕组内的电流又超前 C 相绕组内的电流 $2\pi/3$,同时图 5.2.10 中所示旋转磁场的旋转方向为从 A→B→C,即向顺时针方向旋转。

如果将定子绕组接至电源的三根导线中的任意两根线对调,如将 B,C 两根线对调,使 B 相与 C 相绕组中电流的相位对调,如图 5.2.11 所示,此时 A 相绕组内的电流超前 C 相绕组内的电流 $2\pi/3$,而 C 相绕组内的电流又超前 B 相绕组内的电流 $2\pi/3$,用上述同样的分析方法可知,此时旋转磁场的旋转方向将变为 A→C→B,即向逆时针方向旋转,如图 5.2.12 所示,与未对调前的旋转方向相反。

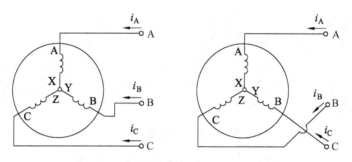

图 5.2.11 将 B,C 两根线对调改变绕组中的电流相序

由此可见,要改变旋转磁场的旋转方向,只要把定子绕组接到电源的三根导线中的任意两根对调即可。

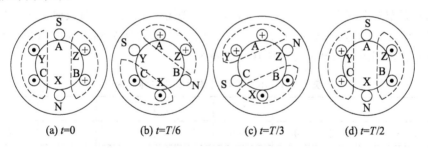

(a) $t=0$ (b) $t=T/6$ (c) $t=T/3$ (d) $t=T/2$

图 5.2.12 逆时针旋转的两极旋转磁场

3. 旋转磁场的极数与旋转速度

在交流电动机中,旋转磁场相对定子的旋转速度被称为同步速度,用 n_0 表示。

以上讨论的旋转磁场,具有一对磁极(磁极对数用 p 表示),即 $p=1$。从上述分析可以看出,电流变化经过一个周期(变化 360°电角度),旋转磁场在空间也旋转了一转(转了 360°机械角度),若电流的频率为 f,旋转磁场每分钟将旋转 $60f$ 转,即 $n_0=60f$。

如果把定子铁芯的槽数增加 1 倍(12 个槽),制成如图 5.2.13 所示的三相绕组,其中,每相绕组由两个部分串联组成,再将这三相绕组接到对称三相电源使通过对称三相电流,便产生具有两对磁极的旋转磁场。从图 5.2.14 可以看出,对应于不同时刻,旋转磁场在空间转到不同位置,此情况下电流变化半个周期,旋转磁场在空间只转过了 $\pi/2$,

即 1/4 转,电流变化一个周期,旋转磁场在空间只转了 1/2 转。

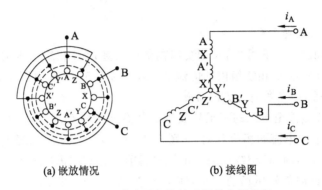

(a) 嵌放情况   (b) 接线图

图 5.2.13 产生四极旋转磁场的定子绕组

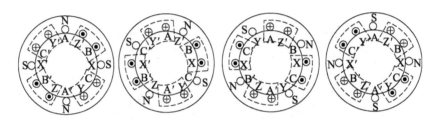

图 5.2.14 四极旋转磁场

由此可知,当旋转磁场具有两对磁极($p=2$)时,其旋转速度仅为一对磁极时的一半,即每分钟 $60f/2$ 转。依次类推,当有 p 对磁极时,其转速为

$$n_0 = \frac{60f}{p}$$

所以,旋转磁场的旋转速度 n_0 与电流的频率成正比而与磁极对数成反比。我国供电系统频率为 50 Hz,因此,对应于 $p=1,2,3,4$ 时,同步转速分别为 3 000,1 500,1 000,750 r/min。不同磁极对数时旋转磁场的转速列于表 5.2.1。

表 5.2.1 不同磁极对数时旋转磁场的转速

p	1	2	3	4	5	6
$n_0/(\text{r/min})$	3 000	1 500	1 000	750	600	500

4. 转差率 S

转子的转速(电动机的转速)n 恒小于旋转磁场的旋转速度(同步速度)n_0。因为如果两种速度相等,转子和旋转磁场则没有相对运动,转子导体不切割磁力线,因而不能产生电磁转矩,转子将不能继续旋转。因此,转子与旋转磁场之间的转速差是保证转子转速的主要因素,也是异步电动机的由来。

转速差(n_0-n)与同步转速 n_0 的比值称为异步电动机的转差率,用 S 表示,即 $S=\frac{n_0-n}{n_0}$。转差率 S 是分析异步电动机运行特性的主要参数。通常异步电动机在额定负载时的转差率约为 1%~9%。当 $n=0$ 时(启动初始瞬间),$S=1$,这时转差率最大。

（三）三相异步电动机的额定参数

1. 三相异步电动机定子绕组的接法及电压、电流、功率

（1）两种接法

定子绕组的首端和末端通常都接在大电动机接线盒的接线柱上，一般按图 5.2.15 所示的方法排列。按照我国电工专业标准规定，定子绕组出线端的首端为 D_1，D_2，D_3，末端为 D_4，D_5，D_6。

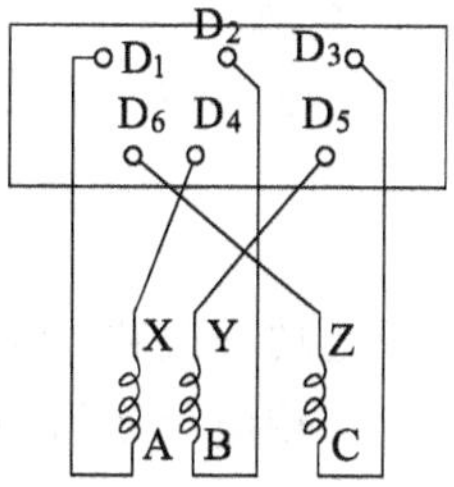

三相电动机的定子绕组有星形（Y 形）和三角形（△形）两种不同的接法，如图 5.2.16 所示。

图 5.2.15　出线端的排列

（2）线电压与相电压

线电压：两相绕组首端之间的电压，用 U_1 表示；相电压：一相绕组首、尾之间的电压，用 $U_相$ 表示。

对于星形接法，$U_1 = \sqrt{3}U_相$；对于三角形接法，$U_1 = U_相$。

（3）线电流与相电流

线电流：电网的供电电流，用 I_1 表示；相电流：每相绕组的电流，用 $I_相$ 表示。

对于星形接法，$I_1 = I_相$；对于三角形接法，$I_1 = \sqrt{3}I_相$。

（4）电动机的输入功率

$$P_1 = \sqrt{3}I_1 U_1 \cos\varphi$$

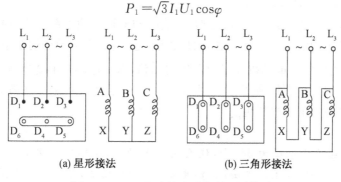

(a) 星形接法　　　　　　(b) 三角形接法

图 5.2.16　三相交流电动机的两种接法

2. 额定参数

电动机在制造工厂所拟定的情况下工作，称为电动机的额定运行，通常用额定值来表示其运行条件，这些数据大部分都标在电动机的铭牌上。使用电动机时，必须看懂铭牌。

① 额定功率 P_N：指在额定运行情况下，电动机轴上输出的机械功率。

额定负载转矩 T_N：指电动机在额定转速下输出额定功率时轴上的负载载矩。

$$T_N = 9.55\frac{P_N}{n} = K_m \Phi I_2 \cos\varphi (I_2 \text{为转子电流})$$

② 额定电压 U_N：指在额定运行情况下，定子绕组端应加的线电压值。如果标有两种电压值（如 220/380 V），则表明定子绕组采用△/Y 连接时应加的线电压值。即三角形接法时，定子绕组应接～220 V 的电源电压；星形接法时，定子绕组应接～380 V 的电源电压。

③ 额定频率 f：指在指额定运行情况下，定子外加电压的频率（$f = 50$ Hz）。

④ 额定电流 I_N：指在额定频率、额定电压和轴上输出额定功率时，定子的线电流值。如果标有两种电流值（如 10.35/5.9 A），则对应于定子绕组为 $\triangle$/Y 连接的线电流值。

⑤ 额定效率 η_N：指在额定频率、额定电压和电动机轴上输出额定功率时，电动机输出机械功率与输入电功率之比，其表达式为

$$\eta_N = \frac{P_N}{\sqrt{3}U_N I_N \cos\varphi_N} \times 100\%$$

额定功率因数 $\cos\varphi_N$：指在额定频率、额定电压和电动机轴上输出额定功率时，定子相电流与相电压之间相位差的余弦。

⑥ 额定转速 n_N：指在额定频率、额定电压和电动机轴上输出额定功率时，电动机的转速。与此转速相对应的转差率称为额定转差率 S_N。

⑦ 工作方式：有连续、短时、间歇等。

⑧ 绝缘等级：按电动机绕组所用的绝缘材料在使用时容许的极限温度来分级。极限温度是电机绝缘结构中最热点的最高允许温度。最高允许温度与绝缘等级见表 5.2.2。

表 5.2.2　温升与绝缘等级

绝缘等级	Y 级	A 级	E 级	B 级	F 级	H 级	C 级
最高允许温度/℃	90	105	120	130	155	180	180 以上

3. 定子绕组连线方法的选用

定子三相绕组连接方式（Y 形或 $\triangle$ 形）的选择和普通三相负载一样，须视电源的线电压而定。如果电源的线电压等于电动机的额定相电压，那么电动机的绕组应该接成三角形；如果电源的线电压是电动机额定相电压的 $\sqrt{3}$ 倍，那么电动机的绕组就应该接成星形。通常电动机的铭牌上标有符号 Y/$\triangle$ 和数字 380/220，前者表示定子绕组的接法，后者表示对于不同接法应加的线电压值。

【例 5-1】　电源线电压为 380 V，现有两台电动机，其铭牌数据如下：① J32-4，功率 1.0 kW，电压 220/380 V，连接方法 $\triangle$/Y，电流 4.25/2.45 A，转速 1 420 r/min，功率因数 0.79。② J02-21-4，功率 1.1 kW，电压 380 V，连接方法 $\triangle$，电流 6.27 A，转速 1 410 r/min，功率因数 0.79。试选择定子绕组的连接方式。

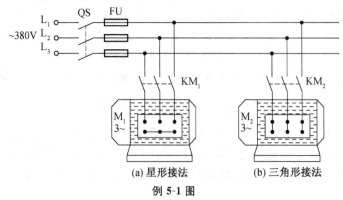

例 5-1 图

解　J32-4 电动机应接星形（Y），如例 5-1a 图所示。J02-21-4 电动机应接成三角形

（△），如例 5-1b 图所示。

4. 三相异步电动机铭牌上型号的意义

为了适应不同用途和不同工作环境的需要，电动机制成了不同的系列，每种系列用各种型号表示。

三相异步电动机机座长度代号表示如下：S—短机座；M—中机座；L—长机座。其产品名称代号见表 5.2.3。

表 5.2.3　三相异步电动机产品名称代号

产品名称	新代号	汉字意义	老代号
异步电动机	Y	异	J,JO
绕线式异步电动机	YR	异绕	JR,JRO
防爆型异步电动机	YV	异爆	JV,JVS
高启动转矩异步电动机	YQ	异起	JQ,JQO

表 5.2.3 中，小型 Y 系列鼠笼式异步电动机是取代 JO 系列的新产品，是封闭自扇冷式。Y 系列定子绕组为铜线，Y-L 系列鼠笼式异步电动机定子绕组为铝线，电动机功率取值范围是 0.55～90 kW。同样功率的电动机，Y 系列比 JO 系列体积小，重量轻，效率高。

（四）异步电动机的主要技术参数

1. 异步电动机的输入功率 P_1

异步电动机的输入功率为 $P_1 = m_1 U_1 I_1 \cos\varphi_1$，对三相异步电动机，定子相数 $m_1 = 3$，则三相异步电动机总输入功率为 $P_1 = 3 U_1 I_1 \cos\varphi_1$。式中：$U_1$ 为每相输入电压有效值；I_1 为每相输入电流有效值；φ_1 为 U_1 和 I_1 间的相位差。

2. 异步电动机的输出功率 P_2（异步电动机向负载输出的机械功率）

P_2 即消耗在负载等效电阻 R_2' 上的电功率。可以推导得，负载等效电阻 $R_2' = [(1-S)/S]R_2$，式中 S 为转差率。

异步电动机的输出功率为 $P_2 = m_2 I_2^2 R_2'$，对三相异步电动机，转子相数 $m_2 = 3$，则三相异步电动机输出功率为 $P_2 = 3 I_2^2 R_2 [(1-S)/S]$。

3. 异步电动机的损耗

① 定子绕组的铜损 $P_{Cu1} = m_1 I_1^2 R_1$。式中：m_1 为定子相数，R_1 为每相定子绕组电阻。

② 定子铁芯铁损（磁滞和涡流损耗）P_{Fe1}。

③ 转子绕组的铜损 $P_{Cu2} = m_2 I_2^2 R_2$。式中：m_2 为转子相数，R_2 为每相转子绕组电阻。

④ 转子绕组的铁损 P_{Fe2} 很小，可忽略。

4. 异步电动机的效率 η（输出功率与输入功率之比的百分数）

$$\eta = (P_2 / P_1) \times 100\%$$

① 异步电动机空载或轻载时 $\eta = 20\% \sim 30\%$；负载增加，η 随之提高；在额定负载或接近额定负载时 η 达最大值，满载时 $\eta = 75\% \sim 92\%$。

② 异步电动机容量愈大，效率愈高。

（五）三相异步电动机的启动

三相异步电动机接通电源,使电机的转子从静止状态到转子以一定速度稳定运行的过程称为电动机的启动过程。电动机在实际使用时,因为要经常启动和停车,所以启动问题非常重要。

对电动机启动的要求,一般从以下几个方面来考虑：① 启动电流应尽可能小,$I_{st} \leqslant (4 \sim 7) I_N$。② 启动转矩应尽可能大,$T_{st} \geqslant (1.1 \sim 1.2) T_L$。③ 启动的时间应尽可能短。④ 转速的提升应尽可能平稳。⑤ 启动方法应方便、可靠,启动设备应简单、经济,易维护修理。

前三项较为重要。异步电动机刚接通电源瞬间,转速为零,旋转磁场和转子的转差很大,因此转子电流非常大,相应定子电流也很大,我们把这时的定子电流称为启动电流。由于启动过程非常短,一般为几秒到几十秒,且随着转速的上升,启动电流不断减小,所以如果不是频繁启动,启动电流造成的电机发热问题并不大,对电机的正常运行没有影响。但大的启动电流会引起电源电压的下降,影响接在同一电源上的其他设备的正常工作,比如使日光灯变暗、电机堵转甚至停转等。

为解决启动电流造成的不良影响,对容量较大的电机应采取一定的启动方法。鼠笼型异步电动机的启动方法有直接启动和降压启动两种。

1. 直接启动

直接启动又称为全压启动,启动时,将电机的额定电压通过刀开关或接触器直接接到电动机的定子绕组上进行启动。直接启动最简单,不需附加的启动设备,启动时间短。只要电网容量允许,应尽量采用直接启动。但这种启动方法启动电流大,一般只有小功率的异步电动机($P_N \leqslant 7.5$ kW)允许进行直接启动;对大功率的异步电动机,应采取降压启动,以限制启动电流。

2. 降压启动

通过启动设备将电机的额定电压降低后加到电机的定子绕组上,以限制电机的启动电流,待电机的转速上升到稳定值时,再使定子绕组承受全压,从而使电机在额定电压下稳定运行,这种启动方法称为降压启动。

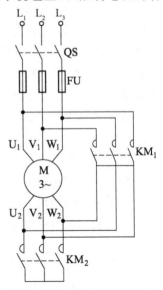

前面讲过,启动转矩与电源电压的平方成正比,所以当定子端电压下降时,启动转矩大大减小。这说明降压启动适用于启动转矩要求不高的场合,如果电机必须采用降压启动,则应轻载或空载启动。常用的降压启动方法有下面三种。

（1）Y-△降压启动。这种启动方法适用于电动机正常运行时接法为三角形的异步电动机。电机启动时,定子绕组接成星形,启动完毕后,切换为三角形。

图 5.2.17 是一个 Y-△降压启动控制线路,启动时,电源开关 QS 闭合,控制电路先使得 KM₂ 闭合,电机星形启动,定子绕组由于采用了星形结构,其每相绕阻上承受的电压比正常接法时下降了 $1/\sqrt{3}$。当电机转速上升

图 5.2.17　Y-△降压启动控制线路

到稳定值时,控制电路再控制 KM_1 闭合,于是定子绕组换成三角形接法,电机开始稳定运行。

定子绕组每相阻抗为 $|Z|$,电源电压为 U_1,则采用连接直接启动时的线电流为

$$I_{st\triangle} = I_{1\triangle} = \sqrt{3}I_{p\triangle} = \sqrt{3}\frac{U_1}{|Z|}$$

采用 Y 连接降压启动时,每相绕组的线电流为

$$I_{stY} = I_{1Y} = I_{pY} = \frac{U_{pY}}{|Z|} = \frac{(1/\sqrt{3})U_1}{|Z|} = \frac{1}{\sqrt{3}}\frac{U_1}{|Z|}$$

则

$$\frac{I_{stY}}{I_{st\triangle}} = \frac{\frac{1}{\sqrt{3}}\frac{U_1}{|Z|}}{\sqrt{3}\frac{U_1}{|Z|}} = \frac{1}{3}$$

由上式可以看出,采用 Y-△ 降压启动时,启动电流是直接启动时的 1/3。电磁转矩与电源电压的平方成正比,由于电源电压下降了,所以启动转矩也是直接启动时的 1/3。

以上分析表明,这种启动方法确实使电动机的启动电流减小了,但启动转矩也下降了,因此,这种启动方法是以牺牲启动转矩来减小启动电流的,只适用于允许轻载或空载启动的场合。

(2)自耦变压器降压启动。这种启动方法是指启动时,定子绕组接三相自耦变压器的低压输出端,启动完毕后,切掉自耦变压器并将定子绕组直接接上三相交流电源,使电动机在额定电压下稳定运行。

图 5.2.18 为自耦变压器的降压启动线路,自耦变压器的原边接电源电压,副边接接触器 KM_1。启动时,电源开关闭合,先通过控制电路使得 KM_1 闭合,接通自耦变压器的副边,则定子绕组所加电压低于额定电压,电机开始启动。当电机的转速上升到一定速度时,KM_1 断开,KM_2 闭合,切除自耦变压器,电机开始稳定运行。

自耦降压启动时,定子绕阻所加电压下降为额定电压的 $1/K$(K 为自耦变压器的变压比),启动电流也下降为 $1/K$,启动转矩则下降为直接启动时的 $1/K^2$。

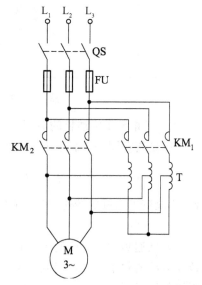

图 5.2.18 自耦变压器降压启动控制线路

自耦变压器体积大,而且成本高,所以这种启动方法适用于容量较大的或正常运行绕组接法为 Y 形,不能采用 Y-△ 方法启动的三相异步电动机。

启动用的自耦变压器又叫作启动补偿器,通常每相有三个抽头,供用户选择不同等级的输出电压,分别为原输出电压的 55%,64%,73%。

（3）转子串电阻降压启动。在分析转子电阻 R_2 对机械特性的影响时已知,转子电阻增大不但会减小转子电流,从而减小定子电流(启动电流),而且可以提高电磁转矩(启动转矩),显然这种启动方式可以满足启动的两方面要求。但由于鼠笼式异步电动机的转子电阻是固定的,不能改变,所以鼠笼式电机不能采用此种启动方法。绕线式异步电动机的转子从各相滑环处可外接变阻器,可以很方便地改变转子电阻来改善电机的启动性能,所以绕线式电机都采用此种启动方案。

图 5.2.19 所示为转子串电阻的启动电路图,启动时,将变阻器调到最大,电源开关闭合,转子串电阻开始启动运行。随着转速的上升,不断减小转子电阻,当转速稳定时,短接转子电阻,使电动机正常运行。

绕线式电机还可以采用转子串频敏变阻器进行启动,这种启动方式不需切除频敏变阻器,因为频敏变阻器本身具有阻值随转子频率变化的特性。启动时,因转子感应电的频率最高,所以频敏变阻器的电阻最大;随转速上升,转子频率下降,频敏变阻器的阻值也下降。电机正常运行时,转子频率非常低,故频敏变阻器的阻值非常小,不会影响电机的正常运行。

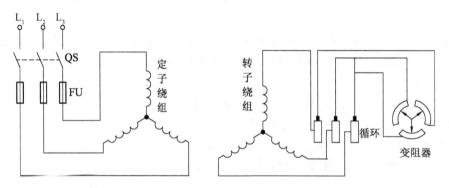

图 5.2.19　转子串电阻启动控制线路图

（六）三相异步电动机的调速

调速是指在同一负载下人为改变电动机的转速。由前面所学可知,电动机的转速为

$$n=(1-s)n_0=(1-s)\frac{60f}{p}$$

因此,要改变电动机的转速,有三种方式:变频调速、变极调速和变转差率调速。

1. 变频调速

变频调速是指通过改变电源的频率从而改变电机转速。它采用一套专用的变频器来改变电源的频率以实现变频调速。变频器本身价格较贵,但它可以在较大范围内实现较平滑的无极调速,且具有硬的机械特性,是一种较理想的调速方法。近年来,随着电力电子技术的发展,交流电机采用这种方式进行调速越来越普遍。

2. 变极调速

变极调速是指通过改变异步电动机定子绕组的接线以改变电动机的极对数从而实现调速的方法。由转速公式可知,改变电动机的磁极对数,可以改变电动机的转速。但由电动机的工作原理可知,电动机的磁极对数总是成倍增长的,所以电机的转速也就阶段性上升,无法实现无极调速。鼠笼式异步电动机转子的极数能自动与定子绕组的极数相适应,所以一般鼠笼式异步电动机采用这种方法调速。

异步电动机可以通过改变电动机的定子绕组接法来实现变极调速,也可以通过在定子上安装不同的定子绕组来实现调速,这种能改变定子磁极对数的电动机又称为多速电动机。图 5.2.20 所示为一个 4/2 极双速电机的定子绕组接法及对应的单相磁场分布示意图。电动机每相有两个线圈,如果把线圈两两并联起来,接成双 Y 形,则合成磁场为一对磁极。如果将线圈两两串联起来,接成△形,则合成磁场为两对磁极。这两种接法下电动机同步转速差一倍。

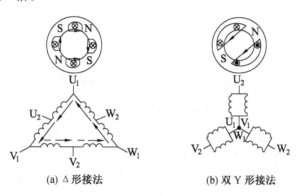

(a) △形接法　　　　　(b) 双 Y 形接法

图 5.2.20　变极调速

变极调速方式转速的平滑性差,但它经济、简单,且机械特性硬,稳定性好,所以许多工厂的生产机械采用这种方法和机械调速协调进行调速。

3. 变转差率调速

在绕线式异步电动机中,可以通过改变转子电阻来改变转差率,从而改变电机的速度。如图 5.5.21 所示,设负载转矩 T_L 不变,转子电阻 R_2 增大,电动机的转差率 S 增大,转速下降,工作点下移,机械特性变软。当平滑调节转子电阻时,可以实现无极调速,但调速范围较小,且要消耗电能,一般用于起重设备上。

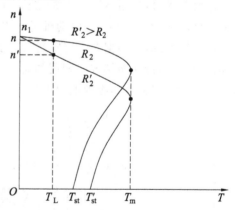

图 5.5.21　变转差率调速

（七）三相异步电动机的制动

三相异步电动机脱离电源之后,由于惯性,要经过一定的时间后才会慢慢停下来,但有些生产机械要求能迅速而准确地停车,就要求对电动机进行制动控制。电动机的制动方法可以分为两大类:机械制动和电气制动。机械制动一般利用电磁抱闸的方法来实现;电气制动一般有能耗制动、反接制动和回馈发电制动三种方法。

1. 能耗制动

如图 5.2.22 所示线路正常运行时,将 QS 闭合,电动机接三相交流电源启动运行。制动时,将 QS 断开,切断交流电源的连接,并将直流电源引入电机的 V,W 两相,在电机内部形成固定的磁场。电动机由于惯性仍然顺时针旋转,则转子绕阻作切割磁力线的运动,依据右手螺旋法则,转子绕组中将产生感应电流。根据左手定则可以判断,电动机的转子将受到一个与其运动方向相反的电磁力的作用,由于该力矩与运动方向相反,所以称为制动力矩,该力矩使得电动机很快停转。

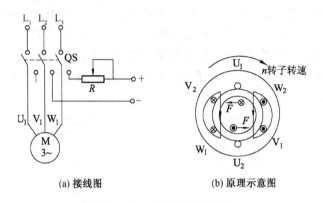

(a) 接线图　　　　　(b) 原理示意图

图 5.2.22　能耗制动示意图

制动过程中,电动机的动能全部转化成电能消耗在转子回路中,会引起电机发热,所以一般需要在制动回路中串联一个大电阻,以减小制动电流。

这种制动方法的特点是制动平稳,冲击小,耗能小,但需要直流电源,且制动时间较长,一般多用于起重提升设备及机床等生产机械中。

2. 反接制动

如图 5.2.23 所示线路正常运行时,接通 KM_1,电动机按顺序电源 U—V—W 启动运行。需要制动时,接通 KM_2,电动机的定子绕组接逆序电源 V—U—W,该电源产生一个反向的旋转磁场,由于惯性,电动机仍然顺时针旋转,这时转子感应电流的方向按右手螺旋法则可以判断,再根据左手定则判断转子的受力 F。显然,转子会受到一个与其运动方向相反,而与新旋转磁场方向相同的制动力矩,使得电机的转速迅速降低。当转速接近零时,应切断反接电源,否则电动机会反方向启动。

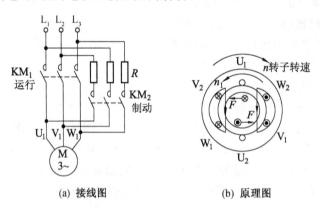

(a) 接线图　　　　　(b) 原理图

图 5.2.23　反接制动示意图

反接制动的优点是制动时间短,操作简单,但反接制动时,由于形成了反向磁场,所以使得转子的相对转速远大于同步转速,转差率大大增大,转子绕组中的感应电流很大,能耗也较大。为限制电流,一般在制动回路中串入大电阻。另外,反接制动时,制动转矩较大,会对生产机械造成一定的机械冲击,影响加工精度,通常用于一些频繁正反转且功率小于 10 kW 的小型生产机械中。

3. 回馈发电制动

回馈发电制动是指电动机转向不变的情况下,由于某种原因,使得电动机的转速大于同步转速,比如在起重机械下放重物、电动机车下坡时,都会出现这种情况,这时重物拖动转子,转速大于同步转速,转子相对于旋转磁场改变运动方向,转子感应电动势及转子电流也反向,于是转子受到制动力矩,使得重物匀速下降。此过程中电动机将势能转换为电能回馈给电网,所以称为回馈发电制动。

（八）三相异步电动机的选用

三相异步电动机是拖动生产机械运行的最为广泛的设备。选择电动机要从技术和经济两方面考虑,既要合理选择电动机的容量类型、结构形式和转速等技术指标,又要兼顾到设备的投资、费用等经济指标。正确选择其功率、种类、形式及相配用的控制和保护电器很重要。选用电动机应当考虑环境条件、安装方式、生产机械的工作状况、功率、转速和调速要求等因素。

1. 电动机功率的选择

电动机的功率必须与生产机械的负荷及其持续和间断的规律相适应。电动机容量也就是指电动机的功率,它的确定是选择电动机的关键。

（1）对长期负荷运行的电动机,可按其额定功率 P_N 等于或略大于生产机械所需的功率 P 来选择,即 $P_N \geqslant P$。

对于切削机床,$P \geqslant Fv(10.4 \times 60 \times \eta)$ kW。式中:F 为切削力,kg;v 为切削速度,m/min;η 为传动机构效率;10.4 为功率换算系数。

对于水泵,$P = \rho QH/(102\eta_1\eta_2)$ kW。式中:Q 为流量,m^3/s;H 为扬程（即液体被送高度）,m;ρ 为液体密度,kg/m^3;η_1 为传动机构效率;η_2 为泵的效率。

没有确定计算公式和资料时,可按生产机械转矩随时间变化的曲线计算不同时间间隔 $t_1, t_2, \cdots$ 的等效转矩,按等效转矩公式选择电动机功率。

（2）对短时运行的电动机,在不需专用短时运行的特殊设计电机时,可按连续运行的电动机进行选择。由于工作时间较短,惯性温升较慢,故允许短时过载。其额定功率可按其负载所要求的功率的 $1/\lambda$ 选择。λ 为三相异步电动机的过载系数,λ 的取值范围一般为 1.8～2.2。

（3）对重复短时工作制的电动机:

① 在同样负荷下,重复短时工作制的电动机最终温升比长期运行的电动机低,比短时运行的电动机高,电动机功率选择可比机械要求的功率小些。

② 常用运转相对持续系数 ε 表示运行工作情况,即 $\varepsilon = t_0/(t_0+t_1)\%$,则 $P_{eq} = P_\varepsilon\sqrt{\varepsilon}$。式中:$t_0$ 为短时工作时间,t_1 为短时间歇时间,P_ε 为相对持续率 ε 时的电动机功率。

③ 制造厂给出 ε 的标准值 $\varepsilon_N = 15\%, 25\%, 40\%, 60\%, 100\%$ 等。故计算重复短时工作制的电动机容量 $P_N \geqslant P_\varepsilon\sqrt{(\varepsilon/\varepsilon_N)}$

④ $\varepsilon < 10\%$,表示工作时间很短,可按短时运行制选择电动机功率;$\varepsilon > 60\%$,可按长期运行选择。

2．电动机防护形式的选择

根据工作环境及其触电危险性程度,选择电动机的适当防护形式。

例如,在正常工作环境,一般采用防护式电动机;在干燥无尘环境,可采用开启式电动机;而在潮湿、多尘场所或户外使用,应选用封闭式电动机;在有可燃或爆炸性气体的环境,应选用防爆式电动机;在有腐蚀性气体的地方,应选用防腐式电动机等。

3．电动机结构形式的选择

电动机按安装方式不同分为卧式和立式,普通机床一般采用通用系列的卧式电动机。

4．电动机类型的选择

电动机类型是根据电动机所带负载的性质来选择的,见表5.2.4。

5．电动机转速的选择

电动机额定转速是根据电动机所带负载的需要而选定的。但是,通常转速不低于500 r/min(即每分钟500转),因为功率一定时,电动机转速愈低,其尺寸愈大,价格愈贵,而且效率也较低。

表 5.2.4　电动机类型选择

负载性质	电动机类型
启动次数不频繁,不需电气调速	鼠笼式异步电动机
要求调速范围较大,启动时负载转矩大	绕线式异式电动机
只要求几种速度,不要求连续调速	多速异步电动机
要求调速范围广而且功率较大	直流电动机
工作速度稳定而且功率大	同步电动机

6．电动机额定电压的选择

电动机电压等级的选择,要根据电动机类型、功率以及使用地点的电源电压来决定,一般为380 V。大功率异步电动机采用3 000 V和6 000 V的额定电压。

三、单相异步电动机

（一）单相异步电动机的旋转原理

为了使单相异步电动机能够产生启动转矩,必须在启动时在电动机内部创造一个旋转磁场。因此单相(异步)电动机在结构上分定子和转子两部分,如图5.2.24所示。定子一般有两个绕组,即工作绕组和启动绕组,两绕组在空间上相隔90°电角度,由单相交流电源供电;转子多为笼形。

1．单相异步电动机的启动条件

（1）定子具有在空间不同相位的绕组(工作绕组和启动绕组)。

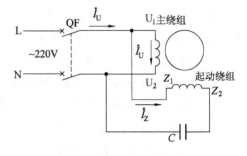

图 5.2.24　单相运行异步电动机原理

（2）定子两相绕组通入不同相位（如相位相差 $90°$）的电流。

设两相电流分别为 $i_U = I_{Um}\sin\omega t$；$i_V = I_{Vm}\sin(\omega t + 90°)$，分别通入工作绕组和启动绕组，其合成磁场也是在空间旋转的，如图 5.2.25 所示。

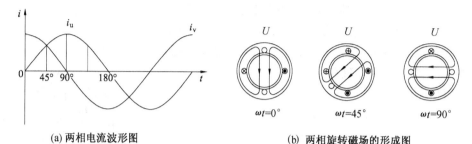

(a) 两相电流波形图　　(b) 两相旋转磁场的形成图

图 5.2.25　两相绕组电流及旋转磁场的形成

2. 相差 $90°$相位的供电电源实现方法

方法一：交流电源分相式电路，如图 5.2.26 所示。

从相量图可知，U_{UV} 与 U_{DW} 相位相差 $90°$，将 U_{UV} 和 U_{DW} 分别接于单相异步电动机的两个绕组，就可以实现启动和运行。

分相式电动机常用于泵、压缩机、冷冻机、传送机、机床等。

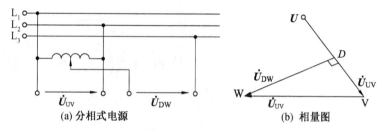

(a) 分相式电源　　　　(b) 相量图

图 5.2.26　产生 $90°$相位差的电源分相式电路及相量图

方法二：电容分相式电路，如图 5.2.27 所示。

从电路图可知：$U_1 - U_2$ 绕组直接接入单相电源，$V_1 - V_2$ 绕组串联一个电容 C 和一个开关 S，然后再与 $U_1 - U_2$ 绕组并联于同一电源上。电容的作用使 $V_1 - V_2$ 绕组回路的阻抗呈容性，使 $V_1 - V_2$ 绕组在启动时电流超前电源电压 U 一个相位角。由于 $U_1 - U_2$ 绕组阻抗为感性，其启动电流落后电源电压 U 一个相位角。因此，电机启动时，两个绕组电流相差一个近似 $90°$的相位角。

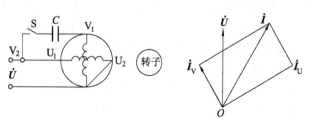

图 5.2.27　产生 $90°$相位差的电容分相式电路及相量图

(二)电容分相式异步电动机

图5.2.28所示的是电容分相式异步电动机。在它的定子中放置一个启动绕组B,它与工作绕组A在空间相隔90°。绕组B与电容器串联,使两个绕组中的电流在相位上近于相差90°,这就是分相。这样,在空间相差90°的两个绕组,分别通有在相位上相差90°(或接近90°)的两相电流,也能产生旋转磁场。

设两相电流为

$$i_A = I_{Am}\sin\omega t$$
$$i_B = I_{Bm}\sin(\omega t + 90°)$$

它们的正弦曲线如图5.2.29所示。由图5.2.30可理解两相电流所产生的合成磁场也是在空间旋转的。在这旋转磁场的作用下,电动机的转子就转动起来。在接近额定转速时,有的借助离心力的作用把开关S断开(在启动时是靠弹簧使其闭合的),以切断启动绕组;也有在电动机运行时不断开启动绕组(或仅切除部分电容)以提高功率因数和增大转矩。

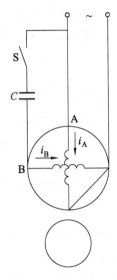

图5.2.28 电容分相式异步电动机

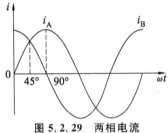

图5.2.29 两相电流

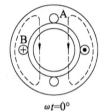
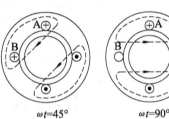

$\omega t=0°$ $\omega t=45°$ $\omega t=90°$

图5.2.30 两相旋转磁场

除用电容来分相外,也可用电感和电阻来分相。工作绕组的电阻小,匝数多(电感大);启动绕组的电阻大,匝数少,以达到分相的目的。

改变电容器C的串联位置,可使单相异步电动机反转。在图5.2.31中,将开关S合在位置1,电容器C与B绕组串联,电流i_B较i_A超前近90°;当将S切换到位置2,电容器C与A绕组串联,i_A较i_B超前近90°。这样就改变了旋转磁场的转向,从而实现电动机的反转。洗衣机中的电动机就是由定时器的转换开关来实现这种自动切换的。

(三)罩极式异步电动机

罩极式单相异步电动机的结构如图5.2.32所示。单相绕组绕在磁极上,在磁极的约1/3部分套一短路铜环。

如图5.2.33所示,Φ_1是励磁电流i产生的磁通,Φ_2是i产生的另一部分磁通(穿过短路铜环)和短路铜环中的感

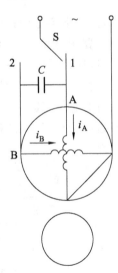

图5.2.31 实现正反转的电路

应电流所产生的磁通的合成磁通。由于短路环中的感应电流阻碍穿过短路环磁通的变化,使 Φ_1 和 Φ_2 之间产生相位差,Φ_2 滞后于 Φ_1。当 Φ_1 达到最大值时,Φ_2 尚小;而当 Φ_1 减小时,Φ_2 才增大到最大值。这相当于在电动机内形成一个向被罩部分移动的磁场,它使笼型转子产生转矩而启动。

罩极式单相异步电动机结构简单,工作可靠,但启动转矩较小,常用于对启动转矩要求不高的设备中,如风扇、吹风机等。

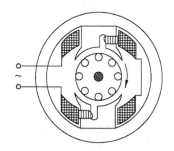
图 5.2.32　罩极式单相异步电动机的结构

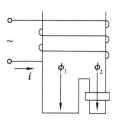
图 5.2.33　罩极式电动机的移动磁场

(四) 单相异步电动机的正反转和调速

(1) 单相异步电动机的转动方向,决定于主绕组和副绕组的相序,调换这两个绕组中任一绕组的端头,即可改变电动机的转向。

(2) 单相异步电动机的调速方法有电抗器调速、绕组抽头调速、自耦变压器调速和可控硅装置调速等。目前以绕组抽头调速方法使用比较普遍。

任务实施

1. 实训目的

(1) 掌握简单的线路电器安装工艺设计。

(2) 掌握电控箱安装制作工艺规范。

(3) 熟悉简单电气线路的运行调试及故障检修。

2. 实训说明

工业生产中,通常采用传送带设备输送各类物料或产品。通过一台三相交流电机驱动每段传送带运行,设有"启动""停止""紧急停止"操作按钮,并具有短路、过载、失压等基本保护功能。

请根据图 5.2.34 所示传送带电气原理图,分组完成传送带的电控箱制作及现场运行调试。

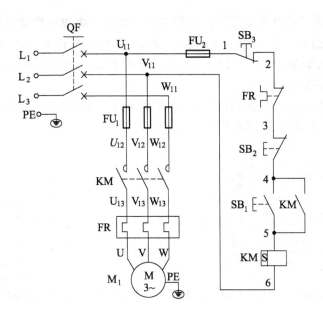

图 5.2.34 传送带电气原理图

3. 实训步骤及要求

（1）了解实训任务，准备实训设备器材、仪表及工具，列入表 5.2.5。

表 5.2.5 实训设备清单

代号	器件名称	型号规格	数量
	配电箱		1
QF	断路器	DZ47-60C203P	1
FU₁	螺旋式熔断器	RL1-15 系列	3
FU₂	螺旋式熔断器	RL1-15/2A	1
KM	交流接触器		1
FR	热过载继电器		1
M₁	三相交流异步电机	41kK25GN-Y3Φ,25W,220V/380V, 0.2A/0.12A,1300/1600 r/min	1
SB₁₋₂	按钮		2
SB₃	急停按钮		1
	接线端子	TB1512	12
	万用表		1
	导线及电工安装辅材		若干
	工具箱		1

（2）测试所有实训元器件。

（3）按照电气原理图设计元件布置图及安装接线图。

（4）在电控箱的电器安装底板上安装布置元器件，按照"电器安装接线图"组装配电箱及元件接线。

（5）整理及检查线路（静态测试避免电源线路出现短路严重故障）。

（6）通电运行调试（动态测试），检查实训结果是否符合项目控制功能要求。

（7）经过教师检查评估实训结果后，关闭电源，做好实训台 5S 整理。

（8）小组讨论，完成实训报告。

4．实训注意事项

（1）依据电机技术参数，正确连接电机（Y/△额定接法），按照电机额定电流，正确设置热继电器的整定电流值。

（2）设备通电前，务必静态测试各类器件（XT，M，QF）与 L_1，L_2，L_3 之间的电阻值，避免发生电源短路故障。

5．考核要求与标准

（1）正确选用实训设备器材、仪表及工具（10 分）；

（2）完成实训电路连线及调试，实训结果符合项目要求（30 分）；

（3）实训报告完整正确（40 分）。

（4）小组讨论交流、团队协作较好（10 分）；

（5）实训台及实训室 5S 整理规范（10 分）。

知识拓展

一、三相异步电动机的使用、维护及故障分析

1．电动机的使用

① 电动机必须牢固地安装在生产机械或其他非燃材料的基座上。安装时应首先了解电动机铭牌上的各种技术数据。

② 要注意电动机的额定电压接线应与线路电压相适应。对于铭牌上"额定电压 380/220V""接法 Y/△"的电动机，若电源线电压是 380V，则应接成 Y 形，切不可将 Y 形接法接错为△形。

③ 注意电动机转子转动方向应符合生产机械的方向要求。初次安装使用时，应将电动机转子输出轴和生产机械传动装置脱开。通过连接三相电源线，通电确定电动机转子正确的转动方向。若转动方向不符，应将三相电源线中的任意两根对调连接到电动机接线盒的端子上。

只有在电动机转子转动方向符合生产机械的方向要求后才允许连接生产机械传动装置。

④ 容量较大的异步电动机启动电流较大，若不允许直接启动，则应采取降低外施电压的方法减少启动电流，从而减少对供电线路和邻近负载工作的影响。

2．电动机的维护及故障分析

① 新装、大修或长期停用（超过 3 个月）又恢复使用的电动机，应用 500 V 兆欧表检查绕组与绕组之间、绕组对地的绝缘电阻，其值应不小于 0.5 MΩ。

② 按照电源电压与铭牌检查电动机的定子接线,检查接地或接零是否完好。

③ 三相不平衡电流不应超过额定电流的 10%。

④ 当电动机转矩显著减小、转速变慢、声音异常或带负载无法启动,并有"嗡嗡"的堵转声时,说明是两相运行,必须立即切断电源。

⑤ 电动机运转时突然散发出绝缘漆的烧焦味,同时电动机外壳的温升超过规定值,而各部位的温升若是均匀的,一般是过载运行或电源电压太低或太高。

⑥ 电动机正常运转时,若发现某一部位(如轴承盖)热得烫手,轴承运转有杂声,一般是轴承损坏或轴承内有杂物或脏物,应擦洗或更换轴承。

⑦ 电动机若运转不久就冒烟,可能是定子绕组或定子绕组与外壳之间绝缘损坏,使绕组局部短路。

二、三相异步电动机的拆装

1. 拆卸前的准备工作

(1) 准备好拆卸场地及拆卸电动机的专用工具。

(2) 做好记录或标记。在线头、端盖、刷握等处做好标记;记录好连轴器与端盖之间的距离及电刷装置把手的行程(绕线转子异步电动机)。

电动机的拆卸步骤如下:

(1) 切断电源,拆卸电动机与电源的连接线,并做绝缘处理。

(2) 卸下带轮,卸下地脚螺栓,将各螺母、垫片等小零件用小盒装好。

(3) 拆卸皮带轮或连接器。

(4) 拆卸风罩、风扇。

(5) 拆卸后轴承外盖三只螺钉—拆前端盖连同前端盖抽出转子—松开前轴承外盖—敲下面(均匀)前端盖—取出前轴承及内盖—取出后轴承及内盖。

2. 清洗

(1) 将轴承放入煤油桶浸泡 5～10 s,待轴承上油膏落入煤油中,再将轴承放入另一桶比较洁净的煤油中,用细软毛刷将轴承边转边洗,最后在汽油中洗一次,用布擦干即可。

(2) 检查轴承有无裂纹,滚道有无生锈,再用手转动轴承外圈,观察其转动是否灵活、均匀,是否有卡位或过松的现象。

(3) 用塞尺或熔丝检查轴承间隙。将塞尺插入轴承内圈滚珠与滚道间隙内并超过滚珠球心,使塞尺松紧适度,此时塞尺的厚度即为轴承的径向间隙。

(4) 滚动轴承磨损间隙,如超过许可值,就应更换轴承。

3. 电动机的安装

安装步骤与拆卸步骤相反。装配时,应用木锤或铜棒均匀敲击端盖四周,并用粗铜丝钩住端盖,对准内外油盖孔,取出铜丝,然后均匀用力,按对角线上下左右拧紧端盖螺钉。

4. 装配后的检验

(1) 一般检查。检查固定螺钉是否拧紧,转子转动是否灵活及轴伸端径向前无偏摆的情况。

(2) 测定绝缘电阻、电流、转速等。① 定子绕组相与相、相对地的绝缘电阻不低于

0.5 MΩ,绕线式电动机加测转子绕组;② 根据电动机的铭牌与电源电压正确接线,并在电动机外壳上安装好接地线,用钳形电流表分别检测三相电流是否平衡。③ 用转速表测电动机的转速;④ 让电动机空转运行半个小时后,检测机壳和轴承处的温度,观察振动和噪声。绕线转子电动机在空载时,还应检查电刷有无火花及过热现象。

三、电动机首尾判别方法

当电动机接线板损坏,定子绕组 6 个线头分不清楚时,不可盲目接线,以免引起电动机内部出现故障,因此必须分清 6 个线头的首尾端后才能接线。

准备工作:将接线盒打开,卸下短接片后,用导线将 6 个引出端引出接线盒。将万用表打到 $R\times1$ 挡,测量电阻值,当两表棒测得一对阻值较小,约几个欧姆时,则表明这两个端头是一相绕组,如此将三相绕组区别开并做好标记。

1. 干电池法

(1) 用万用表 $R\times1$ 挡进行分相。

(2) 将一相绕组通过开关 SA,5 号干电池连成回路,如图 5.2.35 所示。在开关接通的瞬间,如万用表打在 mA 挡最小挡,指针正偏,则干电池的"+"极和万用表的"-"表棒(黑)所接线头为同名端;若指针反偏,则干电池的"+"极和万用表的"+"表棒为同名端。

2. 剩磁法

(1) 将 6 个引出端分成三相,每相选出一个端头为首端,拧在一起,其余 3 个尾端(假定)也拧在一起,按图 5.2.36 接线。

(2) 将万用表打在最小 mA 挡,两表笔并在该端口(假设的首尾端)。

(3) 转动转子,若指针不偏转或摆动甚小,则假设正确(因为此时电机工作于发电状态,三相绕组的磁势合成时,矢量和为 0,此时指针不偏转,无电流通过表头)。

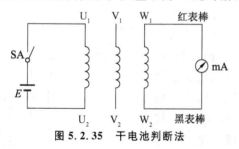

图 5.2.35 干电池判断法

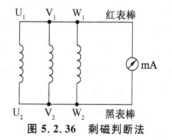

图 5.2.36 剩磁判断法

(4) 若有读数,则将任意一相的两端调换,若仍有偏转,则须将该相两端口复原,再换另一相,直至表头无偏转。

3. 交流电压检查法

(1) 两相通入电源。

(2) 另一相串联并串入一灯泡(或万用表测量端电压),如图 5.2.37 所示。

(3) 将电源接通,灯亮则说明并头为头尾相连(将两线头相碰有火花);不亮说明同为首端(尾端),再按上述方法对 W_1,W_2 两线头进行判别。

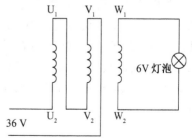

图 5.2.37 交流电压检查法

任务 3
电气控制线路的安装与检修

 任务描述

通过本任务的学习,要求学生掌握电动控制线路的原理图、元器件布置图、接线图及元器件列表的绘制,并能熟练按步骤对线路中出现的故障进行检修。

 任务准备

一、安装与检修交流电动机接触器联锁正反转控制线路

(一)识别电动机正反转控制方法

观察如图 5.3.1 所示的电路工作状态,分析倒顺开关在不同位置时电动机的工作状态。

操作倒顺开关 QS,当手柄处于"停"位置时,QS 的动、静触头不接触,电路不通,电动机不转;当手柄扳至"顺"位置时,QS 的动触头和左边的静触头相接触,电路按 L_1-U,L_2-V,L_3-W 接通,输入电动机定子绕组的电源电压相序为 $L_1-L_2-L_3$,电动机正转;当手柄扳至"倒"位置时,QS 的动触头和右边的静触头相接触,电路按 L_1-W,L_2-V,L_3-U 接通,输入电动机定子绕组的电源相序变为 $L_3-L_2-L_1$,电动机反转。

如图 5.3.2 所示,电动机主回路分别由两个接触器 KM_1 和 KM_2 主触头控制。当 KM_1 主触头闭合时,电动机正转;当 KM_2 主触头闭合时,电动机反向旋转。KM_2 主触头的接线方式为中间相不变,两边相对调。理解这个要领,就很容易掌握对电动机正反转控制线路的安装、维修。

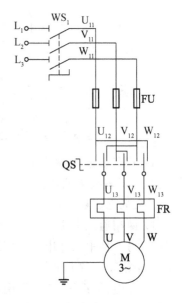

图 5.3.1 倒顺开关正反转控制线路

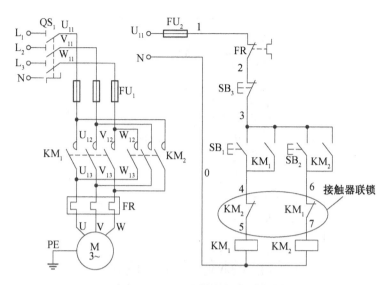

图 5.3.2 接触器联锁正反转控制线路

（二）安装接触器联锁正反转控制线路

当其分别进行正反转控制时，电路工作正常。当电动机正转时，按下反转启动按钮，KM_1，KM_2 同时闭合，将形成 L_2，L_3 相间电源短路故障，如图 5.3.3 所示。

因此，在采用接触器控制时，必须避免因误操作引起两个接触器同时吸合而造成电源相间短路，应在这两个单向运转电路中加设必要的制约，以确保两个接触器不会同时吸合。图 5.3.2 所示线路是采用接触器联锁的电动机正反转控制线路。把控制正转的接触器 KM_1 常闭触头串接在控制反转的接触器 KM_2 线圈回路中，而把控制反转的接触器 KM_2 常闭触头串接在控制正转的接触器 KM_1 线圈回路中；当一个接触器得电动作时，其常闭辅助触头断开使另一个接触器不能得电动作，接触器间这种相互制约的作用，称为"接触器联锁（或互锁）"。实现联锁作用的辅助触头称为联锁触头。

（1）元件布置图。电动机接触器联锁元件布置如图 5.3.4 所示。

（2）绘制接线图。电动机接触器联锁控制线路接线如图 5.3.5 所示。

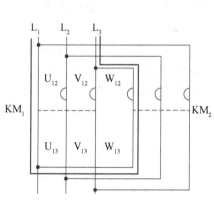

图 5.3.3 两相电源短路

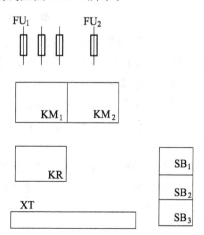

图 5.3.4 接触器联锁元件布置图

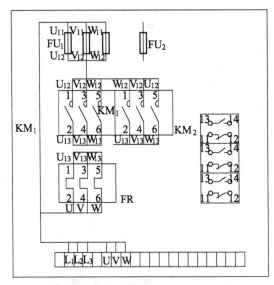

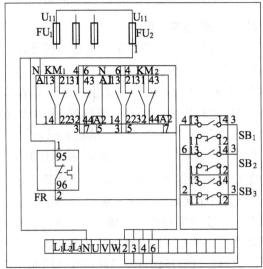

图 5.3.5　接触器联锁控制线路接线图

（3）按图接线。线路安装应遵循由内到外、横平竖直的原则，尽量做到合理布线，就近走线，编码正确、齐全，接线可靠、不松动、不压皮、不反圈、不损伤线芯。

（4）通电调试。首先使用万用表进行自检，检查有无短路现象。然后使用兆欧表检查绝缘是否良好。连接电动机进行通电检查，观察电动机有无卡阻现象，热继电器是否动作，接触器工作是否正常。并同时按下正转和反转按钮，观察电路是否会出现短路现象。

（三）接触器联锁正反转控制线路检修

（1）设置故障。在控制电路中设置一个人为故障使电路无法反转工作。

（2）检修步骤。通过观察分析和电压法测量逐步查找故障点，检修步骤如图 5.3.6 所示。

根据检查步骤和检修结果维修或更换相关元件或线路。

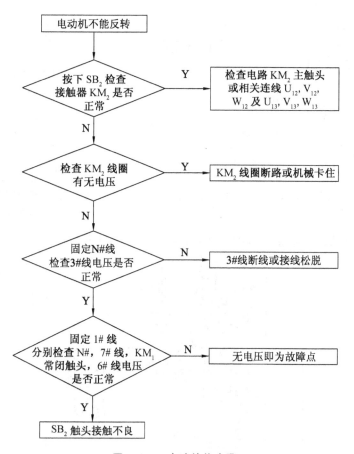

图 5.3.6 电路检修步骤

注意：在排除故障过程中，故障分析及排除故障的思路和方法要正确。不能随意更改线路和带电触摸电器元件。仪表要正确使用，防止错误判断。带电检修时必须有教师监护，确保安全。

二、安装与检修双重联锁正反转控制线路

（一）安装双重联锁控制线路

双重联锁控制线路原理如图 5.3.7 所示。

（1）元件布置。双重联锁控制线路元件布置如图 5.3.8 所示。

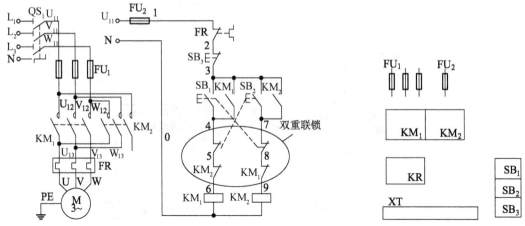

图 5.3.7 按钮、接触器双重联锁正反转控制线路

图 5.3.8 双重联锁控制线路元件布置图

（2）绘制接线图。双重联锁控制线路接线如图 5.3.9 所示。

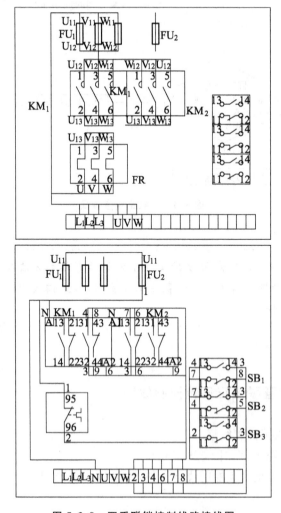

图 5.3.9 双重联锁控制线路接线图

（3）按图接线。线路安装应遵循由内到外、横平竖直的原则，尽量做到合理布线、就近走线，编码正确、齐全，接线可靠、不松动、不压皮、不反圈、不损伤线芯。

（4）通电调试。首先使用万用表进行自检，检查有无短路现象，使用兆欧表检查绝缘是否良好。然后连接电动机进行通电检查，观察电动机有无卡阻现象，热继电器是否动作，接触器工作是否正常。首先按下正转按钮再按下反转按钮，观察电动机是否能直接从正转切换到反转，并同时按下正转和反转按钮，观察电路是否会出现短路现象。

（二）双重联锁控制线路检修

（1）设置故障。在控制电路中设置一个人为故障使电路无法正转工作。

（2）检修步骤。通过观察分析和电压法测量逐步查找出故障点，检修步骤如图5.3.10所示。

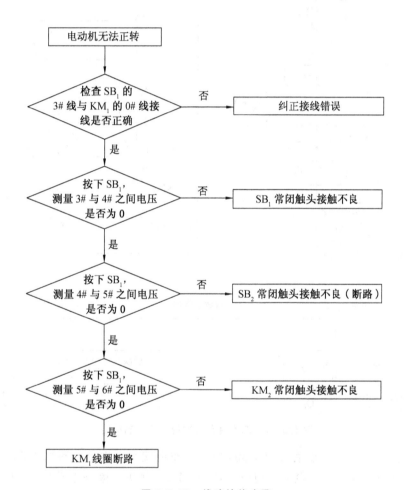

图 5.3.10 线路检修步骤

　　根据检查步骤和检修结果维修或更换相关元件或线路。

三、安装与检修工作台自动往返行程控制线路

（一）安装工作台自动往返行程控制线路

　　工作台自动往返行程控制原理如图 5.3.11 所示。

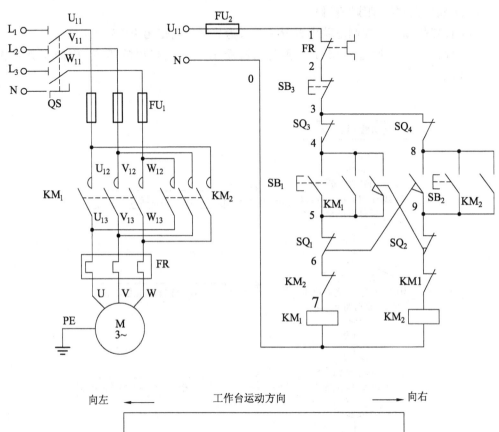

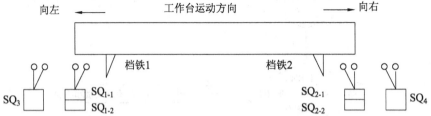

图 5.3.11　工作台自动往返行程控制电路

　　（S_{Q_2} 触头复位）……以后重复上述过程，工作台就在限定的行程内自动往返运动。停止时，按下 SB$_3$ 整个控制电路失电→KM$_1$（KM$_2$）主触头分断→电动机 M 失电停转→工作台停止运动。

合上 QS,电源接通：

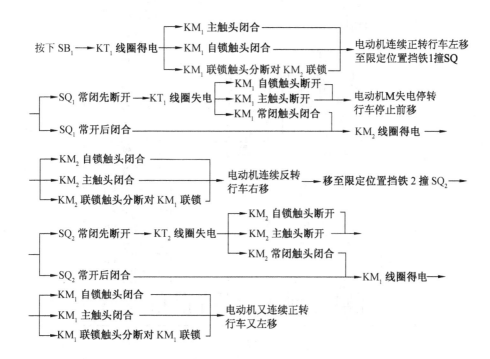

(1) 元件布置。工作台自动往返行程控制线路元件布置如图 5.3.12 所示。

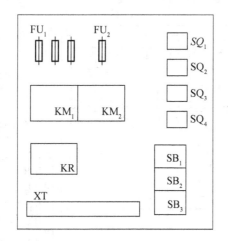

图 5.3.12 工作台自动往返行程控制线路元件布置图

(2) 绘制接线图。工作台自动往返行程控制线路接线如图 5.3.13 所示。

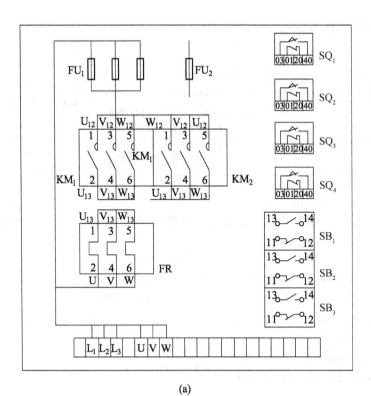

(a)

(b)

图 5.3.13　工作台自动往返行程控制线路接线图

（3）按图接线。线路安装应遵循由内到外、横平竖直的原则，尽量做到合理布线、就近走线，编码正确、齐全，接线可靠、不松动、不压皮、不反圈、不损伤线芯。

（4）通电调试。首先使用万用表进行自检，检查有无短路现象，使用兆欧表检查绝缘是否良好。然后连接电动机进行通电检查，观察电动机有无卡阻现象，热继电器是否动作，接触器工作是否正常。按下启动按钮，观察电动机是否正转，再手动按下 SQ_1，观察电动机是否正转停止反转工作，然后手动按下 SQ_2，观察电动机能否再次正转工作。最后按下限位开关，观察电路是否切断。同时按下 SQ_1 和 SQ_2 观察电路是否有短路保护。

（二）工作台自动往返行程控制线路线路检修

（1）设置故障。在控制电路中设置一个人为故障使整个电路不能正常工作。

（2）检修步骤。通过观察分析和电压法测量逐步查找故障点，检修步骤如图 5.3.14 所示。

根据检查步骤和检修结果维修或更换相关元件或线路。

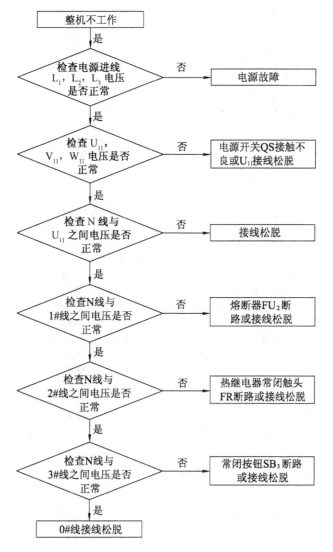

图 5.3.14　线路检修步骤

四、安装与检修 Y-△降压启动控制线路

（一）Y-△降压启动控制线路

工作台自动往返行程控制原理如图 5.3.15 所示。

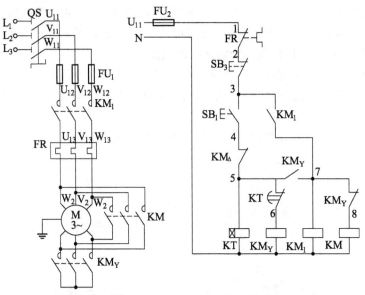

图 5.3.15　Y-△降压启动控制线路

合上电源开关 QS，电源接通：

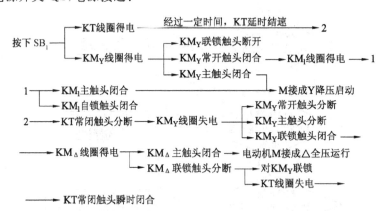

停止时按下 SB₂ 即可。

（1）元件布置。Y-△降压启动控制线路元件布置如图 5.3.16 所示。

（2）绘制接线图。Y-△降压启动控制线路接线如图 5.3.17 所示。

（3）按图接线。线路安装应遵循由内到外、横平竖直的原则，尽量做到合理布线、就近走线，编码正确、齐全，接线可靠、不松动、不压

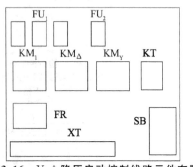

图 5.3.16　Y-△降压启动控制线路元件布置图

皮、不反圈、不损伤线芯。

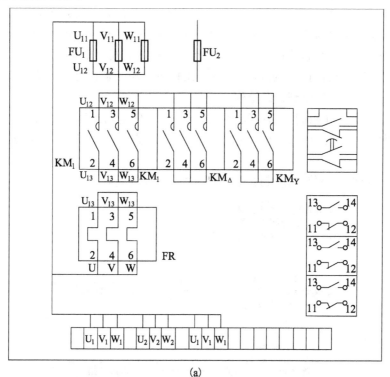

(a)

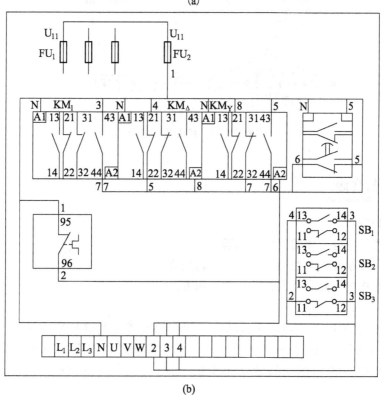

(b)

图 5.3.17 Y-△降压启动控制线路接线图

（4）通电调试。首先使用万用表进行自检，检查有无短路现象，使用兆欧表检查绝缘是否良好。然后连接电动机进行通电检查，观察电动机有无卡阻现象，热继电器是否动作，时间继电器和接触器工作是否正常。按下启动按钮，观察电动机 Y 连接启动，用钳型电流表读出线电流的数值，当时间继电器工作一段时间后观察电动机能否从 Y 连接启动跳转到△连接运行，读出此时的线电流大小，比较两组数据是否符合理论分析。

（二）Y-△降压启动控制线路检修

（1）设置故障。在控制电路中设置一个人为故障使电路无法正常工作。

（2）检修步骤。通过观察分析和电压法测量逐步查找故障点，检修步骤如图 5.3.18 所示。

根据检查步骤和检修结果维修或更换相关元件或线路。

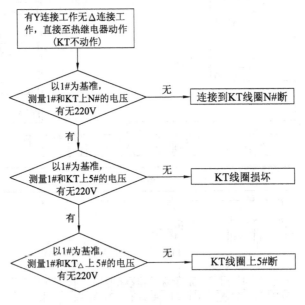

图 5.3.18　线路检修步骤

任务实施

1. 实训目的

（1）熟悉简单电气图的设计与识读。

（2）进一步掌握电气控制箱的安装工艺规范。

（3）掌握电气线路安装调试及故障检测方法。

2. 实训说明

工业生产过程中，双重联锁正反转控制线路的安装与调试是常见电路，也是电工上岗资格证必考科目。根据任务描述中的内容，重新分析设计电路，并画出原理图、元器件布置图、接线图、元器件列表以及选型依据，完成通风设备电控箱的制作及现场运行调试。

3. 实训步骤及要求

（1）设计电气原理图，试分析其控制原理及工作过程。

（2）了解实训任务，准备实训设备器材仪表及工具，列于表 5.3.1。

表 5.3.1　实训设备清单

代号	器件名称	型号规格	数量

（3）测试所有实训元器件。

（4）按照电气原理图设计元件布置图及安装接线图。

（5）在电控箱的电器安装底板上安装布置元器件，按照"电器安装接线图"组装配电箱及元件接线。

（6）整理及检查线路（静态测试避免电源线路出现短路严重故障）。

（7）通电运行调试（动态测试），检查实训结果是否符合项目控制功能要求。

（8）经过教师检查评估实训结果后，关闭电源，做好实训台 5S 整理。

（9）小组讨论，完成实训报告。

4. 考核要求与标准

（1）正确选用实训设备器材、仪表及工具（10 分）；

（2）完成实训电路连线及调试，实训结果符合项目要求（30 分）；

（3）实训报告完整正确（40 分）；

（4）小组讨论交流、团队协作较好（10 分）；

（5）实训台及实训室 5S 整理规范（10 分）。

小组讨论

（1）在运行调试过程中，如果通电后，按动启动按钮 SB_1，电动机 M_1 就是无法启动运行，请分析发生故障可能的原因。

（2）如果三相电源进线已可靠接入设备，当 QF 闭合后，按下启动按钮 SB$_1$，电机 M$_1$ 不能反向运转，请问该如何检测及排查此故障？

巩 固 与 提 高

1. 有一台三相异步电动机，电源频率 $f_1 = 50$ Hz，额定负载时的转差率 $S = 2.5\%$，该电机的同步转速 n_0 为 1 500 r/min。试求该电机的极对数和额定转速。

2. 有一台三相异步电动机，其额定转速 $n_N = 975$ r/min，试求电动机的极数和额定负载时的转差率。已知电源频率 $f_1 = 50$ Hz。

3. 已知一台鼠笼异步电动机，$P_N = 75$ kW，△连接运行，$U_N = 420$ V，$I_N = 126$ A，$\cos \varphi_N = 0.88$，$n_N = 1\ 480$ r/min，$T_{st}/T_N = 1.9$，$I_{st}/I_N = 5.0$，负载转矩 $T_L = 100$ N·m，现要求电动机启动时 $T_{st} \geqslant 1.1 T_L$，$I_{st} < 240$ A，问：

（1）电动机能否直接启动？

（2）电动机能否采用 Y-△启动？

（3）若采用三个抽头的自耦变压器启动，则应用 50%，60%，80% 中的哪个抽头？

4. 已知一台四极三相异步电动机转子的额定转速为 1 430 r/min，求它的转差率。

参考文献

［1］吴卫荣,丁慎平,孙海泉.高职院校机电专业"七步法"师资培养模式探索［J］.教育理论与实践,2012,32(36):35－36.

［2］孙海泉,徐兵,邱白丽.苏州工业园区职业技术学院项目制教学改革的探索与实践［J］.中国职业技术教育,2011(32):66－72.

［3］徐兵,孙海泉.CDIO 在高职制造类专业中的实践与探索［J］.高等工程教育研究,2010(1):32－35.

［4］张丰三.电气系统安装与控制［M］.上海:上海科学技术出版社,2009.

［5］邵之祺.电工作业初训(第二版)［M］.南京:东南大学出版社,2009.

［6］秦曾煌.电工技术(第五版)［M］.北京:高等教育出版社,2002.

［7］曲桂英.电工基础及实训［M］.北京:高等教育出版社,2005.

［8］余孟尝.模拟、数字及电力电子技术［M］.北京:机械工业出版社,1999.